Teubner-Reihe UMWELT

W. Walther

Diffuser Stoffeintrag
in Böden und Gewässer

Teubner-Reihe UMWELT

Herausgegeben von

Prof. Dr. mult. Dr. h. c. Müfit Bahadir, Braunschweig
Prof. Dr. Hans-Jürgen Collins, Braunschweig
Prof. Dr. Bertold Hock, Freising

Diese Buchreihe ist ein Forum für Veröffentlichungen zum gesamten Themenbereich Umwelt. Es erscheinen einführende Lehrbücher, Monographien und Forschungsberichte, die den aktuellen Stand der Wissenschaft wiedergeben.

Das inhaltliche Spektrum reicht von den naturwissenschaftlich-technischen Grundlagen über umwelttechnische Fragestellungen bis hin zu juristisch, sozial- und gesellschaftswissenschaftlich ausgerichteten Titeln. Besonderer Wert wird dabei auf eine allgemeinverständliche, dennoch exakte und präzise Darstellung gelegt. Jeder Band ist in sich abgeschlossen.

Die Autoren der Reihe wenden sich vorwiegend an Studierende, Lehrende sowie in der Praxis tätige Fachleute.

Diffuser Stoffeintrag in Böden und Gewässer

Von Prof. Dr.-Ing. Wolfgang Walther
Technische Universität Dresden

Springer Fachmedien
Wiesbaden GmbH 1999

Prof. Dr.-Ing. habil. Wolfgang Walther

Geboren 1939 in Kassel. Maurerlehre und bis 1963 Studium des Ingenieurbaues an der Ingenieurschule für Bauwesen in Kassel. Danach Arbeiten in Ingenieurbüros, davon mehrere Jahre in Hamburg, auf den Fachgebieten Wasserversorgung, Stadtentwässerung, Straßenbau; gleichzeitig Besuch des Abendgymnasiums, Abitur 1967.
In Braunschweig Studium des Bauingenieurwesens an der Technischen Universität mit der Vertiefungsrichtung Regional- und Landesplanung, Verkehrswesen. Ab 1973 wissenschaftlicher Mitarbeiter an der TU Braunschweig. Promotion 1979 und bis 1985 Leitung einer Arbeitsgruppe, die Forschungs- und Entwicklungsarbeiten zu dem Themenkomplex „Diffuse Belastung von Böden und Gewässern" durchführte. Seit 1986 am Niedersächsischen Landesamt für Wasser und Abfall in Hildesheim, Aufbau und Leitung eines neu geschaffenen Dezernates „Grundwasser". Aufbau und Ausbau der Landesmeßnetze „Grundwasser" und an „Niederschlagsbeschaffenheit". Aufbau und Durchführung von mehreren, interdisziplinär zusammengesetzten Forschungsvorhaben und Pilotstudien mit dem Ziel der Sicherung unterirdischer Wasservorkommen, gleichzeitig Mitarbeit in nationalen und internationalen Fachausschüssen verschiedener Fachverbände und der Länderarbeitsgemeinschaft Wasser sowie Leitung von Ausschüssen.
Lehrbeauftragter für das Gebiet „Gewässergütewirtschaft" von 1981 bis 1984 an der Gesamthochschule Kassel und seit 1989 im Rahmen des Fernstudiums „Umweltingenieurwesen" und der Ausbildung von Bauingenieuren und Geoökologen an der TU Braunschweig. Im Jahr 1993 Habilitation an der TU Braunschweig. Im gleichen Jahr Übernahme der Professur für Grundwasserwirtschaft und Leitung des gleichnamigen Institutes an der Technischen Universität Dresden.

Gedruckt auf chlorfrei gebleichtem Papier.

Die Deutsche Bibliothek – CIP-Einheitsaufnahme

Walther, Wolfgang:
Diffuser Stoffeintrag in Böden und Gewässer / von Wolfgang Walther.
(Teubner-Reihe Umwelt)
ISBN 978-3-519-00203-1 ISBN 978-3-322-99292-5 (eBook)
DOI 10.1007/978-3-322-99292-5

Ursprünglich erschienen bei B.G.Teubner Stuttgart · Leipzig 1999

Vorwort

Das Thema des Buches ist besonders in den letzten zwanzig Jahren aktuell geworden. Heute hat die diffuse Stoffabgabe an Gewässer, seien es Säurebildner, Nährstoffe, Metalle, organische Stoffe transportiert über den Luftpfad oder Nährstoffe aus landwirtschaftlicher Bodennutzung, in einigen Regionen Zentraleuropas Ausmaße angenommen, die ein regelndes Eingreifen auf der Seite der Quellen der Belastungen zum Schutz der Wasserressourcen erforderlich macht. An vielen Grundwasserleitern kann beobachtet werden, daß die Fronten der Belastungen langsam in größere Tiefen wandern und über diesen Weg dann Fließgewässer erreichen. So wurden auf der Basis der Beschlüsse internationaler Konferenzen für die großen Stromgebiete Europas, wie Rhein, Elbe, Donau, in den letzten Jahren Bilanzen zu Phosphor und Stickstoff aufgestellt. Die wichtigsten Quellen dieser eutrophierenden Nährstoffe mußten erfaßt werden, um dann Gegenmaßnahmen ansetzen zu können. Die Verminderung der Auswaschung von Nährstoffen aus Böden, zum Beispiel in Wasserschutzgebieten der Trinkwassergewinnung, ist heute Gegenstand von administrativen Vorgaben in Form von Verordnungen und Gesetzen. Wenn man zum Schutz von Wasserressourcen in ihren Einzugsgebieten wirkungsvoll regelnd eingreifen will, sind Kenntnisse über die wichtigsten Quellen der Belastungen und über die Mechanismen des Stofftransportes und des Umsatzes in der betrachteten Landschaft notwendig. Heute befassen sich auf nationaler und auf internationaler Ebene verschiedene Organisationen auf der Seite der Verwaltung mit der Regelung und auf der Seite der Forschung mit der Erkundung und Modellierung der Prozesse. Das Thema wird deshalb auch weiterhin aktuell bleiben.

Dies war auch Anlaß, das Thema in Form von Lehrveranstaltung in die Ausbildung von Ingenieuren der Wasserwirtschaft und im Fernstudium „Umweltingenieurwesen" an der Technischen Universität Braunschweig einzubinden. Die Erfahrungen in der Lehre und die Diskussionen mit Braunschweiger Kollegen und mit Kollegen in den verschiedenen Berufsverbänden waren Anlaß, dieses Thema in Buchform zu fassen.

Die Zunahme der diffusen Belastung mit ihren Wirkungen auf Gewässer wird seit den fünfziger Jahren beobachtet. Seit Mitte der siebziger Jahre wurde die Forschung auf diesem Gebiet intensiviert. Das vorliegende Buch zeigt einen Querschnitt dieser Entwicklung. Eingeflossen sind hier auch die Diskussionen und die fruchtbaren, fachlichen Auseinandersetzungen mit Kollegen aus den Bereichen Forst- und Landwirtschaft, Limnologie, Bodenkunde, Hydrologie und Wasserwirtschaft, die im Zusammenhang mit der Sicherung von Wasserressourcen übergeordnet oder auch am konkreten Problem eines Wasserschutzgebietes geführt wurden.

Der Verfasser möchte sich auf diesem Wege für die Vielzahl von Gesprächen bedanken, besonders bei den Kollegen des Leichtweiss-Institutes für Wasserbau und des Institutes für Siedlungswasserwirtschaft der Technischen Universität Braunschweig, bei den Kollegen aus den Bereichen Bodentechnologie, Hydrogeologie und Wasserwirtschaft der beiden Niedersächsischen Landesämter für Bodenforschung und Ökologie und bei den Kollegen der entsprechenden Arbeitskreise in der Länderarbeitsgemeinschaft Wasser, im Deutschen Verein des Gas- und Wasserfaches und im Deutschen Verband für Wasserwirtschaft und Kulturbau. Weiter gilt mein Dank den Herren M. Pätsch, Dr. F. Reinstorf aus dem Institut für Grundwasserwirtschaft der TU Dresden, Herrn Loges, Fa. Loges Datenservice, Hildesheim, für die Korrekturarbeiten, Herrn J. Weiß vom Teubner-Verlag für die Betreuung und meiner Frau für die Unterstützung während der Enstehung der Arbeit.

Dresden, April 1999 Wolfgang Walther

Inhalt

Symbolverzeichnis

Wasserhaushalt

Symbol	Bedeutung	Einheit
P	Niederschlag	l/m^2
ET	Evapotranspiration	l/m^2
E	Evaporation, Verdunstung von der Wasseroberfläche oder einer feuchten, vegetationsfreien Oberfläche	l/m^2
T	Transpiration, Abgabe von Wasserdampf über die Spaltöffnungen der Blätter, Wasseraufnahme der Pflanzen und Einbau in Zellsubstanz	l/m^2
A	Abfluß aus einem Gebietsabschnitt	l/m^2
$A_ö$	oberirdischer Abfluß	l/m^2
A_u	unterirdischer Abfluß	l/m^2
A_{oo}	Oberflächenabfluß; es ist der Abflußteil, der bei Niederschlagsereignissen über die Landfläche abläuft und direkt das Fließgewässer erreicht.	l/m^2
A_{Ob1}	Oberflächennaher Abfluß, auch lateraler Abfluß oder Zwischenabfluß genannt	l/m^2
A_{Ob2}	Basisabfluß	l/m^2
A_{OD}	Direkter Abfluß	l/m^2
ΔS	Speicheränderung	l/m^2
Z	Zufluß	l/m^2
K	Kapillaraufstieg, in Gebieten mit oberflächennah anstehendem Grundwasser	l/m^2
Qoi(t)	oberirdischer Abfluß, bezogen auf die Zeiteinheit im Intervall i	m^3/s
J	Grundwasserneubildung	l/m^2
A_{Eo}	Fläche des oberirdischen Einzugsgebietes	ha, km^2
t	Zeit	s
Δt	Zeitschrittlänge	s
I	Abflußkomponente	

Stoffhaushalt

Symbol	Bedeutung	Einheit
$F A_o$	Fracht eines Stoffes mit dem oberirdischen Abfluß	mg/s, mmol/s Kg/ha • a
c_o	Stoffkonzentration im oberirdischen Abfluß	mg/l, mmol/l
N1	Nährstoffentzug durch Biomasse (Pflanzen), wenn er aus dem Gebiet, z. B. mit der Ernte abgefahren wird	Kg/ha • a

N2	Nährstoff - Eintrag mit der organischen und anorganischen Düngung	Kg/ha • a
G	Gasförmige Verluste infolge mikrobiologischer Umsetzungen, z. B. CO_2, N_2, N_2O, H_2S	Kg/ha • a
k	Nummer eines Stoffes	
ΔF	Speicheränderung für Stoffe	Kg/ha • a
D	Stoffdeposition im Gebiet aus der Atmosphäre in fester Form (Stäube), flüssiger Form (Regen, Nebel, Tau) und als Gas.	Kg/ha • a
Dges	Gesamt - Deposition, Summe der nassen und trockenen Deposition	Kg/ha • a
Da	Nasse Deposition, Summe der Stoffe, die während Niederschlägen (Regen, Schnee) in nasser Form auf die Erdoberfläche oder auf Vegetationsflächen gelangen	Kg/ha • a
Db	Trockene Deposition, Sedimentation+ Interzeption	Kg/ha • a
Db_1	Sedimentation, Transport aus der Atmosphäre unter Schwerkrafteinwirkung (Staubteilchen > 5 µm),	Kg/ha • a
Db_2	Interzeption, Anlagerung von Aerosolen (Teilchen < 1 µm) + Nebeltröpfchen + Gasen an Vegetations-oberflächen	Kg/ha • a
D_n	bulk, Niederschlagsdeposition, Summe aus der nassen Deposition und der Sedimentation	Kg/ha • a
Db_{21}	Anlagerung von Aerosolen	Kg/ha • a
Db_{22}	Anlagerung von Nebeltropfen	Kg/ha • a
Db_{23}	Anlagerung von Gasen an Vegetationsoberflächen	Kg/ha • a
k, k_1, k_n, k_F	Reaktionskonstanten	
q	Beladung eines Austauschers	mg/kg
TS	Trockensubstanz	mg/l
LF	elektrische Leitfähigkeit	µS/cm
DOC	Gelöster organischer Kohlenstoff (dissolved organic carbon)	
TOC	Organischer Kohlenstoff, gesamt (Total organic carbon)	mg/l
AE	Ende der Abflußwelle	s
AA	Anfang der Abflußwelle	s
ASP	Scheitelabfluß	m^3/s
TSP	Scheitel der Welle Trockensubstanz	mg/l
b_o, b_1	Regressionskoeffizienten	
r	Korrelationskoffizient	
$s_{y.x}$	Standardabweichung	

1 Einleitung

Neben dem Thema „Belastung von Fließgewässern und Grundwässern aus punktförmigen Quellen" hat der Themenbereich „diffuse Belastung von Gewässern" in den letzten Jahren besonders in Zentraleuropa an Bedeutung gewonnen, bedingt durch aktuelle Probleme wie

- Eutrophierung von Binnenseen, von Meeresteilen wie Ost- und Nordsee,
- großflächig auftretende Waldschäden und Versauerung von Böden und Gewässern,
- großräumiger Transport von organischen schwer abbaubaren Verbindungen über den Luftpfad und Belastung der Böden und der Gewässer,
- zunehmende Belastung der Grundwasservorräte und Probleme bei der Trinkwassergewinnung, z.B. durch Nitrat und Pflanzenbehandlungsmittel.

Vor zwanzig Jahren war die diffuse Belastung noch ein wenig beachtetes Thema, dem sich bis dahin nur wenige Spezialisten, bevorzugt aus den Disziplinen Bodenkunde, Limnologie, Geologie und Wasserchemie, widmeten. Die diffuse Belastung ist vom Menschen verursacht und spiegelt die industrielle Entwicklung der Gesellschaft wider:

- Schon Anfang der fünfziger Jahre wird von Limnologen auf das Problem der schnell fortschreitenden Seenalterung (Eutrophierung) hingewiesen, die durch Einleitung von Phosphor über Abwässer, als Folge des steigenden Wohnkomforts und durch Abschwemmung und Auswaschung von Nährstoffen aus landwirtschaftlich genutzten Böden, im Zuge der Intensivierung der Landwirtschaft ausgelöst wurde.
- Auch weisen Limnologen in Nordamerika und Skandinavien in den sechziger Jahren auf die Versauerung von Seen und quellnahen Fließgewässern hin, als Folge des zunehmenden Eintrages luftgetragener Säurebildner.
- Erste Berichte über die Belastung von Grund- und Trinkwasser infolge der Einwirkung von Abwässern und Landwirtschaft, erschienen schon um die Jahrhundertwende.
- Ende der sechziger, Anfang der siebziger Jahre werden im Zusammenhang mit Eutrophierungsproblemen die ersten Stoffexport-Modelle für Landschaftsausschnitte und Massenbilanz-Modelle für aquatische Systeme vorgestellt.
- Gleichzeitig beginnen Untersuchungen zum Stoffhaushalt der Landschaft und Prozeß-Studien über den diffusen Stofftransport.

- Ebenfalls Anfang der siebziger Jahre werden die Untersuchungen zum Stofftransport in Böden und in Grundwasservorkommen intensiviert. Heute ist die diffuse Grundwasserbelastung in verschiedenen Regionen soweit fortgeschritten, daß in die Bodennutzung in Wassergewinnungsgebieten regelnd eingegriffen werden muß, mit dem Ziel, die Grundwasserbelastung längerfristig zu vermindern. Diese Regelungen sind praktisch als eine Art Wasseraufbereitung zu interpretieren, die im Vorfeld des Wasserwerkes abläuft und inzwischen große Bedeutung erreicht.
- Eutrophierungsprobleme der küstennahen Meere können nur durch Verminderung des Eintrages eutrophierender Stoffe in Gewässer im Binnenland gelöst werden. Dies setzt Kenntnisse über den Beitrag diffuser Stoffquellen und über deren Emissionsprozeß voraus. Die Wirksamkeit von Maßnahmen zur Abwasserreinigung in Flußgebieten, wie die Einrichtung einer Phosphor-Eliminationsstufe oder einer weitgehenden Stickstoff-Entfernung in Kläranlagen, kann nur unter Berücksichtigung dieser Kenntnisse eingeschätzt werden.

Im Zusammenhang mit der Lösung von Problemen an Vegetation, Böden, Binnenseen, Fließgewässer, Grundwasser, küstennahen Meeren sind damit Kenntnisse notwendig über die Wirkung, das Ausmaß, den Prozeß der diffusen Belastung.

Der Verfasser möchte die Forschungsentwicklung zu diesen Themen bis heute aufzeigen und Kenntnisse über die Höhe der diffusen Belastung sowie über deren Wirkung darstellen. Weiter sollen Methoden zusammengefaßt werden wie Ermittlung von Stoff-Flüssen und Haushaltsbetrachtungen, die Grundlage für Sanierungen an Gewässersystemen sein können.

2 Definitionen zum betrachteten System, Übersicht über die Entwicklung der Forschung und über die untersuchten Landschaftsräume

2.1 Urban-industrielles System

Der Mensch ist durch Energie- und Stoffströme, die zu ihm hinführen, wie fossile Brennstoffe, Nahrung, Trinkwasser, und durch Stoffströme, die von ihm erzeugt werden, wie Abgase, Stäube, Abwässer, mit den terrestrischen und aquatischen Ökosystemen vernetzt, Abb. 2-1. Das heißt, der Mensch wirkt über seine Tätigkeit auf aquatische und terrestrische Ökosysteme und beeinflußt damit seine eigene Lebensgrundlage.

Energie, Verkehr, Industrie und Landwirtschaft sind die wichtigsten Wirtschaftssektoren, die besonders in den Industriestaaten gleichzeitig bedeutende Quellen der Umweltbelastung darstellen. Ein Wirtschaften ohne Emissionen gibt es nicht. Bei der hohen Besiedlungsdichte in Zentraleuropa muß es darum gehen, die Emissionen so zu vermindern, daß die natürlichen bzw. naturnahen Systeme funktionsfähig erhalten bleiben. Aus Abb. 2-1 kann abgeleitet werden, daß zur Lösung eines lokalen Problems, z.B. Fischsterben infolge Versauerung eines Sees, häufig nur großräumig angelegte Lösungen auf nationaler oder internationaler Ebene dauerhaft helfen.

Die Belastung terrestrischer und aquatischer Systeme erfolgt auf der einen Seite über punkt- und linienförmig wirkende Quellen:

- Punktförmige Quellen der Grundwasserbelastung können sein undichte bzw. ungedichtete Abfall- und Abwasseranlagen wie Deponien, Kläranlagen, Schadensfälle mit schwer abbaubaren Stoffen infolge Leckagen. Kläranlagenabläufe und Überläufe der Kanalisation sind punktförmige Stoffquellen für Fließgewässer.

- Linienförmig wirkende Quellen können undichte Kanalisationssysteme sein. Sie sind heute vielerorts in den Siedlungsgebieten zu einem Problem für die Beschaffenheit des Grundwassers geworden.

Auf der anderen Seite wirken diffuse, über die Fläche wirkende Quellen direkt oder indirekt über folgende Wege auf Gewässer ein:

- Emission von Wärme,

- gasförmige und staubförmige Emissionen in die Atmosphäre (organische Stoffe, Metalle, Salze) und Immission über Gase, Staub und Regen,

- Erosion von Landflächen,

- Emission und Immission im Zuge land- und forstwirtschaftlicher Bodennutzung direkt in Fließgewässer und Seen sowie indirekt über den Weg des Grundwassers, Abb. 2-2. Auf diesem Weg erreichen Stoffe, wenn sie nicht umgewandelt, z.B. abgebaut oder festgelegt werden, mit dem Grundwasser letztendlich die Seen und Fließgewässer und über die Fließgewässer schließlich die Meere.

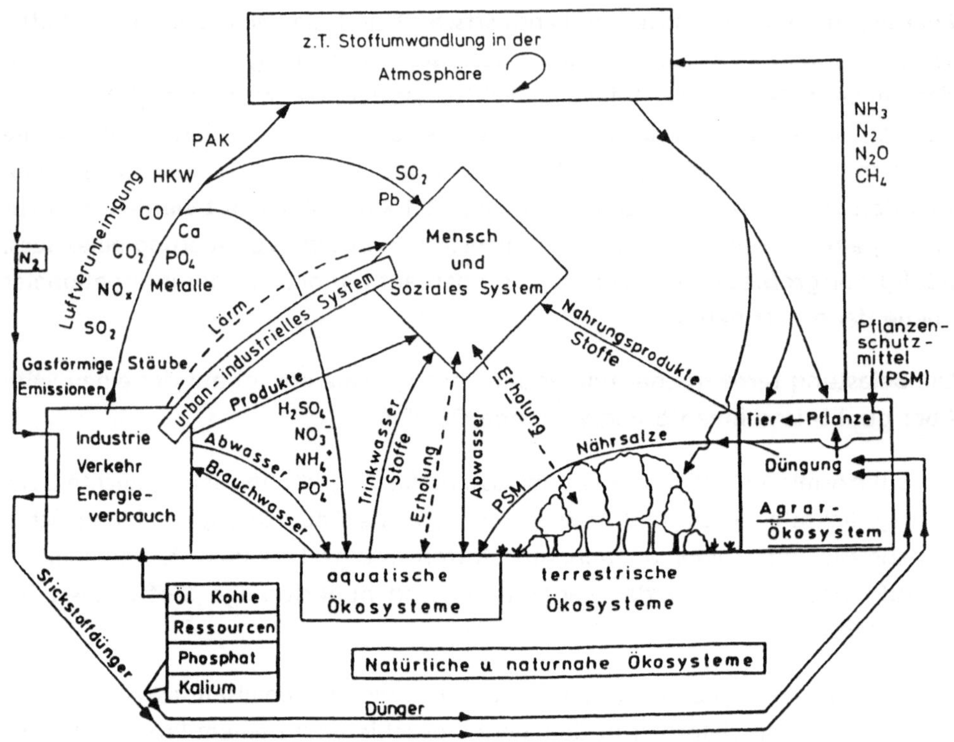

in Anlehnung an SRU (1978)

Abb. 2-1: Schema der Beziehung zwischen den Ökosystemen mit ausgewählten Stoffströmen und gegenseitigen Beeinflussungen

2.2 Hydrologischer Kreislauf und Wasserbeschaffenheit

Atmosphäre, Hydrosphäre, Lithosphäre und Biosphäre bilden eine Einheit. Die Wasserbewegung beeinflußt die Mobilisierung, den Transport, die Anreicherung und die Umwandlung von Stoffen. Die natürliche Beschaffenheit des Wassers wird auf dem Weg durch Böden und Gestein durch Reaktion mit der festen Phase wie Mineralien und durch biochemische Prozesse geprägt, der anthropogene Einflüsse auf dem Transportweg überlagert werden. Wegen der vielfältigen anthropogenen Einflüsse kann man deshalb von einer natürlichen Beschaffenheit nur bei den Wässern sprechen, deren Lagerstätten noch vor der Industrialisierung, also vor ca. 200 Jahren, gebildet wurden.

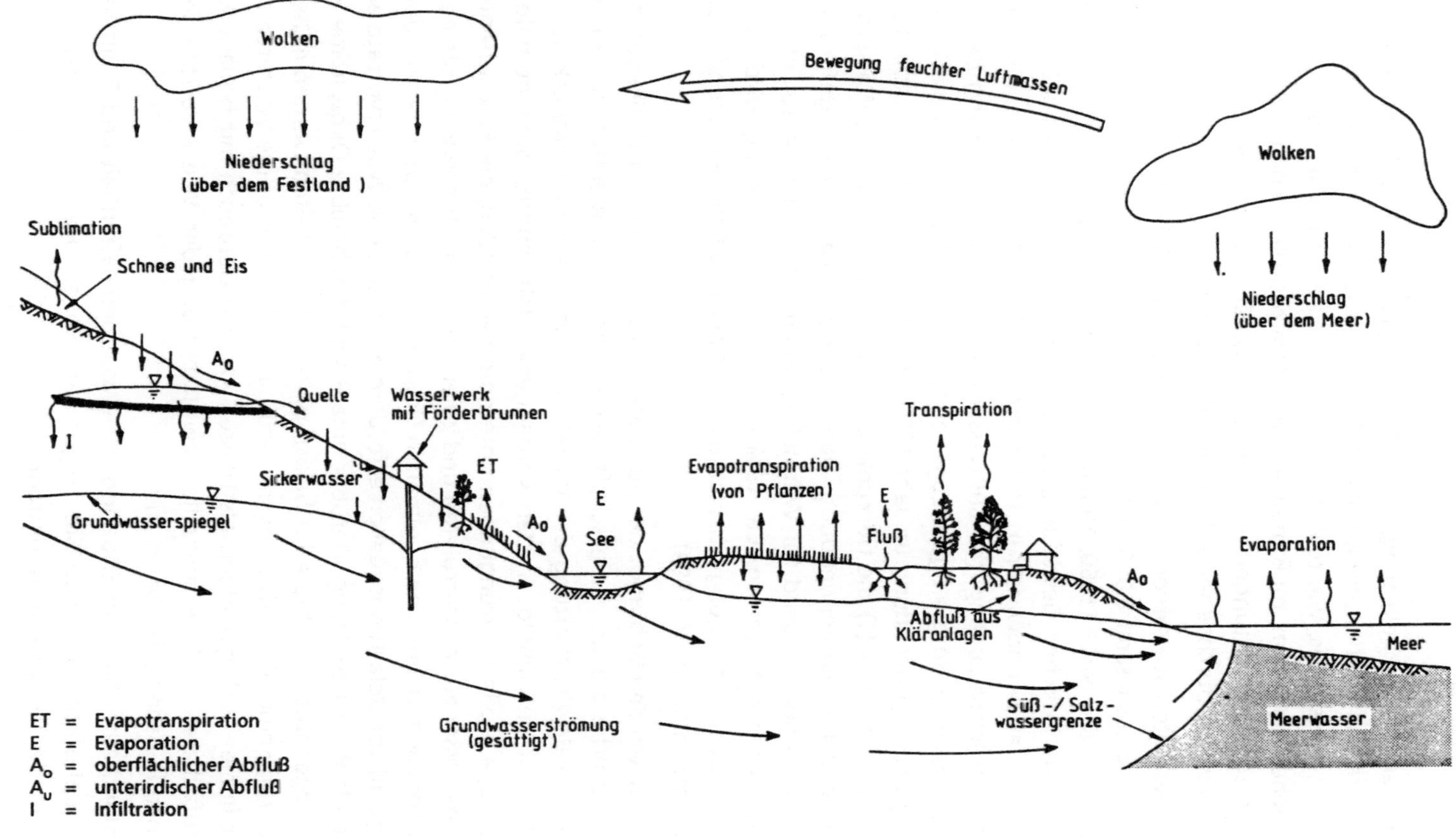

Abb. 2-2: Hydrologischer Kreislauf in Anlehnung an BEAR (1979)

Die Pfade der diffusen Belastung, wenn von den gas- und staubförmig transportierten Stoffen abgesehen wird, entsprechen praktisch den Fließwegen des hydrologischen Kreislaufes, wie dies Abb. 2-2 deutlich macht. Will man das Transportgeschehen verstehen, muß man sich mit dem hydrologischen Kreislauf auseinandersetzen. Betrachtungen zum Wasserhaushalt oder zu Teilkomponenten begleiten deshalb durchgehend die folgenden Kapitel.

Von dem gesamten Wasservorrat der Erde stehen nur 0,6 % als freies Süßwasser zur Verfügung, insgesamt 8.606.150 km^3. Von diesem Süßwasser-Vorrat (=100%) bewegen sich nach NACE (1960, 1963), zitiert in MATTHESS et al. (1983) 1,5% in ober- und unterirdischen Gewässern, ca. 48,8% als Grundwasser bis 800 m Tiefe und ca. 48,8% als Grundwasser in Tiefen größer 800 m. Die geringe, mit technischen Mitteln leicht zugängliche Süßwassermenge macht den Zwang deutlich, mit dieser Ressource sorgfältig umzugehen. In Deutschland betrug die Wasserförderung bzw. -verwendung im Jahr 1990 58,9 Mrd. m^3, Tab. 2-1, UBA (1993). Die Tabelle zeigt unter (1) die Herkunft der insgesamt geförderten Wassermengen und unter (2) die Verwendung. Danach werden ca. 87% der geförderten Wassermengen überwiegend für Wärmekraftwerke und Industrie aus oberirdischen Gewässern entnommen. Ca. 13% der gesamten Förderung wird für die öffentliche Wasserversorgung genutzt, die ihr Wasser zu 64% den Grundwasservorräten entnimmt, BGW (1994).

Allein schon, um den Gebrauch der nutzbaren Wasservorräte durch die verschiedenen Ansprüche aus der Gesellschaft, wie in Tab. 2-1 aufgelistet, zu ermöglichen, ist eine Bewirtschaftung der Vorräte besonders auch im Hinblick auf die Beschaffenheit notwendig. In den vergangenen Jahrzehnten sind deshalb in Zentraleuropa große Anstrengungen unternommen worden, die Beschaffenheit der Fließgewässer zu rekonstruieren und zu erhalten. Zunehmende Probleme an den küstennahen Meeren, an quellnahen Gewässern und am Grundwasser durch vielfältige diffuse Belastungsquellen erfordern auch für diese Wasservorräte eine vorsorgende Bewirtschaftung. Darüber hinaus sind dies belebte Ökosysteme, die auch als Regenerationsgebiete für belastete Regionen erhalten werden müssen: Die Förderung eines Grundwassers im naturnahen Zustand für die Wasserversorgung ist immer noch günstiger, als Wasser vor dem Gebrauch mit hohem Aufwand aufzubereiten. Eine sinnvolle Bewirtschaftung der Wasservorräte setzt nachstehende Arbeitsschritte voraus:

(a) Bestandsaufnahme der Situation der Wasserbeschaffenheit und Ermittlung der Belastungsursachen. Sie zeigen an, wo ein Handlungsbedarf zum Schutz der Wasservorräte besteht.

(b) Die Erkundung der Prozessabläufe und deren Formulierung ist notwendig, um erkennen zu können, an welchen Stellen wirkungsvoll in den Ablauf zum Zwecke der Steuerung eingegriffen werden kann.

(c) Um die Ergebnisse, die unter (a) und (b) gewonnen wurden, umsetzen zu können, ist schließlich die Entwicklung von Maßnahmen zur Steuerung und Sanierung notwendig.

Die Entwicklung von solchen Maßnahmen fällt weitgehend in den administrativen Bereich. Bestandsaufnahmen, die Erforschung von Prozeßabläufen ist Aufgabe von Forschungseinrichtungen, die Durchführung von Sanierungsmaßnahmen ist Aufgabe von Beratungsfirmen.

1.) Wasserförderung 1990 insgesamt 58.852 · 10^6 m^3		2.) Wasserverwendung 1991	
- Grundwasser, - Quellwasser	13,1 %	- Haushalt + Kleingewerbe + öffentl. Einrichtungen	13,6 %
		- Gewerbe, Industrie	23,0 %
- Fluß, See-, Talsperrenwasser, angereichertes Grundwasser, Uferfiltrat	86,9 %	- Kühlwasser für Kraftwerke	60,1 %
		- Bewässerung Landwirtschaft	3,3 %

3.) Öffentliche Wasserversorgung

Wasserförderung insgesamt	1993 4956,2 · 10^6 m^3
davon	
- Grundwasser	64,3 %
- Quellwasser	7,3 %
- See- und Talsperrenwasser Flußwasser, angereichertes Grundwasser, Uferfiltrat	28,4 %

1) und 2) aus UBA (1993), 3) aus BGW (1994)

Tab. 2-1: Wasserverwendung und Herkunft des geförderten Wassers in Deutschland

2.3 Entwicklung der Forschung zum Thema der diffusen Gewässerbelastung

Im Zusammenhang mit zunehmenden Eutrophierungsproblemen an oberirdischen Gewässern wurde seit Beginn der fünfziger Jahre besonderes Augenmerk auf die Belastung durch Phosphor- und Stickstoffverbindungen gelegt. Am Anfang stehen Untersuchungen an Einzugsgebieten von Seen, z.B. AMBÜHL (1960), GROPP (1964), OHLE (1971), VOLLENWEIDER (1970).

Die meisten Arbeiten wurden anfangs an gemischt genutzten Einzugsgebieten durchgeführt (Siedlung, Forst- und Landwirtschaft). Fazit der meisten Untersuchungen damals war, daß bei Stickstoff der Beitrag der Landwirtschaft bei der Belastung der oberirdischen Gewässer überwiegt und dieser mit dem Anteil der landwirtschaftlichen Nutzfläche zunimmt, ein Sachverhalt, der in den sechziger/siebziger Jahren noch kontrovers diskutiert wurde. Verschiedene Autoren, wie GÄCHTER et al. (1972), hatten dies anschaulich mit Hilfe numerischer Beziehungen belegt. Es wurde damals auch sehr deutlich, daß Abwasser, besonders Phosphor im Fließgewässer, den Einfluß der land- und forstwirtschaftlichen Bodennutzung überdeckt, VOLLENWEIDER (1970).

Um den Beitrag der Land- und Forstwirtschaft an der Stofflast im Gewässer eindeutiger abschätzen zu können, wurde die Meßtätigkeit zu Beginn der siebziger Jahre erheblich verstärkt. Da in der dicht besiedelten Landschaft Deutschlands für die vorgenannte Frage oft nur schwer geeignete Fließgewässer zu finden waren, die nicht mit Abwässer belastet sind, mußte der Schwerpunkt der Untersuchungen meistens auf kleine Einzugsgebiete gelegt werden, (A_{Eo} = 0,5 bis 2 km^2). Viele Arbeiten wurden in den siebziger und achtziger Jahren begonnen bzw. veröffentlicht. Die wichtigsten Arbeiten werden unter Kapitel 6 und 7 im einzelnen vorgestellt und in eine zusammenfassende Auswertung einbezogen.

Einige Arbeiten, die die Forschungsentwicklung widerspiegeln, sind hier zu nennen: SÜCHTIG (1953), SYMADER (1976), VERWORN (1977), WALTHER (1979), SÜSSMANN (1980), SCHULTE-WÜLWER-LEIDIG (1985), PETER (1988), LAMMEL (1990). Diese Arbeiten gehen über die reine Ermittlung der Ursachen hinaus und befassen sich unter anderem auch mit Prozeß-Studien und teilweise mit ihrer numerischen Beschreibung. Mit Beginn der achtziger Jahre wird durch eine Vielzahl von Publikationen auf den Themenbereich Gewässerversauerung hingewiesen, siehe im einzelnen unter Kapitel 7. Hier sind besonders die Arbeiten an kleinen Fließgewässern zu nennen, die z.B. von MATTHIAS et al. (1983) publiziert wurden. Umfangreiche Untersuchungen an westdeutschen Seen über die Auswirkung des erhöhten Säureeintrages wurden besonders umfassend von der Arbeitsgruppe Steinberg/München durchgeführt, z.B. STEINBERG et al. (1984). Im Rahmen einer Tagung wird das Thema zum ersten Mal im Jahr 1984 für das Gebiet der Bundesrepublik in UBA (1985a) zusammenfassend dargestellt.

Untersuchungen zur Beschaffenheit des Grundwassers beginnen schon recht früh. Zu Beginn dieses Jahrhunderts erscheint von FISCHER (1914) ein Bericht über die Stickstoffgehalte im Trinkwasser verschiedener Wasserversorgungsanlagen im deutschen Reichsgebiet. Da die meisten Wassergewinnungsanlagen Grundwasser fördern, ist dies praktisch der erste Grundwasserbericht für Deutschland. Nach dem 2. Weltkrieg erscheinen in zunehmend dichter Folge Veröffentlichungen über die Belastung von Grundwässern mit Nitrat und Pflanzenschutzmitteln, die als Folge der Intensivierung der Landwirtschaft vermehrt zu messen sind. Als Beispiele sind zu nennen die Arbeiten von SCHWILLE (1953, 1962) für das Mosel- und Rheintal; die Arbeit von GROBA et al. (1972) für quartäre Grundwasserleiter im Raum Hannover, von OBERMANN (1991) für Teile Westfalens , vom Autor für Niedersachsen, WALTHER (1982c, 1982d, 1990).

2.4 Übersicht über Wasser- und Stoffflüsse am betrachteten System und interne Prozesse, Grundlagen

2.4.1 Stoff- und Wasserflüsse

Aus dem Gestein gelöste Stoffe gelangen über Fließgewässer zum Meer, werden dort deponiert und akkumuliert und sind die Grundlage neuer Gesteinsbildung. Der über den Meeren gebildete Wasserdampf wird auf dem Weg zum Festland und über dem Festland mit Stoffen aufgeladen, die in die Atmosphäre emittiert wurden und die dann mit dem Niederschlag wieder die Erdoberfläche erreichen. Die treibende Kraft im Wasserkreislauf ist die Sonneneinstrahlung. Wasserkreislauf und Energiehaushalt sind über die Verdunstung eng miteinander gekoppelt, siehe auch Abb. 2-2. Für die Niederschlagsbildung und die Fließbewegung ist primär die Gravitation auslösend. Die quantitative Beschreibung des Wasserkreislaufes führt auf der Grundlage des Massenerhaltungsgesetzes zur Wasserbilanz (2-1). Aufgrund dieser Verknüpfungen ist die Betrachtung des Energie- und Wasserhaushaltes Grundlage der Untersuchungen zum Stoffhaushalt. Abb. 2-3 zeigt die Wasser- und Stoffflüsse an einem Ausschnitt des oberen Teiles der Erdkruste. Auf Details zu internen

Prozessen und zur Systembeschreibung wird in den noch folgenden Kapiteln eingegangen werden.
Differenzierte Betrachtungen von Wasserhaushaltsgrößen der Erde sind bei DYCK et al. (1983) und MANIAK (1988) zu finden. Für das langjährige Mittel des Wasserkreislaufes der Erdoberfläche gilt die Bilanz
mit der Dimension $l/m^2 \cdot a = mm/a$:

(2-1) $\overline{P} = \overline{ET} = 1130\,;$

für das langjährige Mittel der Festlandsflächen gilt:

(2-2) $\overline{P} = \overline{ET} + \overline{A}$

$= \overline{ET} + \overline{A}_O + \overline{A}_U$

$800 = 485 + 300 + 15.$

Die Mittelwerte sind quer überstrichen. Die Zahlen wurden DYCK et al. (1983) entnommen. In Gleichung (2-1) und (2-2) bedeuten:

P = Niederschlag,
ET = Evapotranspiration
= E + T.

Hierbei sind
E = Evaporation, Verdunstung von der Wasseroberfläche oder einer feuchten, vegetationsfreien Oberfläche,
T = Transpiration, Abgabe von Wasserdampf über die Spaltöffnungen der Blätter, Wasseraufnahme der Pflanzen und Einbau in Zellsubstanz,
A = Abfluß aus einem Gebietsabschnitt, siehe Abb. 2-3
= $A_O + A_U$

= Abfluß, oberirdisch ($_O$) und unterirdisch ($_U$), wenn vorhanden.

Für Mittelwerte von Jahren oder einzelner Jahre gilt

(2-3) $\overline{P} = \overline{ET} + \overline{A} \pm \Delta S$ bzw. $P = ET + A \pm \Delta S\,;$

hierbei bedeutet ΔS die Speicheränderung.

Für den in Abb. 2-3 schematisiert dargestellten Gebietsabschnitt lautet die Gleichung des Wasserhaushaltes dann:

(2-4) $P + Z_U - A_O - ET \pm \Delta S = 0.$

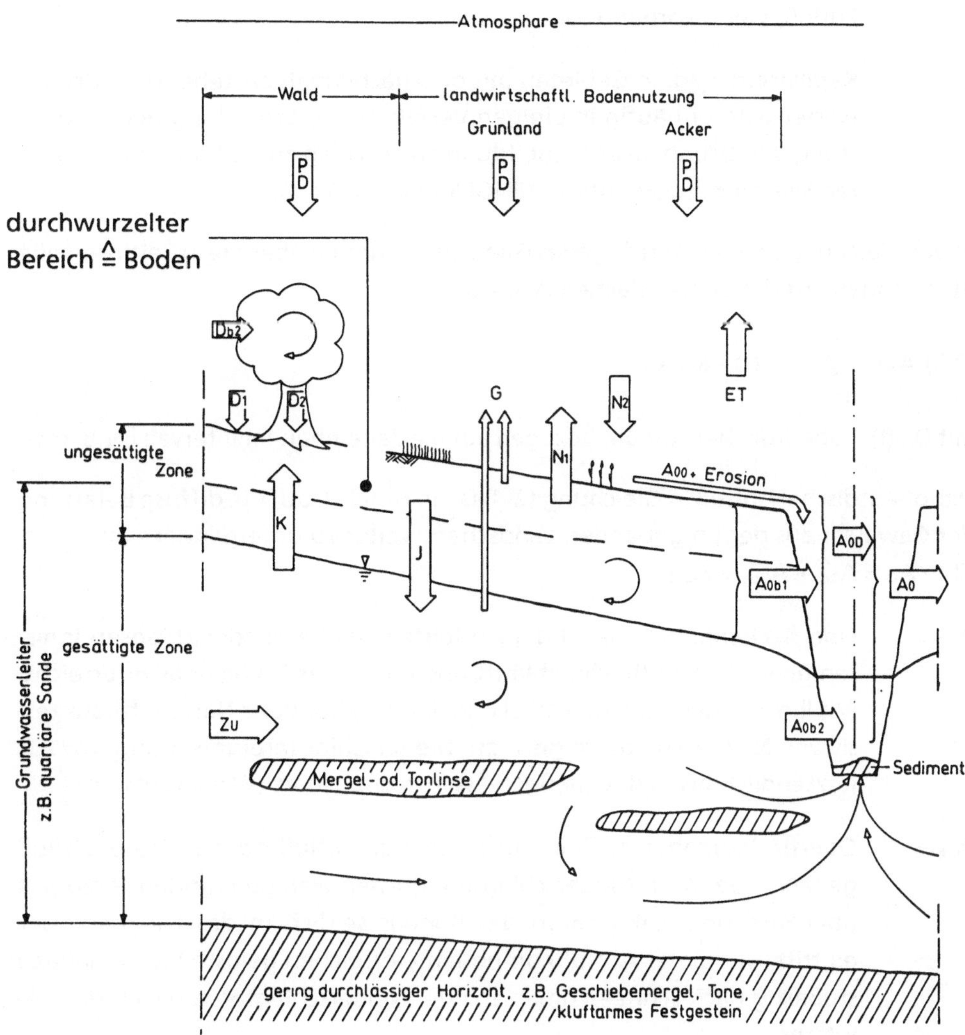

Erläuterungen der Symbole im Text, S. 22-26 und S. 46 - 48

Abb. 2-3: Stoff- und Wasserflüsse im System Atmosphäre - Vegetation - Boden - Gewässer

In Gleichung (2-4) sind

Z = Zufluß, wenn vorhanden,

K = Kapillaraufstieg, in Gebieten mit oberflächennah anstehendem Grundwasser wird er häufig in einigen Verfahren zur Ermittlung der Verdunstung und Grundwasserneubildung als Zuschlag zum pflanzenverfügbaren Wasser berücksichtigt, RENGER et al. (1974 a).

In der Gleichung (2-4) entspricht jedes Glied einer Summe über die n Zeitintervalle Δt_i, bezogen auf die Gebietsflächen A_{EO}, z.B.

$$(2\text{-}5)\ A_o = \sum_{i=1}^{n} Q_{oi}(t) \cdot \Delta t_i / A_{EO}$$

mit $Q_{oi}(t)$ = oberirdischer Abfluß, bezogen auf die Zeiteinheit im Intervall i, z.B. m^3/s.

Der oberirdische Abfluß in Gleichung (2-4) ist im Hinblick auf die diffuse Belastung der Gewässer aus der umgebenden Landschaft weiter zu untergliedern in:
(2-6) $A_O = A_{OO} + A_{Ob1} + A_{Ob2}$.

A_{OO} = Oberflächenabfluß; es ist der Abflußteil, der bei Niederschlagsereignissen über die Landfläche abläuft und direkt das Fließgewässer erreicht. Mit ihm werden Bodenpartikel und daran gebundene Nährstoffe sukzessiv von Niederschlagsereignis zu Niederschlagsereignis hangabwärts letztendlich bis in das Fließgewässer transportiert (Wassererosion).

A_{Ob1}= Oberflächennaher Abfluß, auch lateraler Abfluß oder Zwischenabfluß genannt, der nach Niederschlagsereignissen wenige Stunden verzögert über Fein- und Makroporen des Bodens seitlich in das Fließgewässer eintritt. Mit dieser Abflußkomponente erreichen gelöste Stoffe nahezu stoßartig nach Schneeschmelzen oder Niederschlagsereignissen das Gewässer.

A_{Ob2}= Basisabfluß; er wird aus Dräns und aus der wassergesättigten Zone gespeist. Er wird auch als Grundwasser- oder Trockenwetterabfluß bezeichnet und reagiert zeitlich stärker verzögert auf Niederschlagsereignisse.

A_{OD} = Direkter Abfluß:
$A_{OD} = A_{OO} + A_{Ob1}$;
er tritt besonders im Sommerhalbjahr nach Niederschlagsereignissen in

ausgeprägten Abflußwellen auf und wird der Abflußkomponente A_{Ob2} überlagert. Der direkte Abfluß ist gewöhnlich nicht direkt meßbar, sondern muß aus der Abflußganglinie abgeleitet werden.

(2-7) $J = P - ET$ = Grundwasserneubildung.

Für ebenes Gelände, ohne seitliche Zu- und Abflüsse, wie es in Norddeutschland oft angetroffen wird, kann für ein Grundwasserneubildungsjahr die Grundwasserneubildungsrate wie nach der Gleichung (2-7) ermittelt werden. Das Grundwasserneubildungsjahr beginnt in den Monaten, in denen in den Böden in Deutschland mit großer Wahrscheinlichkeit noch Wassergehalte bei Feldkapazität vorliegen, also zum 1. März oder 1. April.

Der Untergrund ist als Mehrphasensystem zu betrachten, welches z.B. aus den Phasen j wie Feststoffe, Wasser mit den Verbindungen k wie NO_3, CO_2 besteht. Eine Stoffhaushaltsgleichung müßte mit den entsprechenden Indizes j und k versehen geschrieben werden. Um die Schreibweise der Gleichungen übersichtlich zu halten, wird auf die Angabe der Indizes nachfolgend verzichtet.

Zu Beginn dieses Kapitels wurde schon darauf hingewiesen, daß mit den Wasserhaushaltskomponenten Niederschlag und Abfluß gelöste und partikulär gebundene Nährstoffe transportiert werden. Werden die Wasserflüsse der Gleichung (2-4) mit der Stoffkonzentration multipliziert, die am gleichen Ort wie die zugehörige Wasserhauhaltskomponente gemessen wurde, dann ergibt sich die zugehörige Komponente des Massenflusses bzw. die Fracht, die in g oder kg, gewöhnlich auf die Fläche bezogen, angegeben werden. So wird z.B. die Fracht FA_o des Stoffes k mit dem oberirdischen Abfluß nach Gleichung (2-8) berechnet:

$$F\,A_o = \sum_{i=1}^{n} c_{oi}(t) \cdot Q_{oi}(t) \cdot \Delta ti / A_{Eo} \qquad (2\text{-}8)$$

mit c_o = Stoffkonzentration im oberirdischen Abfluß,
i = laufende Nummer des Zeitintervalles,
Q = mittlerer Abfluß im Zeitintervall.

Die Gleichung der Stoffbilanz, die aus der Wasserhaushaltsgleichung abgeleitet werden kann, muß nach Abb. 2-4 um folgende Glieder erweitert werden:

D = Stoffdeposition im Gebiet aus der Atmosphäre in fester Form (Stäube), flüssiger Form (Regen, Nebel, Tau) und als Gas. Hierauf wird noch unter Kap. 3 eingegangen.

N1 = Nährstoffentzug durch Biomasse (Pflanzen), wenn er aus dem Gebiet, z. B. mit der Ernte, abgefahren wird.

N2 = Nährstoffeintrag mit der organischen und anorganischen Düngung.

G = Gasförmige Verluste infolge mikrobiologischer Umsetzungen, z. B. CO_2, N_2, N_2O, H_2S.

Die Gleichung des Stoffhaushaltes eines Gebietsabschnittes hat dann für den Stoff k die Form:

$$D_k + (F\,Z_{Ok} + F\,Z_{Uk}) - (F\,A_{Ok} + F\,A_{Uk}) + N_{2k} + F\,K_k - N1_k - G_k \pm \Delta F_k = 0 \qquad (2\text{-}9)$$

mit ΔF als Speicherglied für Stoffe. Wenn in Einzugsgebieten noch Wasser entnommen und exportiert wird, z.B. durch ein Wasserwerk, so wird die Gleichung durch entsprechende Glieder zu ergänzen sein. Wenn die einzelnen Komponenten der Haushaltsgleichung allgemein in der Form F_{kl} geschrieben werden, dann lautet die Gleichung (2-9) für den Stoff k und für die Flußkomponente l allgemein:

$$\sum_{l=1}^{n} F_{kl} \pm \Delta F_k = 0. \qquad (2\text{-}10)$$

Die Ermittlung der Glieder der Wasserhaushaltsgleichung bereitet erheblichen Aufwand, z. B. die Ermittlung der Verdunstung oder die Abschätzung der unterirdischen Flüsse. Gleichermaßen aufwendig ist in den meisten Fällen und für die meisten Haushaltskomponenten die Ermittlung der Stoffkonzentrationen. Oft ist damit ein großer Aufwand für den Bau von Meßvorrichtungen und für das Messen selbst verbunden. Man denke nur an die Beprobung des Grundwassers. Aus diesem Grund werden zur Lösung von aktuellen Problemen Gebiete selten gemäß Gleichung (2-10) geschlossen bilanziert. Die nachfolgenden Kapitel befassen sich bevorzugt mit der Entstehung und dem Zeit - Weg - Verhalten einzelner Haushaltskomponenten.

2.4.2 Interne Prozesse

2.4.2.1 Die wichtigsten Stoffgruppen der diffusen Belastung

Welche Stoffe bzw. Stoffgruppen sind im Zusammenhang mit der Gewässerbelastung heute von Interesse? Elemente des Periodensystems und ihre vielfachen Kombinationsmöglichkeiten miteinander, wenn sie in einer Konzentration auftreten, die auf den betrachteten Organismus oder auf das betrachtete Ökosystem schädlich wirken, das heißt, wenn sie zum Schadstoff werden. Dies können auch natürlich auftretende Verbindungen sein. Nachstehende Elemente sind weitgehend für alle Organismen lebensnotwendig. In Abhängigkeit von den jährlich, in

Bindung mit anderen Elementen aufgenommenen Mengen wird zwischen Haupt- und Spurennährelementen unterschieden. Es sind hier nur die wichtigsten genannt, in Anlehnung an FINK (1975).

Hauptnährelemente:
Kohlenstoff (C), Sauerstoff (O), Wasserstoff (H), Stickstoff (N), Schwefel (S), Phosphor (P), Kalium (K), Calcium (Ca), Magnesium (Mg), Eisen (Fe)

Spurenelemente:
Mangan (Mn), Molybdän (Mo), Zink (Zn), Kupfer (Cu), Cobalt (Co), Nickel (Ni), Bor (B), Chlor (Cl), Natrium (Na), Selen (Se), Silicium (Si), Vanadium (V), Wolfram (W)

Die wichtigsten Elemente und Stoffgruppen, die im Zusammenhang mit der Umweltbelastung und speziell mit der diffusen Gewässerbelastung von Interesse sind, zeigt die Übersicht in Tab. 2-2. Die wichtigsten Stoffquellen für die diffuse Belastung sind in der Tabelle angekreuzt und unterstrichen. Die Eigenschaften der Stoffgruppen und ihre Wirkungen auf das hier behandelte System werden in den folgenden Kapiteln soweit wie notwendig differenzierter erläutert. Diese Verbindungen sind, neben ihren unerwünschten direkten Wirkungen auf die aquatischen Lebensgemeinschaften bei erhöhter Konzentration, zur Zeit besonders für folgende Bereiche von Bedeutung:

Verbindungen,Elemente	Bedeutung
Stickstoffverbindungen:	
- Nitrat:	Grundwasser / Trinkwasser; Eutrophierung von stehenden Gewässern, z. B. Nordsee, Säurebildner
- Ammonium:	Sauerstoffhaushalt in Fließgewässern
- Ammoniak (gasförmig):	Säurebildner
Phosphor:	Eutrophierung von gestauten Fließgewässern und stehenden Gewässern (Seen, Meere)
Schwefelverbindungen:	Säurebildner
Schwermetalle:	Toxische Wirkung,Wasserversorgung, Feinwurzeln der Vegetation und aquatisch lebende Organismen
Polycyclische aromatische Kohlenwasserstoffe, halogenierte Kohlenwasserstoffe, Pflanzenbehandlungsmittel:	Toxische Wirkung,Wasserversorgung, Hemmung bzw. Schädigung von Organismen, die am Stoffumsatz beteiligt sind

Zeilen Nr.	Quellen, überwiegende Herkunft, die wichtigste Quelle ist jeweils unterstrichen	Stoffgruppen								
		halogenierte Kohlenwasserstoffe (HKW)	Polycyclische aromatische Kohlenwasserstoffe (PAK)	Schwermetalle	Pflanzenbehandlungsmittel	Stickstoff-Verbindungen				
						Nitrat	Ammonium, Ammoniak	gasförmige Stickoxide (NO_x)	Phosphor (P)	Schwefel überwiegend als SO_2 / SO_4
1	natürliches Vorkommen	wenige Verbindungen	x	x		x	x	x	x	x
2	Verdunstung als Produktziel	X								
3	Abgase aus Verkehr		aus fossilen **Brennstoffen**	besonders **Blei (Pb)**				X		x
4	Rauchgase aus Industrie, Gewerbe, Haushalt		x	X				x	x	X
5	Gasförmige Abgabe aus Deponien u. Abwasseranlagen	x								
6	über Erosion von Böden				x				X	
7	über anorg. u. org. Düngung u. über Auswaschung aus Böden			über Klärschlamm, Cadmium (Cd) über Phosphordünger	X	X				
8	Gasförmig aus Böden							x		
9	aus Viehhaltung						X			

x = Stoff tritt auf
X = wichtigste Quelle der Belastung

Tab. 2-2: Stoffquellen der diffusen Gewässerbelastung, überwiegende Herkunft

2.4.2.2 Aspekte des Stoffumsatzes in der Atmosphäre

Um die Herkunft und die Bedeutung der über den Luftpfad transportierten Stoffe erklären zu können, muß hier auf Stoff-Emissionen und Immissionen sowie auf den Umsatz in der Atmosphäre eingegangen werden. Eine Übersicht über Prozesse in der Atmosphäre und über die Wirkung menschlicher Eingriffe gibt FABIAN (1989). Die Atmosphäre ist, wie Abb. 2-2 zeigte, mit der Erdkruste, den Ozeanen und dem Festland mit ihrer Biosphäre gekoppelt. Die Stoffverteilung in der Atmosphäre wird durch biologische und geologische Kreisläufe bestimmt und durch anthropogene Einflüsse überlagert. Die Unterteilung der Atmosphäre zeigt Abb. 2-4. Das Wettergeschehen (Wolkenbildung, Niederschlag) läuft im wesentlichen in der Troposphäre im Bereich bis 18 km Höhe ab. Der Abbau bzw. die Umwandlung von emittierten Gasen erfolgt am intensivsten in der Stratosphäre durch Photolyse (= Photodissoziation). Höhermolekulare Gasverbindungen können dort auf diesem Weg mit Hilfe ultravioletter Strahlung in niedermolekulare Teile zerlegt werden. Energiequelle für diese Prozesse ist das Sonnenlicht. Unter „Luftverunreinigung" wird hier die durch den Menschen verursachte Belastung der Atmosphäre mit Stoffen verstan-

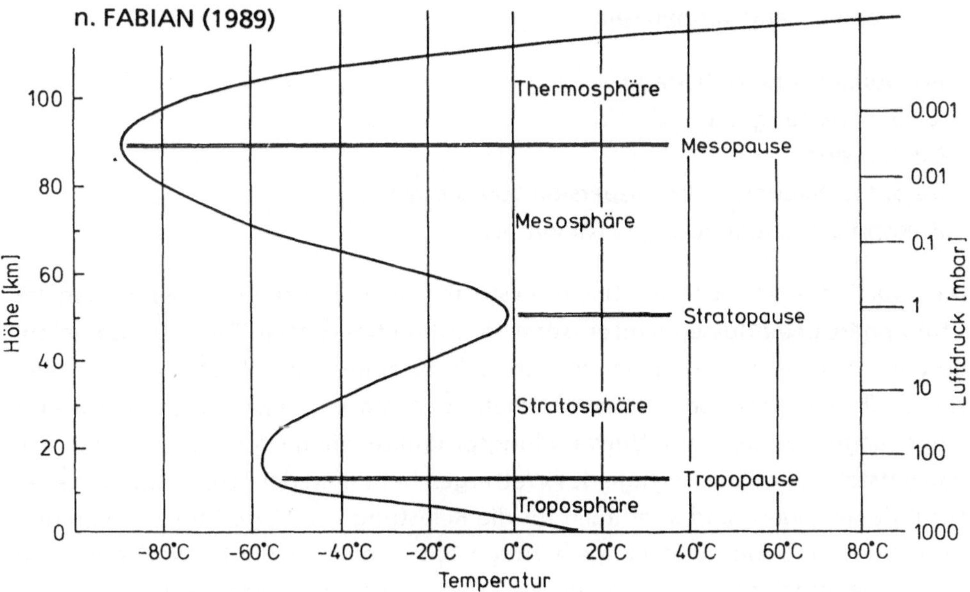

Abb. 2-4: Untergliederung der Atmosphäre und Temperaturverlauf

den. In der Luft enthaltene Substanzen können bei kurzfristig hoher Konzentration und / oder langer Einwirkzeit für Menschen, Tiere, Pflanzen, Böden, Gewässer und Sachgüter Schädigungen hervorrufen oder zu solchen beitragen. Nach ihrer äußerlichen Erscheinungsform wird unterschieden in:

- Gase natürlichen Ursprungs und aus anthropogenen Verbrennungsprozessen;

- Stäube, das sind feste Teilchen mit nachstehendem Korndurchmesser:

Grobstaub	ø >	10 µm
Feinstaub	ø =	0,5 - 10 µm
Feinststaub	ø <	0,5 µm

- Aerosole, feste oder flüssige Teilchen im Bereich ø 0,01 - 1 µm;

- Nebel und Tau, kleine Tropfen, die infolge langer atmosphärischer Aufenthaltszeiten erhebliche Mengen gelöster Substanzen enthalten.

Die Bestandteile der Atmosphäre unterliegen einem ständigen Kreislauf durch Emission von der Erde und Rückführung zu der Erdoberfläche. Natürliche Ursachen für diesen Vorgang können sein:

- mikrobiologische Aktivitäten
- vulkanische Tätigkeit
- Winderosion
- See-Spray, Bildung durch Dispersion von Seesalzen
- atmosphärische Entladungen (Gewitter)

Die „Quellengase", die maßgeblich den Stoffhaushalt und den Energiehaushalt der Atmosphäre beeinflussen, sind entsprechend ihrer Herkunft in Tab. 2-3 zusammengestellt. Auf die Wirkung der in Tab. 2-3 zusammengestellten Gase auf den Kohlendioxid-, Ozon- und Wärmehaushalt der Atmosphäre kann hier nicht weiter eingegangen werden. Ihre Umwandlungsprodukte, die nach photolytischem Abbau entstehen und die im Zuge des Wettergeschehens in der Troposphäre wieder zur Erde gelangen, sind aber auch für die Belastung von Vegetation, Boden und Gewässern von Bedeutung. Einige wichtige Beispiele für die Photodissoziation und für die weitergehende Umwandlung auf dem Wege bis zur Erdoberfläche zeigen die nächsten Zeilen, FABIAN (1989).

	Wichtige Quellengase natürlich	anthropogen		Wichtige Quellengase natürlich	anthropogen
Kohlendioxid (CO_2) (trägt zum Treibhauseffekt bei)	Vulkantätigkeit, biochem. Abbau org. Verbindungen aus Biomasse	Verkehr, Kraftwerke (Verbrennung fossiler Stoffe wie Erdgas, Öl, Kohle), Endprodukt des photolytischen Abbaus, z.B. von CH_4	Schwefelverbindungen (H_2S, SO_2, SO_3, SO_4)	Vulkantätigkeit, Abbau organischer schwefelhaltiger Verbindungen in Böden, Sedimenten, Gewässern	Kraftwerke, Verkehr, (Verbrennung fossiler Stoffe)
Kohlenmonoxid (CO)	Verbrennung von Biomasse	Verkehr, Energiegewinnung; Endprodukt des photolytischen Abbaus diverser Verbindungen	Halogenkohlenwasserstoffe (HKW): Wirken zerstörend auf die Ozonschicht	Einige Verbindungen werden in vergleichsweise geringer Menge biologisch in Ozeanen gebildet	Leicht flüchtige chlorierte Kohlenwasserstoffe, überwiegend synthetisch gebildet
Wasserdampf (H_2O)	Wettergeschehen		Polycyclische aromatische Kohlenwasserstoffe (PAK)	Zum Teil biogene Bildung, Verbrennung	Verbrennung fossiler Brennstoffe (Verkehr, Kraftwerke)
Methan (CH_4) (trägt zum Treibhauseffekt bei)	anaerober Abbau organischer Verbindungen (Gärung) in Böden, Sedimenten, Sümpfen, im Verdauungstrakt von Säugetieren	in Reiskulturen, Tierhaltung	Pflanzenschutzmittel	Bis auf wenige Ausnahmen unter natürl. Bedingungen nicht vorhanden	Hergestellt durch Synthese, Verdriftung beim Ausbringen möglich, Transport vorwiegend in den unteren Luftschichten?
Stickoxide (NO_x)	Vulkantätigkeit, Stickstoffkreislauf, Umwandlung von NH_4 und NO_3 zu N_2, N_2O, atmosphärische Entladungen (Gewitter)	Verkehr, Kraftwerke, landwirtschaftliche Bodennutzung	Elemente wie Pb, Cd, Mn, Al, Zn, Hg	Vulkantätigkeit	Verbrennungsprozesse, Transport vorwiegend in den unteren Luftschichten an Stäuben angelagert

Tab. 2-3: Wichtige Quellengase und ihre Herkunft

Photodissoziation in der Atmosphäre:

(a) Kohlendioxid

$2CO_2 + \text{UV - Strahlung} \longrightarrow 2CO + O_2$

(b) Wasserdampf

$2H_2O + \text{UV - Strahlung} \longrightarrow 2H_2 + O_2$

(c) Lachgas (N_2O), zwei mögliche Abbaureaktionen als Beispiel

$N_2O + O^* \longrightarrow N_2 + O_2$

$N_2O + UV \longrightarrow N_2 + O$

O^* = Sauerstoffatome in einem angeregten Zustand höherer Energie

(d) Methan; hier sind mehrere Reaktionen in der Troposphäre und Stratosphäre möglich, die schließlich zur Bildung von CO, CO_2 und H_2 führen.

(e) Halogenierte Kohlenwasserstoffe (HKW), besonders fluorierte KW werden erst maßgeblich in der Stratosphäre photolytisch aufgespalten, zum Beispiel

Chlor - Fluor - Methane

$CFCl_3 + UV \rightarrow \underbrace{Cl + Cl}_{\text{freie Chloratome}} + \text{Verbindungsrest (Radikal)}$

Die freien Chloratome können einen Ozon-Abbau bewirken. Des weiteren sind photolytische Abbaureaktionen unter Beteiligung reaktiver Spezies wie NO_x und SO_2 bekannt. Fluorierte Kohlenwasserstoffe können auf Grund der langsam ablaufenden Abbauvorgänge eine relativ lange Lebensdauer aufweisen, Tab. 2-4. Ein erheblicher Teil der HKW werden anscheinend, ohne daß ein weitergehender Abbau überhaupt erfolgt ist, nach großräumiger Verfrachtung mit dem Wettergeschehen aus der Troposphäre ausgewaschen (Niederschlag) und erscheinen vom Emissionszentrum weit entfernt in den Ökosystemen, z. B. auch in der Arktis und Antarktis.

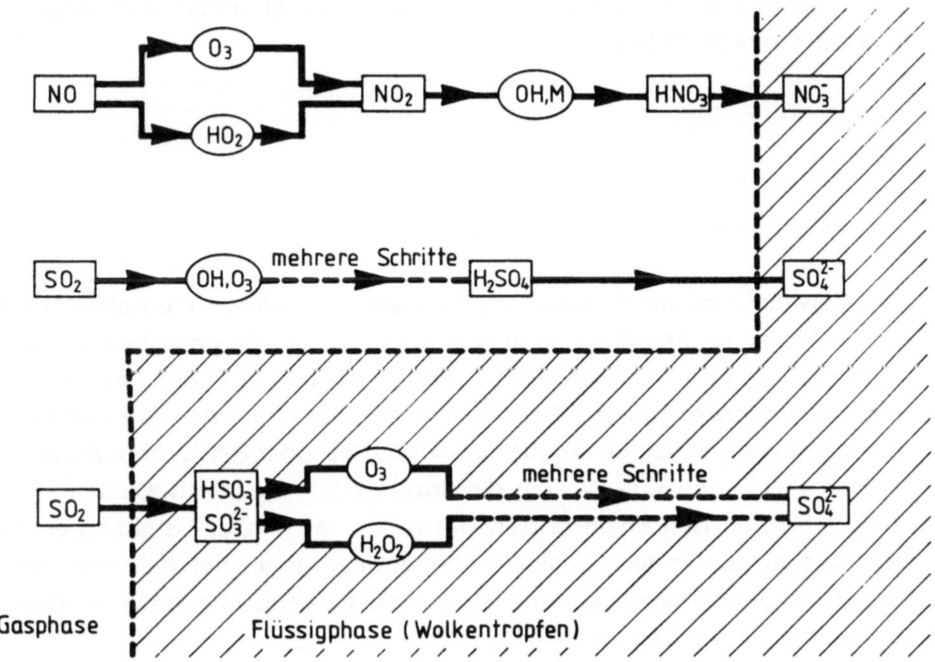

n. FABIAN (1989)

Abb. 2-5: Schema der Säurebildung aus Stickoxid und Schwefeldioxid

Molekül-Art	Lebensdauer
OH, HO_2	weniger als eine Stunde
NO_2	einige Tage
CO, SO_2	wenige Monate
CH_4	einige Jahre
N_2O	bis 100 Jahre
HKW	bis zu mehreren Jahrzehnten oder auch bis zu 100 Jahren

n. FABIAN (1989)

Tab. 2-4: Beispiele für die Lebensdauer einiger Moleküle in der Atmosphäre

Nach dem augenblicklichen Kenntnisstand steuern zum Cl-Budget nach FABIAN (1989) in der Atmosphäre bei

CH_3Cl	27%
CCl_3F }	
Cl_2F_2 } →	31%
übrige HKW	42%

(f) Die Umwandlung von Stickoxid und Schwefeldioxid in der Luft (Gasphase) und in den Wolkentropfen kann gemäß dem in Abb. 2-5 dargestellten Schema ablaufen. Aus den Quellgasen NO_x, Cl und SO_2 können in der Atmosphäre sogenannte Senkengase (zur Erde absinkend) gebildet werden, die im Wasser der Wolken gelöst Säuren ergeben wie HNO_3, HCl oder H_2SO_4. Abb. 2-5 zeigt mehrere Reaktionswege. Wie z. B. die einzelnen Schritte der SO_2-Oxidation im Detail ablaufen, ist noch umstritten. Das Symbol M in Abb. 2-5 steht für einen Stoßpartner, ein anderes Molekül oder Atom, das an der Reaktion über Impulswirkung beteiligt ist, ohne selbst in die neu entstehende Verbindung einbezogen zu werden, FABIAN (1989).

2.4.2.3 Übersicht über die Grundprozesse des Stoffumsatzes im Boden und im Gewässer

Der Boden nimmt als äußerer Teil der Lithosphäre mit ca. 2m Mächtigkeit nur einen relativ kleinen Raum ein. Die obersten 25 cm des Bodens weisen den höchsten Organismenbesatz auf, der schon in nicht allzu großer Tiefe um etwa den Faktor 100 abnimmt, wie Abb. 2-6 anhand von Keimzahlen anzeigt. Der Boden ist auch der Bereich, in dem alle nachfolgend dargestellten Prozesse wesentlich intensiver ablaufen als zum Beispiel im Gewässer. Über den Boden wird die Vegetationsdecke mit Wasser und Nährstoffen versorgt. Der Boden ist Produktionsort für den Pflanzenbau (Acker-, Grünland) und gleichzeitig, im Hinblick auf Gewässer, Filter und Puffer für von außen eingetragene Stoffe. Die bodeninternen Prozesse prägen die Zusammensetzung der Lösung und die Stoffmengen mit, die bevorzugt mit den Abflußkomponenten Zwischenabfluß A_{Ob1}, Basisabfluß A_{Ob2} und mit der Grundwasserneubildung J aus dem Bodenkörper ausgewaschen werden. Auf die einzelnen Prozeßarten soll hier kurz zur Übersicht eingegangen werden. Detailliertere Abhandlungen der einzelnen Prozesse sind zu finden bei SCHEFFER/SCHACHTSCHABEL (1982), STUMM et al. (1981), UBA (1979), KINZELBACH (1987). Spezielle Prozesse, wie der des Stickstoffumsatzes, werden ab Abschnitt 4.0 behandelt.

Zum biochemischen Stoffumbau:
In Mineralböden können aerobe und anaerobe Zonen dicht nebeneinander liegen. Der aerobe Abbau organischer Substanz ist in mineralischen Böden in der Regel die dominierende Reaktion. Endprodukte der Reaktionskette sind:

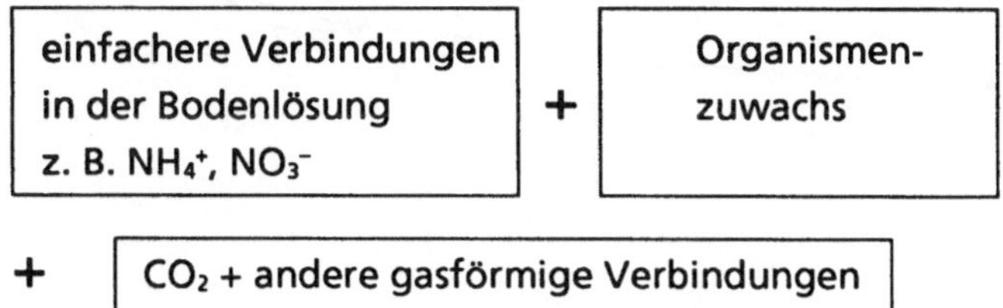

In Moorböden, die nicht entwässert wurden, und in Reisanbaugebieten ist die anaerobe Reaktion der gewichtigere Abbauprozess. In der gesättigten Zone verschiedener Grundwasserleiter sind beide Reaktionen anzutreffen; in Fließgewässern und Seen in der Regel die aerobe Reaktion, abgesehen vom Bereich der Sedimente. Ohne Berücksichtigung der hydrodynamischen Vorgänge des Tranportmediums Wasser lassen sich chemisch und biologisch bedingte Konzentrationsänderungen über die Zeit wie nachstehend schreiben, Reaktionen und Reaktionsterme in Anlehnung an UBA (1979), STUMM et al. (1981):

Reaktion 0. Ordnung:
(2 - 11) $dc/dt = -k \qquad c(t) = c_0 - k \cdot t$

für konservative und perseverate Stoffe ist der Geschwindigkeitsbeiwert $k = 0$, Gleichung (2-11) wird dann zu

(2-12) $dc/dt = 0 \qquad c(t) = \text{const.}$

Bei konstanter Verminderung eines Wasserinhaltsstoffes und bei einem konstanten Geschwindigkeitsbeiwert k_1 ergibt sich eine Reaktion erster Ordnung:

(2-13) $dc/dt = -k_1 \cdot c(t) \qquad c(t) = c_0 \cdot e^{-k_1 \cdot t}$

Wenn die Abbaugeschwindigkeit von der Konzentration abhängt ($k_n = f(c)$), führt dies zu einer Gleichung höherer Ordnung:

(2-14) $dc/dt = -k_n \cdot c(t)^n$

Eine geschlossene Lösung der Differentialgleichung ist nicht möglich. Für den

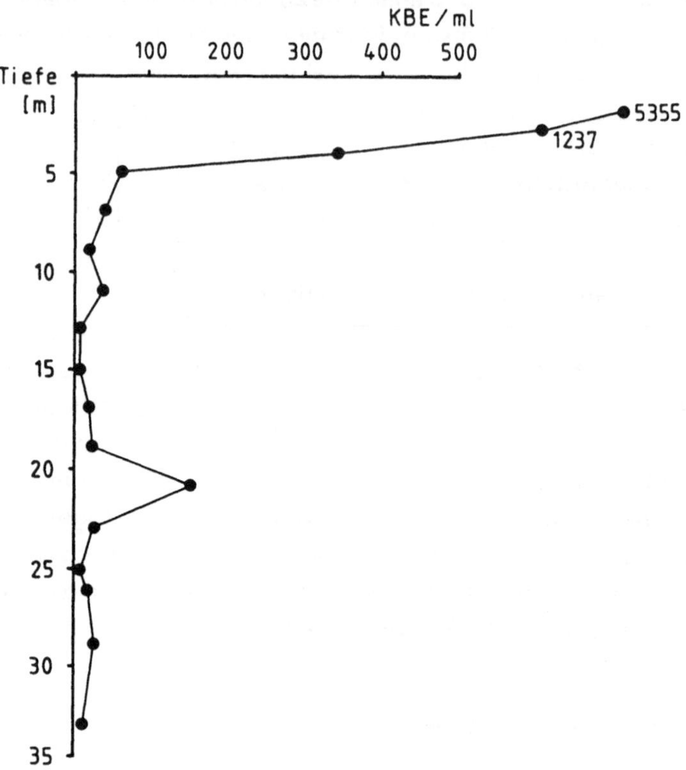

Abb. 2-6: Verteilung von Organismen über die Tiefe eines Grundwasserleiters, n. KÖLBEL-BOELKE et al. (1987)

biochemischen Umsatz ist oft eine Michaelis-Menten-Kinetik zu beobachten. Für kleine Konzentrationen verhält sie sich wie eine Reaktion erster Ordnung. Bei großen Konzentrationen geht sie in eine Reaktion nullter Ordnung über.

Festlegung und Abgabe von Stoffen von bzw. an Austauschern:
Beide reversiblen, sich gegenseitig bedingenden Prozesse sind eine der Grundlagen für den Ionenaustausch. Festgelegte Substanzen können durch Gleichgewichtsverschiebungen oder Verdrängungsreaktionen wieder freigesetzt werden. Die von FREUNDLICH (1909) empirisch ermittelte Gleichung (2-15) gilt vielfach über Konzentrationsbereiche von mehreren Zehnerpotenzen und wird wegen ihrer einfachen Überprüfbarkeit gern eingesetzt.

(2 - 15) $q = k_F \cdot c^n$

q	=	Beladung,
k_F	=	Konstante der FREUNDLICH - Isotherme,
c	=	Adsorptivkonzentration,
n	=	Exponent der FREUNDLICH - Isotherme.

Weitere häufig anzutreffende Adsorption-Isothermen sind die von HENRY und LANGMUIR, UBA (1979).

Zum Ionenaustausch:
Eine der wichtigsten Eigenschaften der Böden und wahrscheinlich auch der Grundwasserkörper ist ihre Fähigkeit zum Ionenaustausch (Desorption – Adsorption). Durch sie werden in den Boden gelangte Ionen, z. B. durch Düngung, in einer Form gehalten, in der sie zwar vor Auswaschung geschützt aber trotzdem pflanzenverfügbar sind. In gleicher Weise werden in den Boden eingetragene, aber unerwünschte Ionen, z. B. H^+-Ionen luftgetragener Säuren, im Boden eine gewisse Zeit an Austauscher festgelegt und damit praktisch in ihrer Wirkung neutralisiert. Der Kationen- und Anionenaustausch beeinflußt so wichtige Eigenschaften wie Bodengefüge, Wasser- und Lufthaushalt, biologische Aktivität und insgesamt alle chemischen Bodenreaktionen.

(a) Kationenaustausch

Als Kationenaustauscher treten in Böden Tonminerale, organische Substanz (Humus) und in geringem Ausmaß und in Abhängigkeit vom Boden-Milieu (pH - Wert) Kieselsäure, Al- und Fe-Oxide auf. Die Bindungsstärke verschiedener Reaktionen steigt mit ihrer Wertigkeit nach der folgenden Reihe, SCHEFFER / SCHACHTSCHABEL (1982) und UBA (1979):

$Li^+ < Na^+ < K^+ < NH_4^+ < Rb^+ < Cs^+ < Mg^{2+} < Ca^{2+} < Sr^{2+} < Ba^{2+} < Mn^{2+}$

(b) Anionenaustausch

Der Anionenaustausch ist für die Prozesse im Boden von gleicher Bedeutung, aber in seiner Wirkung dem Kationenaustausch nicht gleichgewichtig. Als Austauscher treten die Metallionen-OH-Gruppen oder Metallionen-OH_2-Gruppen auf, die durch zusätzliche Anlagerung von Protonen (H-Ionen) positiv geladen sind. Die adsorbierte Menge von Anionen ist ebenfalls stark vom pH-Wert abhängig; sie geht z. B. bei Phosphat und Sulfat mit zunehmendem pH - Wert zurück. Die relative Bindungsstärke der Anionen steigt in nachstehender Folge:

Nitrat = Chlorid ≤ Sulfat << Molybdate < Silikate ≤ Arsenate ≤ Phosphat

Die Reihe zeigt, daß die im Hinblick auf Gewässer wichtigen Ionen Nitrat und Chlorid im Gegensatz zu Phosphat im Boden nur schwach gebunden werden. Daran ist auch schon abzulesen, daß Nitrat und Chlorid relativ leicht mit der Wasserbewegung verlagert und aus dem Bodenkörper mit den Wasserkomponenten J und A_{ob} verlagert werden. Auf Grund der festen Bindung des Phosphors an Bodenpartikel wird dieses Element mit der Abflußkomponente A_{oo} (Erosion) verlagert.

2.4.2.4 Puffereigenschaften von Böden im Hinblick auf den Säureeintrag über die Atmosphäre

Die Austauschkapazität der Böden und die Puffereigenschaften insgesamt haben, wie zuvor schon angedeutet, große Bedeutung im Hinblick auf den Säureeintrag über die Atmosphäre und auf die Weitergabe an Gewässer. Auf der Basis von Felduntersuchungen wurden von ULRICH (1981) Böden nach Pufferbereichen klassifiziert und ihre Eigenschaften beschrieben, Abb. 2-7. Wird Säure der Bodenlösung zugeführt, sei es durch bodeninterne Prozesse oder von außen über den Luftweg, dann tragen je nach Bodenzustand unterschiedliche Reaktionen zur Pufferung der Säurezufuhr bei: Im Karbonat- bzw. Silikatpufferbereich durch Freisetzen von Alkali- und Erdalkali-Ionen. Das heißt, die Wasserstoffionen werden am Austauscher festgelegt, die Alkali- bzw. Erdalkali-Ionen vom Austauscher verdrängt und an die Bodenlösung abgegeben. In der Bodenlösung werden sie bei Bedarf von der Pflanze aufgenommen oder mit der Grundwasserneubildung in die Tiefe verlagert und eventuell aus dem Boden in das Gewässer ausgewaschen. Im Austauscher - Pufferbereich werden durch Herabsetzung der Austauschkapazität puffernde Kationen freigesetzt und an die Bodenlösung abgegeben. Die puffernde Wirkung im Aluminium- und Eisen - Pufferbereich entsteht als Folge der Auflösung von Al- und Fe - Oxiden.

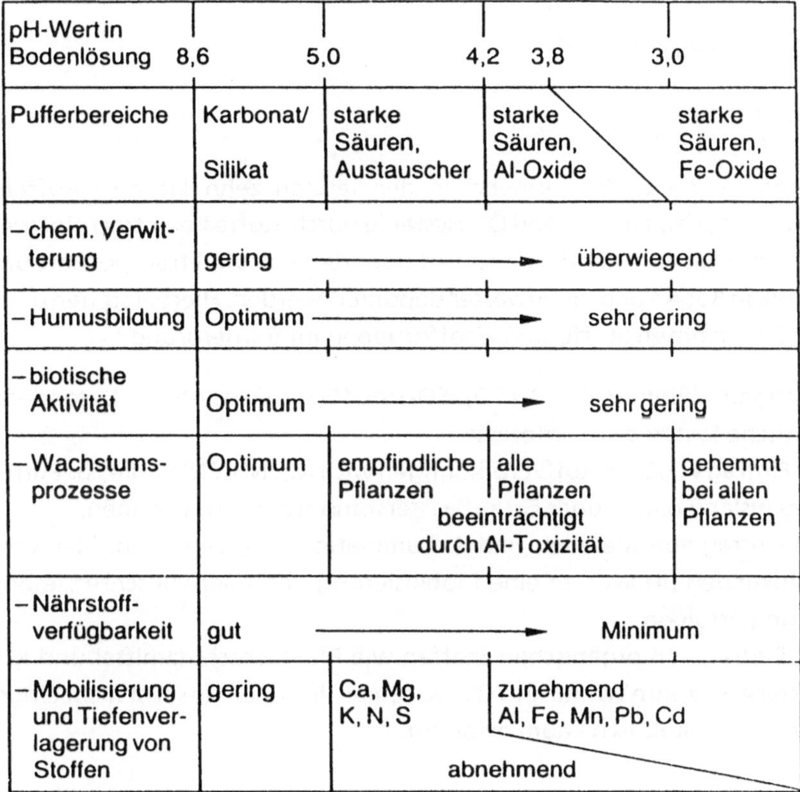

Abb. 2-7: Pufferbereiche der Böden, n. ULRICH (1981), vom Verfasser vereinfacht

Durch zunehmende Säurezufuhr in die Böden erfahren alle typischen Eigenschaften der Böden starke Änderungen hin zu einem niedrigeren Leistungsniveau. Die Filterwirkung und Adsorption nimmt ab. Die chemische Verwitterung wird verstärkt, die biologische Aktivität und damit die Humusbildung werden zunehmend beeinträchtigt. An die Bodenlösung werden durch Austauschprozesse vermehrt bodenbürtige Nährstoffe wie Ca^{2+}, Mg^{2+} abgegeben und in die Tiefe verlagert, später ab einem pH-Wert um 5.0 zunehmend auch natürlich vorkommende und langfristig im Boden angereicherte Metalle und andere Elemente. Der Boden verarmt als Folge des vermehrten Säureeintrags an Nährstoffen, so daß es zu Mangelerscheinungen an der Vegetation führen kann, z. B. Magnesium- oder Manganmangel in Waldbeständen, die letztendlich zu einer Verschärfung der Waldschäden mit beitragen. Weitergehende Erläuterungen werden in den folgenden Abschnitten gegeben.

3 Luftgetragene Stoffe

3.1 Einführung

Forschungsergebnisse, die vermehrt in den letzten zehn Jahren veröffentlicht wurden, zeigen, daß zunehmend Ökosysteme durch Stoffe beeinträchtigt werden, die weit vom Emissionsstandort entfernt über den Luftpfad transportiert und auf Vegetation, in Böden und im Gewässer deponiert werden. Hierbei stehen die schon in Tab. 2-3 genannten Stoffe bzw. Stoffgruppen im Vordergrund.

Neben den Säurebildnern Cl, SO_2 / SO_3 / SO_4 sind für die Ökosysteme, besonders auch für aquatische Systeme von Interesse

- der Eintrag von Stickstoffverbindungen wie NO_3, NH_3 / NH_4, die zur Eutrophierung bislang oligotroper Grundwasserstandorte führen können,
- der Eintrag von Metallen und Akkumulatien im Oberboden; hier kann bei absinkenden pH-Werten eine Mobilisierung und unerwünschte Tiefenverlagerung erfolgen,
- der Eintrag von organischen Stoffen wie Pflanzenschutzmittel und Kohlenwasserstoffe; ihre Wirkung in Ökosystemen, in denen sie sonst nicht eingesetzt werden, ist praktisch kaum erforscht.

Diese Sachverhalte und die öffentliche Diskussion um das „Ozonloch" sowie um die potentielle Erwärmung der Erdatmosphäre machen deutlich, daß bei der Betrachtung der diffusen Belastung die Prozesse, die in der Erdatmosphäre ablaufen, nicht außer Acht gelassen werden können. Betrachtungen des Stoffhaushaltes müssen deshalb heute auch den Transport über die Atmosphäre berücksichtigen.

Die Beschaffenheit des Niederschlages wird schon sehr lange untersucht. RIEHM (1961) führte zu diesem Thema für das gesamte alte Bundesgebiet Messungen durch. Die erste Untersuchung dieser Art wird bei MATTHESS (1961) aus dem Jahre 1587 von BACCIUS erwähnt. ERIKSON (1952) nennt in seiner Literaturauswertung 317 Literaturstellen. STEINHARDT (1973) faßt, besonders für Standorte in Zentraleuropa, die Meßergebnisse von 163 Autoren zusammen. Bei den Untersuchungen des Autors an Einzugsgebieten wurden zum Zwecke der Bilanzierung des Stoffhaushaltes ebenfalls Inhaltsstoffe im Niederschlag ermittelt, die bei WALTHER (1979) und WALTHER et al. (1985a, 1985b, 1985, 1989) veröffentlicht sind. Heute wird bei größeren Forschungsprojekten an Einzugsgebieten dem Eintrag anorganischer Komponenten vermehrt Beachtung geschenkt, z.B. DÄMMGEN (1984), DÄMMGEN et al. (1992), BÜCKING et al. (1986), GRÜNEWALD (1990). Eine zusammenfassende Darstellung von Arbeiten zum Stofftransport über die Atmosphäre ist Gegenstand dieses Abschnittes.

3.2 Zeitliche Entwicklung der Emissionen bzw. Immissionen

Die Wirkung von Rauchgas-Emissionen auf Mensch und Vegetation ist schon aus der Frühzeit der Industrialisierung bekannt. Sie beschränkte sich aber damals vorwiegend noch auf den Nahbereich des Emittenten. Heute werden Säurebildner, Stäube, Metalle etc. auch aufgrund der „Hochschornsteinpolitik" der vergangenen 30 Jahre großräumig transportiert. Dadurch treten Schäden mehrere hundert Kilometer von den Emissionszentren entfernt, z. B. in den sogenannten „Reinluftgebieten" auf. Die Entwicklung der Säure-Emission mit Beginn der Industrialisierung um 1850 zeigt Abb. 3-1 am Beispiel von Stickstoff und Schwefel. Besonders an der Schwefel-Emission werden die wirtschaftlichen Einbrüche in den zwanziger Jahren und nach 1945 deutlich; außerdem zeigt sich seit Beginn der siebziger Jahre die Wirkung des Baues von Entschwefelungsanlagen in Kraftwerken durch abnehmende Emissionraten. Nach Tab. 3-1 hat sich auch die Emission von Kohlenmonoxid und Stäuben vermindert. Bei Kohlenmonoxid wurde die Verminderung vor allem im Bereich der Haushalte und im Gewerbe erreicht, wohingegen beim Verkehr noch eine Zunahme zu verzeichnen ist. Im Gegensatz zur Entwicklung der Emissionen von Schwefel ist bei Stickstoff seit 1950 ein permanenter Anstieg bis auf ein Niveau von ca. 37 kg/ha·a im Jahr 1986 an Abb. 3-1 festzustellen, wobei der Kfz-Verkehr nach Tab. 3-1 im Jahr 1986 mit 52 % an der Emission beteiligt war.

Beunruhigend ist die Emission von flüchtigen organischen Verbindungen, die in der Größenordnung der Stickoxid - Emissionen liegt. Im Jahr 1986 lag nach Tab. 3-1 die Emission insgesamt um 11,4 % über der von 1966. Von diesen Verbindungen ist anzunehmen, daß ein Teil nur schwer abgebaut werden wird und deshalb die Gefahr besteht, daß sie in den Systemen, in denen sie deponiert werden, akkumulieren.

Zu dem anthropogen verursachten Treibhauseffekt tragen nach UBA (1993) gegenwärtig bei:

Kohlendioxid (CO_2)	zu etwa 50%
Fluorchlorkohlenwasserstoffe (FCKW)	zu etwa 20%
Methan (CH_4)	zu etwa 15%
Ozon (O_3)	zu etwa 10%
Distickstoffoxid (N_2O)	zu etwa 5%

Jahr	1975		1991	
Stickstoffoxide (NO_x, berechnet als NO_2)[1]	ABL	NBL	ABL	NBL
Insgesamt kt	**2700**	**540**	**2650**	**490**
	%	%	%	%
Industrieprozeß[3]	1,5		0,5	
Übriger Verkehr[4]	15,0	23,4	13,7	16,2
Hochseebunkerung[10]	6,5	6,7	4,6	4,0
Straßenverkehr	39,5	18,9	59,0	30,4
Haushalte	3,0	1,3	3,2	0,8
Kleinverbraucher[5]	2,0	0,6	1,5	0,6
Industriefeuerungen[6]	14,4	13,5	8,7	7,3
Kraft- und Fernheizwerke[7]	24,5	42,9	13,3	44,6
Schwefeloxid (SO_2)[1]				
Insgesamt kt	**3450**	**4150**	**1000**	**3550**
	%	%	%	%
Industrieprozeß[3]	2,7		8,0	
Übriger Verkehr[4]	5,4	1,7	11,3	1,0
Hochseebunkerung[10]	4,2	0,5	9,9	0,4
Straßenverkehr	2,1	0,6	5,3	0,7
Haushalte	8,8	10,1	9,5	5,6
Kleinverbraucher[5]	5,9	3,2	5,3	1,4
Industriefeuerungen[6]	24,2	10,2	29,2	6,8
Kraft- und Fernheizwerke[7]	50,9	74,2	31,3	84,5
Kohlenmonoxid (CO)[1]				
Insgesamt kt	**14000**	**3000**	**7300**	**2700**
	%	%	%	%
Industrieprozeß[3]	5,7		8,2	
Übriger Verkehr[4]	3,4	6,8	3,5	2,6
Straßenverkehr	69,3	20,2	67,8	38,2
Haushalte	8,8	30,2	8,7	24,2
Kleinverbraucher[5]	1,5	7,6	1,6	4,8
Industriefeuerungen[6]	11,2	14,7	9,5	7,8
Kraft- und Fernheizwerke[7]	0,3	20,6	0,7	22,3

1) Ohne natürliche Quellen
2) Aus Energieverbrauch und Industrieprozessen mit Klimarelevanz
3) Ohne energiebedingte Emissionen
4) Land-, Forst- und Bauwirtschaft, Militär-, Schienen-, Wasser und Luftverkehr, Hochseebunkerungen (gemäß Energiebilanz)
5) Einschließlich militärische Dienststellen
6) Übriger Umwandlungsbereich, Verarb. Gewerbe u. übr. Bergbau; bei Industriekraftwerken nur Wärmeerzeugung; einschließlich Gewinnung und Verteilung von Brennstoffen
7) Bei Industriekraftwerken nur Stromerzeugung
8) Emissionen für das Gebiet der ehemaligen DDR nicht separat ausweisbar, in Industriefeuerungen enthalten
9) Für das Gebiet der ehemaligen DDR einschließlich Emissionen aus Industrieprozessen
10) Hochseebunkerungen separat ausgewiesen (%-Angaben bezogen auf Gesamtemission)
11) Vorläufige Angaben

Tab. 3-1: Emissionen nach Sektoren in Deutschland 1975 bis 1991, UBA (1993)

Jahr	1975		1991	
Ammoniak NH_3)[1]	ABL	NBL	ABL	NBL
Insgesamt kt	**530**	**250**	**530**	**130**
	%	%	%	%
Düngeranwendung[2]	9,2	11,0	9,8	10,8
Tierhaltung[3]	88,5	83,7	86,3	83,8
Industrieprozesse[4]	1,7	4,5	1,0	4,0
Sonstige Quellen[5]	0,6	0,8	2,9	1,5
Staub1)				
Insgesamt kt	**820**	**2800**	**450**	**1350**
	%	%	%	%
Schüttgutumschlag[6]	20,2	3,9	38,9	7,4
Industrieprozesse[4][7])	34,4		26,7	
Verkehr[8]	8,4	1,8	19,1	2,2
Haushalte	9,7	6,4	5,8	6,3
Kleinverbraucher[9]	2,1	3,0	1,3	2,2
Industriefeuerungen[10][11]	5,9	32,2	2,9	18,6
Kraft- und Fernheizwerke[12]	19,4	52,7	5,3	63,2
Flüchtige organische Verbindungen (NMVOC) [1][13]				
Insgesamt kt	**2750**	**580**	**2250**	**740**
	%	%	%	%
FCKW und Halogene	2,3	1,7	1,1	1,2
Lösemittelverwendung[14]	41,5	21,2	45,1	19,0
Industrieprozesse[5][15]	10,2		4,5	
Gewinnung und Verteilung von Brennstoffen[16]	5,3	2,4	6,9	4,6
Übriger Verkehr[17]	3,3	13,4	3,0	5,0
Straßenverkehr	34,9	44,9	36,9	59,2
Stationäre Quellen[18]	2,4	16,4	2,3	10,9

1) Ohne natürliche Quellen
2) Anwendung mineralischer Dünger
3) Stallemissionen, Mist- und Güllelagerung sowie -ausbringung
4) Ohne energiebedingte Emissionen
5) Straßenverkehr, Feuerungsanlagen und DENOX-Anlagen in Kraftwerken
6) Grobabschätzung ohne Berücksichtigung der durchgeführten Minderungsmaßnahmen
7) Emissionen für das Gebiet der ehemaligen DDR nicht separat ausweisbar, in Industriefeuerungen enthalten
8) Straßenverkehr, Land-, Forst- und Bauwirtschaft, Militär-, Schienen-, Luft und Schiffsverkehr, Hochseebunkerungen (gemäß Energiebilanz)
9) Einschließlich Militärische Dienststellen
10) Übriger Umwandlungsbereich, Verarbeitendes Gewerbe und übriger Bergbau; bei Industriekraftwerken nur Wärmeerzeugung
11) Für das Gebiet der ehemaligen DDR einschließlich der Emissionen aus Industrieprozessen
12) Bei Industriekraftwerken nur Stromerzeugung
13) Angaben ohne Methanemissionen
14) Industrie, Gewerbe und Haushalten
15) Emissionen für das Gebiet der ehemaligen DDR nicht separat ausweisbar bzw. nicht enthalten, in den stationären Quellen enthalten
16) Erdgasverdichterstationen, Verteilung auf Ottokraftstoff
17) Land-, Forst- und Bauwirtschaft, Militär-, Schienen-, Luft- und Schiffsverkehr, Hochseebunkerungen (gemäß Energiebilanz)
18) Kraft- und Fernheizwerke, Industriefeuerungen, Kleinverbraucher und Haushalte

Fortsetzung Tab. 3-1

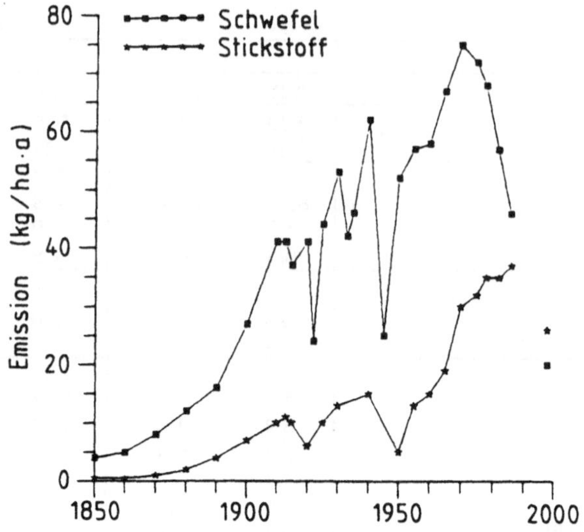

Daten aus UBA (1989)

Abb. 3-1: Entwicklung der Emission von Schwefel und Stickoxiden im Gebiet der Bundesrepublik Deutschland

Die Tab. 3-2 zeigt Konzentrationen der Treibhausgase in der Troposphäre (Erdamosphärenschicht bis ca. 12 km Höhe) sowie Schätzungen zur jährlichen Anstiegsrate der Konzentrationen und zur Stärke der Treibhauswirkung eines Spurengas-Moleküls, bezogen auf die Wirkung eines CO_2-Moleküls. Beim Vergleich mit CO_2 wird deutlich, daß die übrigen Treibhausgase trotz ihrer wesentlich geringeren weltweiten Konzentration und Emission aufgrund ihrer wesentlich stärkeren Treibhauswirkung ebenfalls einen erheblichen Einfluß auf das Klima ausüben. Es wird vermutet, daß die übrigen Treibhausgase insgesamt, wenn ihre Emission fortschreitet, einen ebenso großen Treibhauseffekt bewirken wie das CO_2 allein, UBA (1993).

	CO_2	CH_4	N_2O	O_3	CF_2Cl_2
Konzentration ppb	346000	1700	310	10-20	0,32
Konzentrationsanstieg % Jahr (Abschätzung)	0,3	1	0,2	z. Zt. nicht angebbar	5
Relativer Treibhauseffekt pro Molekül (Abschätzung)	1	20	200	2000	10000

*ppb = part per billion = 1 Teil von 1 Milliarde Teilen

Tab. 3-2: Konzentrationsanstieg von „Treibhausgasen" in der Troposphäre, UBA (1989)

Niederschläge, die ausschließlich vom CO_2-Gehalt der Luft beeinflußt sind, haben pH - Werte bis 5,6. Der Säuregehalt des Niederschlags wird im Gebiet der Bundesrepublik Deutschland im Binnenland im wesentlichen durch SO_2 und NO_x beeinflußt. Regional kann aber auch die Emission von NH_3/NH_4 aus der Intensivviehhaltung als Säurebildner erhebliche Bedeutung haben, wie später noch gezeigt wird. Dies betrifft neben der Norddeutschen Tiefebene vor allem den Raum Niederlande und Dänemark. Die Säurebildner bewirken in der wässrigen Phase eine entsprechende Konzentration freier H-Ionen. Aufgrund ihrer relativ hohen Anteile in der Troposphäre können die Niederschläge sowohl beim Ausregnen über den Ballungszentren als auch in den angrenzenden Regionen in Zentraleuropa pH-Werte unter 4,0 erreichen. Dies kann z.B. am Depositions-Meßnetz Niedersachsens deutlich gemacht werden. So lag z.B. im Jahr 1982 im Oberharz an der Station Nr. 49 in Abb. 3-12 der niedrigste pH-Wert innerhalb eines Jahres bei 2, der Jahresmittelwert dieser Station bei pH = 3,1. Aber auch im Freiland, Station Nr. 52 in Abb. 3-12, wurden Einzelwerte bis pH = 2,1 gemessen; der Jahresmittelwert lag bei pH = 3,5.

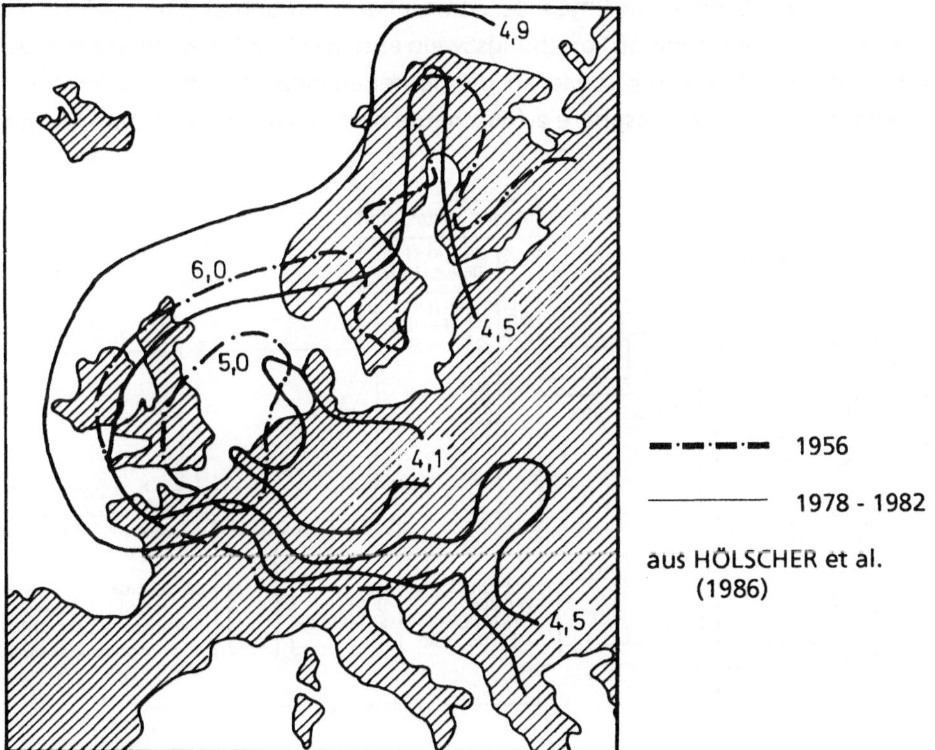

Abb. 3-2: Veränderungen der pH-Werte in der Zeit von 1956 bis 1982

Der Vergleich europäischer Niederschlagsdaten von 1956 und 1982 zeigt die räumliche Zunahme der Immissionsbelastung durch sauren Regen, Abb. 3-2. Es ist zu erkennen, daß in den fünfziger Jahren das pH-Wert-Minimum von 5,0 zwischen Großbritannien, den Niederlanden bzw. dem Ruhrgebiet lag. Es hatte sich 1982 deutlich nach Zentraleuropa hin verschoben, wobei niedrige pH-Werte bis unter 4,9 bis nach Skandinavien reichen. Die Zunahme des Säureeintrages ist auch belegt durch Bohrkernuntersuchungen im industriefernen arktischen Gletschereis, die von 1950 bis 1980 eine Abnahme des pH-Wertes von ca. 5,3 auf weniger als 5,1 erkennen lassen, DELMAS et al. (1983), zit. in HÖLSCHER et al. (1986).

3.3 Depositionsmechanismen

Der atmosphärische Kreislauf der emittierten Luftinhaltsstoffe wird durch den Rücktransport zur Erdoberfläche und Ablagerung auf Wasserflächen, Vegetation und Böden geschlossen. Fragen der Deposition von Stoffen berühren die Fachgebiete Meteorologie, Chemie und Physik der Atmosphäre. Das Gebiet „Deposition" hat sich zu einem eigenständigen Forschungszweig entwickelt mit speziellen Anforderungen an die Meßtechnik sowie an die Spurenanalytik. Die Bestimmung der Stoffeinträge aus der Atmosphäre erfolgt heute noch nach verschiedenen Metho-

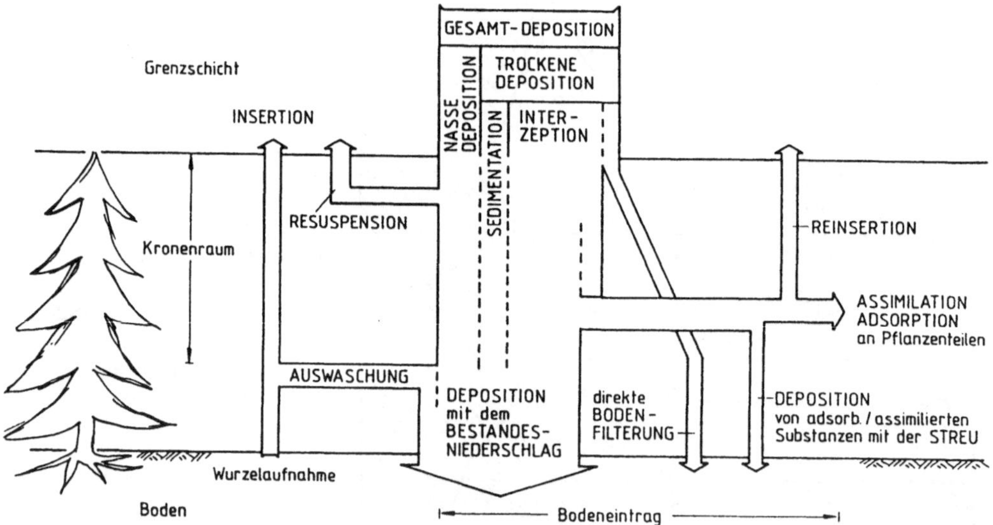

Abb. 3-3: Atmosphärische Deposition auf eine vegetationsbedeckte Oberfläche

den und Geräten. Die Meßmethoden werden unter Kap. 3.4 näher behandelt. Um Stoffeintragsraten zu messen und zu bewerten, ist eine exakte Aufgliederung und Beschreibung der erfaßten Depositionspfade notwendig. Die nachstehenden Definitionen lehnen sich an die von ULRICH et al. (1979) an, Abb. 3-3.

Gesamt - Deposition (D_{ges}) = Summe der nassen (D_a) und trockenen (D_b) Deposition
= $D_a + D_b$

Nasse Deposition (D_a) = Summe der Stoffe, die während Niederschlägen (Regen, Schnee) in nasser Form auf die Erdoberfläche oder auf Vegetationsflächen gelangen

Trockene Deposition (D_b) = Sedimentation (D_{b1}) + Interzeption (D_{b2})
= $D_{b1} + D_{b2}$

Interzeption (D_{b2}) = Anlagerung von Aerosolen (Teilchen < 1 µm) (Db_{21}) + Nebeltröpfchen (D_{b22}) + Gasen (D_{b23}) an Vegetationsoberflächen
= $D_{b21} + D_{b22} + D_{b23}$

Sedimentation (D_{b1}) = Transport aus der Atmosphäre unter Schwerkrafteinwirkung (Staubteilchen > 5 µm)

Niederschlagsdeposition (bulk) (D_n) = Summe aus der nassen Deposition (D_a) und der Sedimentation (D_{b1})

$$D_{ges} = D_a + D_{b1} + D_{b21} + D_{b22} + D_{b23}$$
$$= D_n + D_{b2}$$

Der Einfluß der Nah-Immission wird am deutlichsten an der trockenen Deposition meßbar, in der die Sedimentation von Stäuben sowie die Ab- und Adsorption von Gasen zusammengefaßt wird. Die Fern-Immission wird wesentlich stärker durch das Niederschlagsgeschehen beeinflußt, so daß sie in Näherung von der „nassen Deposition" geprägt wird, BRECHTEL (1989). Nach DÄMMGEN (1984) wurden z.B. für eine Forschungsstation bei Königslutter (ländlicher Raum) für ein Jahr im Freiland folgende Anteile an der Gesamtdeposition in einer Meßebene gemessen:

D_a (naß)		14 %
D_{b1} (Sedimentation)		19 %
D_{b23} (gasförmig)		67 %
Gesamt-Schwefel	79 kg/ha · a =	100 %

Untersuchungen über sieben Jahre an einem Grünlandstandort in Braunschweig-Völkenrode ergaben für Schwefel und Stickstoff folgende Verhältnisse, DÄMMGEN et al. (1992):

(1) Schwefel (bulk)

	1986	1990
Gesamt-S	13.1 kg/ha ·a	8.8 kg/ha ·a
Sulfit-S	36 %	2 %
Sulfat-S	64 %	98 %

Bei dem Sulfit-Schwefel handelt es sich um ursprünglich gasförmig aufgetretenen und dann ausgewaschenen Schwefel. Der Rückgang dieses Anteils von 1986 bis 1990 wird auf die Wirkung von Entschwefelungsmaßnahmen in Kraftwerken zurückgeführt, wie z.B. im Kraftwerk Buschhaus bei Helmstedt.

(2) Stickstoff (bulk)
- 77 % der NO_3-N-Jahresfracht wurden am Standort Braunschweig-Völkenrode naß eingetragen, die Differenz zu 100 % dann trocken,
- bei NH_4-N wurden 90 % der Jahresfracht naß deponiert. Der trockene Anteil ist danach sehr gering.

Beim Prozeß des Übergangs gasförmiger und fester Luftverunreinigungen in die Wassertropfen (Regen, Wolken, Nebel, Tau) wird unterschieden in:

- Ausregnen (rainout) = Prozesse, die während der Wolkenbildung zur Lösung, Adsorption und Kondensation beitragen, sowie chemische Umsetzungsprozesse in der Atmosphäre, z. B. heterogene Gasphasenreaktionen;

- Auswaschen (washout) = Absorption, Lösung und chemische Umsetzung, die die Aufnahme von Luftverunreinigungen durch den Regentropfen während des Fallens bestimmt.

In Abb. 3-3 bedeuten weiter:

(a) Die Interzeption (Aerosole, Nebel, Tau, Gase) wird im Gegensatz zur Niederschlagsdeposition wesentlich von den Eigenschaften der Akzeptoroberfläche (z.B. Vegetationsoberfläche als Senke) bestimmt. Gase, Aerosolpartikel und Niederschlag erreichen Blätter und die Zweige. Ein Teil davon kommt mit den Blättern und Nadeln nicht in Berührung; Spurenstoffe, die auf den Zweigen deponiert werden, verbleiben zum Teil dort an der Pflanze. Die übrigen deponierten Spurenstoffe werden zusammen mit von der Vegetation ausgeschiedenen Stoffen vom Niederschlag abgespült und erreichen in der „Kronentraufe" den Boden. Der Begriff „Kronentraufe" wird weiter unten erläutert. Die meßtechnische Erfassung der Interzeption ist schwierig. Einige Vorschläge dazu aus der Literatur sind bei HÖLSCHER et al. (1986) zusammengefaßt.

(b) Assimilation = Einbeziehung der angelagerten Ionen in Stoffwechselprozessen der Pflanzen und Mikoorganismen an der Pflanzenoberfläche.

(c) Auswaschung (Leaching) = Transport von Substanzen aus Pflanzen durch wässrige Lösungen (Regen, Tau usw.).

(d) Re-Insertion und Insertion von Ionen erfolgt durch Transport von Interzeptionswasser in die Atmosphäre. Adsorbierte Ionen (Re-Insertion) und Ionen aus dem Nährstoffkreislauf der Pflanze (Insertion) gelangen in die Luft und werden in Aerosolen verbreitet.

(e) Re-Suspension: Mit dem Niederschlag eingetragene Stoffe gehen mit Transpirationswasser in Lösung und entweichen in die Atmosphäre.

Die Stoffströme, die unter den Punkten (b) bis (e) beschrieben werden, beeinflussen die Gesamtfrachten, die dem System „Boden - Pflanze" zugeführt werden. Die meßtechnische Bestimmung dieser Teilströme ist schwierig. Die Meßmethoden können hier nicht behandelt werden.

Die Erfassung der Stoffströme ist standortabhängig. Bei der Depositionsmessung wird zwischen drei Meßstandorten unterschieden, deren Depositionsmechanismen sich gravierend unterscheiden:

(a) Freiland

(b1) Kronentraufe = Kronendurchlauf

(b2) Stammablauf

(c) Bestand = Kronentraufe (b1) + Stammablauf (b2)

zu (a) Bei der Freilanddeposition wird die Deposition auf Freilandflächen bestimmt. Dies sind Lichtungen und weiträumige anthropogen möglichst nicht beeinflußte Grünflächen. Die Freilanddeposition wird durch Meßgeräte erfaßt, die etwa um die zweieinhalbfache Bestandshöhe (Baumlänge) vom Bestand entfernt aufzustellen sind.

zu (c) Die Bestandsdeposition (Kronentraufe + Stammablauf) in Waldgebieten entspricht der Freilanddeposition zuzüglich bestandsspezifischer Stofffilterung,die mit dem Niederschlag von Pflanzen abgewaschen den Boden erreicht. Die Bestandsdeposition wird erfaßt durch Auffanggefäße, die unter dem Baumbestand (Kronentraufe) aufgestellt werden sowie durch Messung des Stammabflusses. Nadelbäume (Fichte, Tanne, Kiefer) zeichnen sich aus durch ihre Akzeptoroberfläche, die eine hohe Ausfilterung bewirkt. Bei Fichten kann der Stammablauf vernachlässigt werden, BRECHTEL (1989). Laubbäume (Buche, Eiche) fassen den Niederschlag im Kronendach zusammen und führen einen Teil der Regenwassermengen als Stammabfluß ab. Die Unterschiede zwischen Freilandniederschlägen, Kronentraufe und Stammabfluß zeigt Abb. 3-4. SO_4^{2-} steht hier stellvertretend für andere Ionen und Metalle. Die Wirkung der Auskämmung durch die Vegetation wird sehr deutlich. Extrem angereichert ist die Konzentration im Wasser, welches am Baumstamm abläuft (Stammablauf). Böden unter Waldbeständen, die zudem noch in der Regel von ihrer Höhenlage (Mittelgebirge) exponiert sind, erreichen dadurch eine erheblich höhere Säurefracht als Standorte im Freiland und in den Talebenen.

Die Rate der Gesamtdeposition ist von nachstehenden Faktoren abhängig:

- Lage zum Emittenten (Abluftfahnen),
- Stoffkonzentration in der Atmosphäre,
- Metereologische Parameter (z. B. Strahlung, Temperatur, Windverhältnisse, Luftfeuchte),
- Niederschlagsmenge und -intensität,
- Orografie des Geländes,

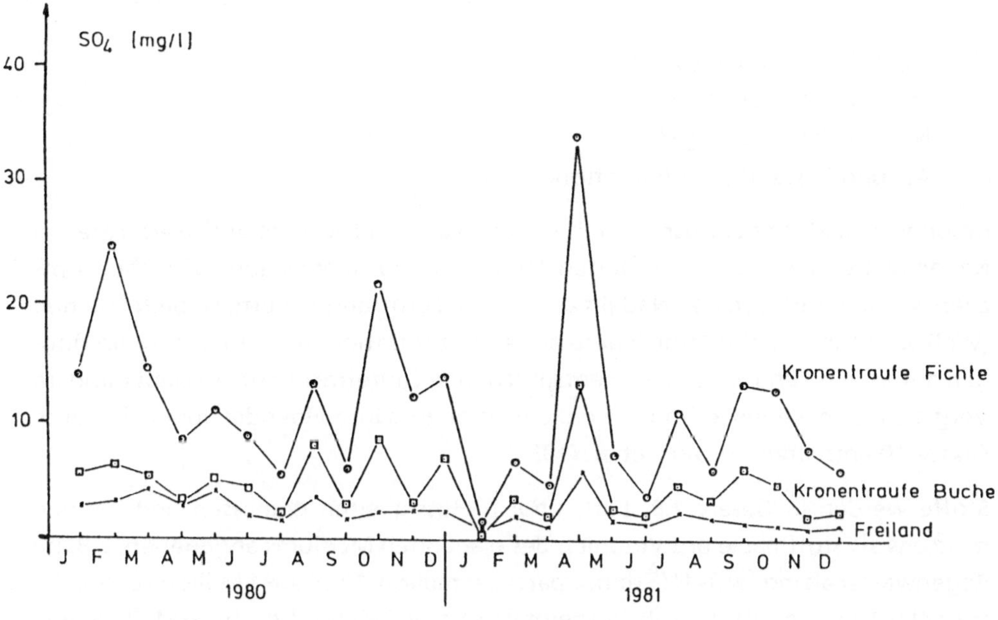

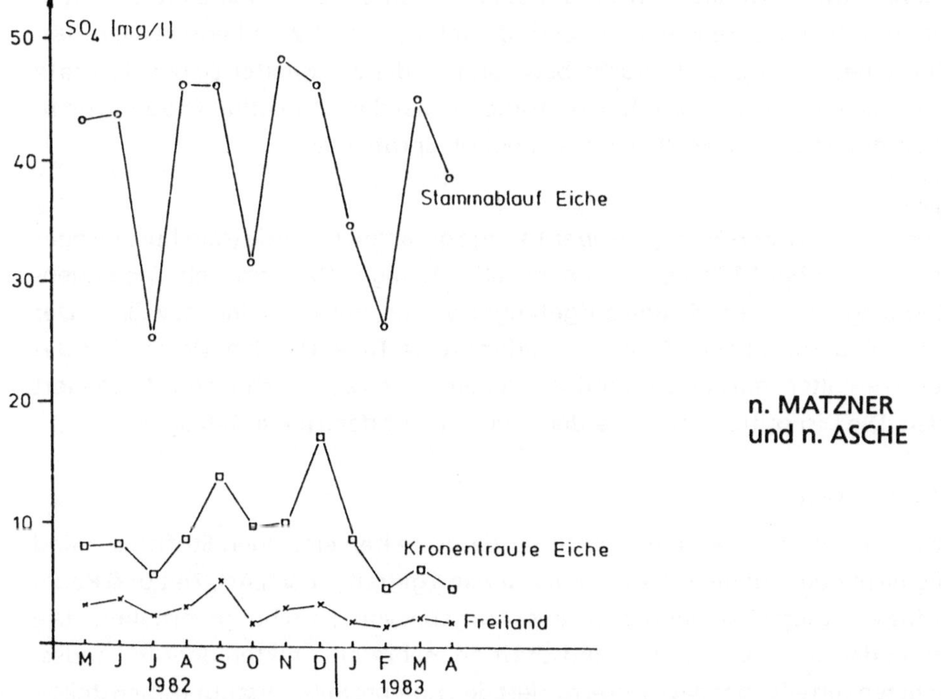

n. MATZNER
und n. ASCHE

Abb. 3-4: Konzentrationen von SO_4 „im Freiland", unter der „Kronentraufe" und im Stammablauf, aus WALTHER et al. (1987)

- Expositionslage (Lee, Luv),
- Standorthöhe über NN,
- Nebel-/Wolkenhäufigkeit,
- Art und Zustand der Vegetation.

Besonders im Mittelgebirgsraum mit hoher Nebel- und Schneehäufigkeit treten in Nadelholzbeständen sehr hohe Raten der Interzeptionsdeposition auf. Nebeltröpfchen werden stark von den Nadeln adsorbiert. Ferntransportierte Nebeltröpfchen (Wolken) können in der Atmosphäre hohe Konzentrationen an Luftverunreinigungen aufnehmen und weisen eine entsprechende Säurefracht auf. Im Nebel sind im Vergleich zum Regen erhöhte Konzentrationen säurebildender Ionen bis zum Faktor 10 enthalten, GEORGI et al. (1984).

Stoffe werden in Gasen, z.B. Luft, und in Flüssigkeiten gemessen und werden meistens als Stoffmasse pro Volumen des tragenden Mediums angegeben, z.B. im Regenwasser als mg/l NO_3-N ($\hat{=}$ ppm = parts per million, 1 Teil auf 1 Million Teile) oder in der Luft als g/m³ NH_3-N. Abb. 3-4 zeigt im oberen Teil für drei „bulk-Meßstellen" den Konzentrationsverlauf von Sulfat über zwei Jahre. Deutlich sind die erhöhten Konzentrationen während der Heizperiode unter „Fichte" zu erkennen. Der Massenfluß eines Stoffes, auch Fracht bzw. und in diesem Kapitel Depositionsrate genannt, ist dem Produkt aus Konzentration c mal dem Durchfluß Q oder Durchströmen des tragenden Mediums durch ein Meßprofil gleich.

Beispiel:
An einer Regenwasser-Probe, die über 14 Tage gesammelt wurde (Mischprobe oder Sammelprobe über 14 Tage) wurden im Labor 10 mg/l SO_4^{2-} ermittelt. Die Regenwassermenge, die über 14 Tage aufgefangen wurde, betrug 20 mm bzw. l/m². Der Massenfluß beträgt dann 200 mg/m² Sulfat pro 14 Tage. Um den Massenfluß des Jahres zu erhalten, müssen die Teilflüsse der einzelnen Zeitabschnitte aufsummiert werden. Die Dispositionsraten werden meistens auf den Hektar bezogen.

3.4 Meßgeräte

Die zuvor beschriebenen und in Abb. 3-3 dargestellten einzelnen Stoffflüsse sind häufig nicht oder nur mit erheblichem Aufwand getrennt nach Art, Zeit und Raum zu erfassen. Dieses ist dann meistens Aufgabe von Forschungsvorhaben. Die Messung der Deposition in der Landschaft an mehreren Punkten oder in Landesmeßnetzen verteilt über das Land erfordert den Kompromiß. Forschungsmeßstellen werden meistens nur über einen absehbaren Zeitraum, bis maximal 10 Jahre, Meßstellen eines Landesmeßnetzes praktisch unbegrenzt betrieben. Für den Be-

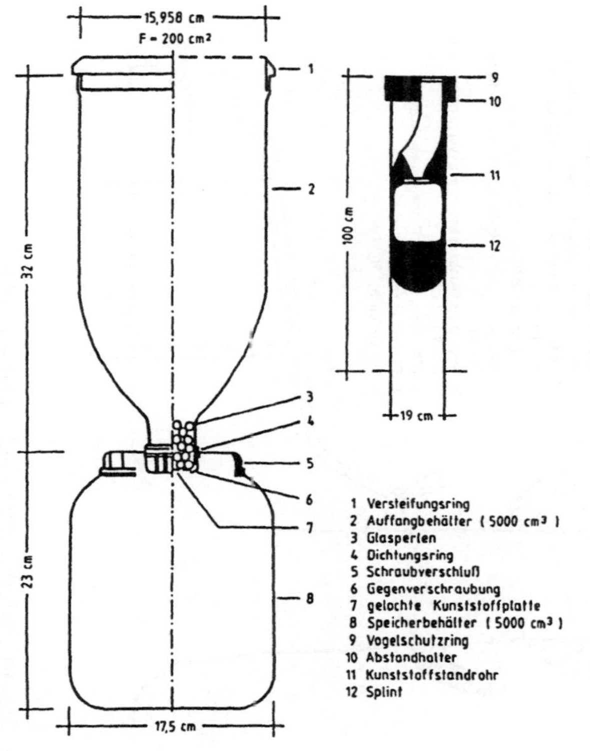

Abb. 3-5: Niederschlagssammler „Münden 2000", Hess. Forstl. Vers. Anstalt

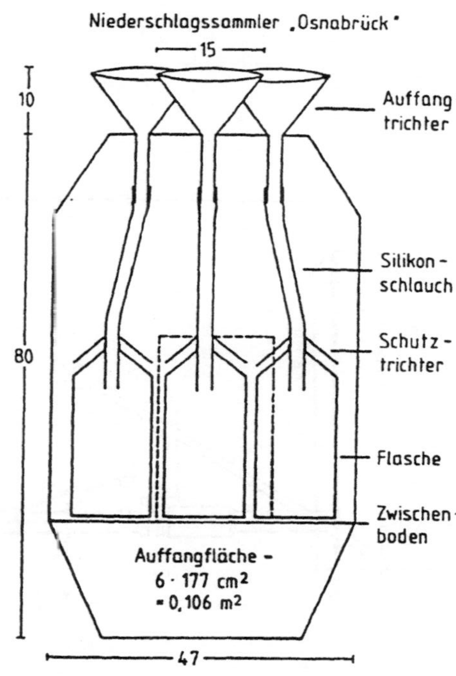

Abb. 3-6: Niederschlagssammler „Osnabrück"

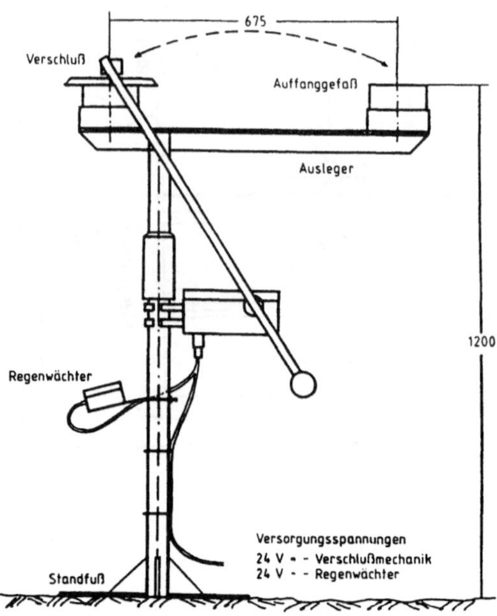

Abb. 3-7: Depositionssammelgerät naß/trocken nach MEIWES et al. (1984)

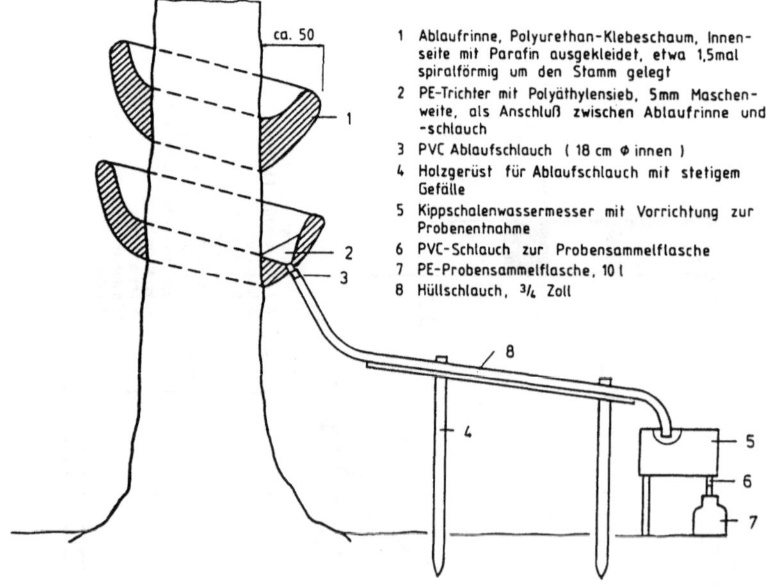

Abb. 3-8: Stammabflußanlage nach BLOCK (1983)

treiber ist es deshalb notwendig, die Meßstellen mit einem vertretbaren Aufwand warten und betreiben zu können. Die im Rahmen von Forschungs-Vorhaben oder von den Landesdiensten betriebenen Depositionsmeßgeräte sind bis heute häufig Eigenentwicklung mit speziellen Anforderungen an die Sammeltechnik, z. B. DÄMMGEN et al. (1992). Deshalb sind in der Literatur immer wieder detaillierte Gerätebeschreibungen und Gerätevergleiche zu finden, z. B. UBA (1985a), WALTHER et al. (1987), GRÜNEWALD (1990). Von BÜCKING (1982) wurden verschiedene Sammelmethoden für Depositionskomponenten verglichen und die Ergebnisse publiziert. In zwei VDI - Richtlinien, VDI - Kommissionen (1972) und VDI - RdL (1984) werden Meßgeräte für feste und flüssige Depositionskomponenten beschrieben.

Der Sammlertyp in Abb. 3-7 erlaubt eine getrennte Erfassung von nasser (D_a) und trockener (D_b) Deposition. Die Steuerung der Topfabdeckung erfolgt mit Hilfe eines Regenfühlers, der einen Elektromotor ansteuert. Der Sammler „Osnabrück" in Abb. 3-6 ist eine Eigenentwicklung des Niedersächsischen Landesamtes für Ökologie. Der Sammler besteht aus sechs Trichtern und sechs Flaschen, die in einer Tonne aufgestellt sind. Der Sammler „Münden" in Abb. 3-8 ist eine Entwicklung der Hessischen Forstlichen Versuchsanstalt. Er wird an einem Meßplatz in mehrfacher Wiederholung aufgestellt, um die räumliche Varianz der Stoffdeposition besser zu erfassen, siehe auch Abb. 3-9. Beide Sammlertypen erfassen in Näherung die Niederschlagsdeposition (D_n) = bulk. Die empfohlene Ausrüstung eines Meßplatzes und die Anordnung der Geräte zeigt Abb. 3-9.

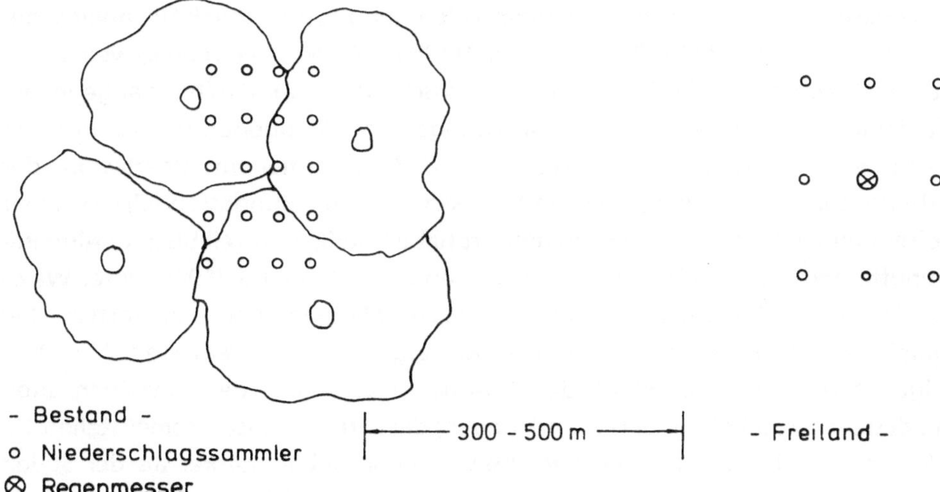

Abb. 3-9: Anordnung der Meßgeräte am Meßplatz, aus WALTHER et al. (1987)

3.5 Depositionsraten

3.5.1 Nährstoffe

BRECHTEL (1989), FÜHRER (1988) hatten Jahresfrachten, die an Meßstationen im Freiland und unter der Kronentraufe in verschiedenen Bundesländern ermittelt wurden, statistisch ausgewertet. Teilergebnisse sind in Tab. 3-3 und Tab. 3-4 übernommen worden. In Tab. 3-4 wird die Deposition „Kronentraufe" unter Fichtenaltbeständen durch Angabe von Anreicherungsfaktoren in Beziehung zur Freilandeposition gesetzt. In Fichtenbeständen entspricht „Traufe" praktisch dem gesamten Bestandsniederschlag, da bei Fichte kaum Stammablauf auftritt.

Allein die über den pH - Wert ermittelte Deposition von nicht abgepufferten Mineralsäuren (H^+-Ionen bzw. Protoneneintrag) liegt in Tab. 3-3 im Freiland an 50 Standorten im Mittel bei 0,5 kg H^+ / ha · a. Die natürliche Jahresrate der Protonenabpufferung duch Silikatverwitterung beträgt nach ULRICH et al. (1979) bei den meisten Waldböden um 0,5, selten mehr als 1,0 kg / ha · a.

In der Tab 3-4 ist der Bestandsniederschlag als ein vielfaches benachbarter Freilandmeßstellen angegeben. Dort beträgt der Protoneneintrag im MIttel das zwei- bis dreifache des Eintrages im Freiland, maximal das 4,3fache. Hinzu kommt noch der Protoneneintrag mit anderen Säurebildnern. Der Gesamteintrag in Fichtenaltbeständen wird bei BRECHTEL(1989) im Durchschnitt im Gebiet der Bundesrepublik (alt) mit 3 bis 4 kg H^+ / ha · a angegeben. Er liegt damit um das 6- bis 8 fache, teilweise bis ums 12fache über der potentiellen Abpufferung durch Silikatverwitterung. Nach FÜHRER et al. (1988), MATZNER (1986), MEIWES et al. (1986) werden die Gesamtsäure-Einträge bei Buche mit im Durchschnitt 1,5 - 2 kg H^+ / ha · a angegeben, die damit auch das natürliche Puffervermögen der Waldböden um das drei- bis vierfache übersteigen. Hieran wird deutlich, daß die permanente Überlastung der Pufferleistung der Böden an vielen Standorten in der Bundesrepublik zu einer tiefreichenden Bodenversauerung geführt haben muß, zum Teil bis zum Aluminiumpufferbereich ($pH < 4,2$). Dadurch werden nach BRECHTEL (1989) unter Waldstandorten im Sickerwasser Jahresmittelwerte bei Mangan bis über 200fach und bei Aluminium bis zu 40fach über den Trinkwassergrenzwerten gemessen. Abb. 3-10 zeigt die regionale Verteilung der Protonenbelastung in den einzelnen alten Bundesländern, (a) oben für Freiland- und (b) darunter für Bestandsmeßstellen. Zu erkennen ist, daß der Norden der alten Bundesrepublik stärker als der Süden belastet ist. Die Verteilung der Frachten von Schwefel und Stickstoff verhalten sich analog zur Protonenbelastung. Sie werden deshalb hier für das Gebiet Deutsch-

Frachten (kg/ha)							
	1) Braun-schweig 1957-59	2) Börßum nördl. Vorharz 1987	2) Diek-holzen bei Hildesheim 1987	3) Bundesrep. alt (1982-1986) $\bar{x}$	min	max	Anz. Standorte
– H-Ionen	–	–	–	0,52	0,06	1,4	50
– Sulfat-S	11,7	24,2	15,0	18,3	5,3	39,4	79
– Chlorid	11,7	11,4	7,1	16,2	2,1	51,3	64
– Fluorid	–	0,5	0,4	0,95	0,3	1,6	7
– o-PO_4-P	–	1,6	0,2	0,36	0,08	1,2	28
– ges. P	–	–	–	–	–	–	–
– NO_3-N	–	4,9	7,9	6,7	3,1	13,3	59
– NH_4-N	–	11,1	9,1	9,0	3,5	18,0	46
– org. N	–	–	–	–	–	–	–
Σ N anorg.	6,4	16,0	17,0	–	–	–	–
– Natrium	4,3	4,7	5,1	7,6	1,6	28,9	44
– Kalium	2,1	4,4	1,6	4,1	0,5	24,0	52
– Calcium	17,1	–	–	7,9	2,7	21,2	57
– Magnesium	3,2	–	–	1,7	0,5	6,6	44
– Zink	–	–	–	–	–	–	–
– Blei	–	–	–	–	–	–	–
– Nieder-schlagshöhe	n.b.	611	989	1000	503	2099	80

1) RIEHM (1961); 2) WALTHER et al. (1989), 3) BRECHTEL (1989)

Tab. 3-3: Freiland-Meßstellen (bulk) in Niedersachsen und Zusammenfassung der Ergebnisse von Freiland-Meßstellen in der Bundesrepublik, Jahressummen der Frachten von Hauptnährstoffen und anderer wichtiger Ionen

lands nicht besonders dargestellt. Die Immission von Gesamtschwefel (Gesamt-Deposition Dges.) liegt im Gebiet der Bundesrepublik zwischen 25 und 100 kg S / ha · a. An einzelnen Standorten (Freiland) werden auch 150 kg S / ha·a erreicht, WALTHER et al. (1987).

Nach Tab. 3-4 beträgt die Sulfatdeposition unter Fichtenaltbeständen teilweise bis zum sechsfachen benachbarter Freilandmeßstellen, im Mittel von 16 Standorten bis zum dreifachen. Für Roteichen, Buchen, Eichen, Kiefern werden von BRECHTEL et al. (1986) für vergleichbare Bedingungen Anreicherungskoeffizienten zwischen 2 und 2,5 genannt. Nach schwedischen Untersuchungen sollte die Deposition nicht 5 kg S/ha · a überschreiten, wenn die Vegetation langfristig geschützt werden soll, GEORGII et al. (1983a). In Abb. 3-11 sind für mehrere westeuropäische Länder, für Sachsen und Ungarn die Spannweiten und das arithmetrische Landesmittel der Jahresfrachten der Deposition von Stickstoff und Schwefel im Freiland zusammengestellt. Die Daten wurden von BRECHTEL (1991) aus der Literatur zusammengefaßt, die die Meßperiode 1985 bis 1990 repräsentiert. Es ist zu erkennen, daß die Niederschlagsdeposition von Schwefel in Deutschland am höchsten ist, gefolgt von Ungarn, der Schweiz, Belgien und Frankreich.

In der umfangreichen Untersuchung von RIEHM (1961) wurde die Abhängigkeit der Chloridkonzentration und -fracht von der Entfernung zum Meer dargestellt. Dies wird in Tab. 3-5 für ausgewählte Meßstationen des Niedersächsischen Landesmeßnetzes bestätigt. Auch bei Chlorid wird unter Beständen eine Anreicherung bis zu 3 gemessen. Die Fracht erreicht dabei nach Tab. 3-5 im Oberharz bis 83 kg Cl / ha · a.

Tab 3-6 enthält für einige Standorte des Landesmeßnetztes Niedersachsen für das Jahr 1988

- Depositionsraten und
- das Verhältnis NH_4-N / NO_3-N

sowie Daten, die vom Zentrum für Waldforschung in Göttingen ermittelt wurden. In einem hohen Verhältnis NH_4-N / NO_3-N > 1.5 spiegelt sich der Einfluß der Intensivviehhaltung wieder. Abb. 3-12 zeigt die Verteilung dieser Verhältniszahlen (kursiv geschrieben) über das Land. Verhältniszahlen größer 1.5 werden bevorzugt im nördlichen Landesteil angetroffen, in dem sich auch die Intensivviehhaltung konzentriert. Es wird weiter deutlich, daß auf der einen Seite dadurch Eintragsraten, z. B. am Standort Westerberg bei Cuxhaven, bis 82 kg N / ha mit hohem Anteil

	Frachten (kg/ha · a)					
	$\bar{x}$	min	max	Anz. Standorte	Vielfaches von Freiland $\bar{x}$	max
– H-Ionen (kg/ha · a)	1,34	0,25	3,40	18	2,3	4,3
– Sulfat-S "	47,8	21,4	81,4	24	2,9	5,6
– Chlorid "	37,0	9,2	123,5	20	2,1	3,2
– Fluorid "	0,91	–	–	1	3,0	–
– o-PO_4-P "	0,66	0,27	1,3	11	1,9	4,1
– ges. P "	–	–	–	–	–	–
– NO_3-N "	12,9	5,8	20,1	18	1,9	2,8
– NH_4-N "	15,3	3,4	42,7	17	1,7	3,1
– Natrium "	21,1	4,9	67,5	16	1,9	3,3
– Kalium "	20,1	0,4	37,9	22	7,0	29,2
– Calcium "	19,5	9,9	34,4	22	2,9	4,6
– Magnesium "	4,7	2,2	10,8	19	2,8	4,6
– Niederschlagshöhe	677	288	1305	19		

Daten aus BRECHTEL (1989)

Tab. 3-4: Kronendurchlaß (bulk) von Fichtenaltbeständen, Jahressummen der Frachten von Hauptnährstoffen und anderer wichtiger Ionen, Zusammenfassung von Ergebnissen von Meßstellen in der Bundesrepublik

Nr.	Name der Station	Art der Meßstelle	Luftlinie Entfernung (km) von Station Nr. 43	mg/l im Jahr 1987	kg/ha im Jahr 1987
43	Norderney (Strand)	Freiland		12,6	111,5
12	Damme-Harlinghausen	Freiland	65	1,2	11,8
6	Dörenberg, Teutoburger Wald	Traufe	91	**5,9**	**47,2**
52	Diekholzen-Petze	Freiland	125	0,7	6,5
53	Königslutter	Freiland	140	0,7	61,0
(B)	Börßum	Freiland	140	2,2	11,4
49	Riefenbeek, Oberharz	Traufe	151	**5,3**	**82,7**

Die Lage der Meßstelle ist in Abb. 3-12 zu finden

Tab. 3-5: Nasse Deposition von Chlorid an niedersächsischen Freiland-Meßstellen und in Abhängigkeit zur Entfernung von der Küste

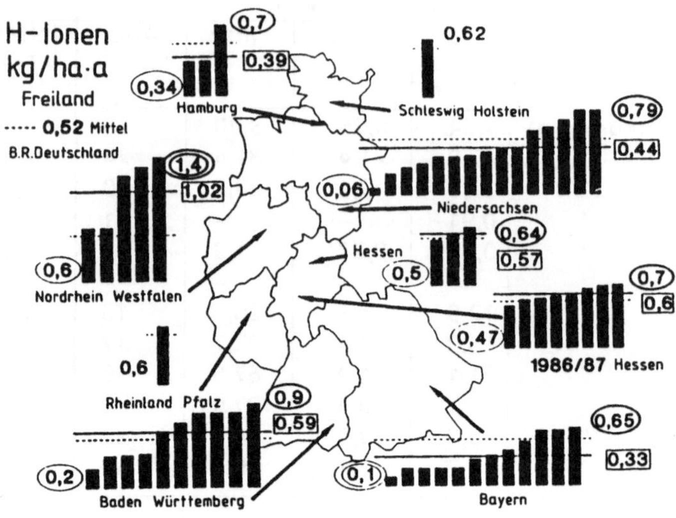

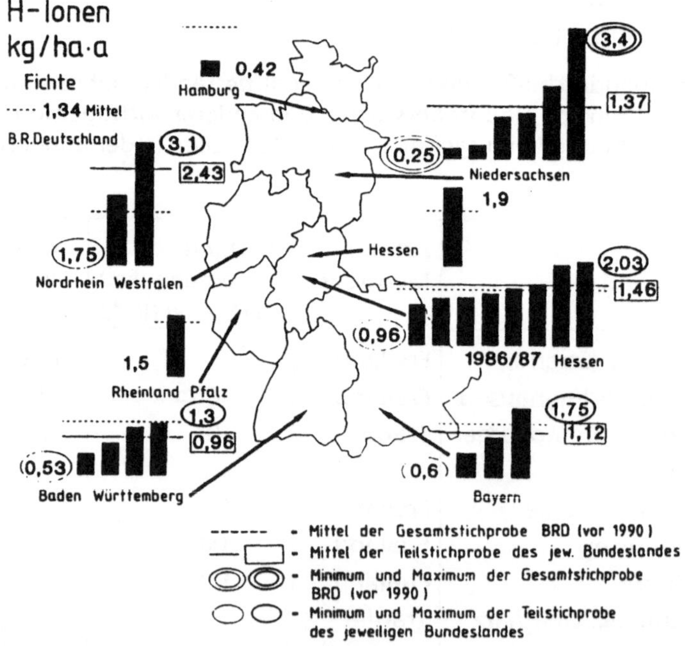

Abb. 3-10: Jahressummen der Protonen-Deposition (kg/ha) mit dem Niederschlag im Freiland und Bestandsniederschlag von Fichtenaltbeständen, aus BRECHTEL (1989)

an organisch gebundenem Stickstoff auftreten können. Diese Situation entspricht praktisch den niederländischen Verhältnissen, wo nach Tab. 3-7 bis mehr als 100 kg N/ha gemessen werden können, und wo die Ammoniak-Emissionen aus der Viehhaltung eine wichtige Quelle der Boden- und Gewässerversauerung darstellen. Auf der anderen Seite werden auch im Mittelgebirge, z. B. an der Station Riefenbeek im Oberharz, unter Baumbeständen Einträge bis 93 kg N / ha und Jahr gemessen. An der Station Riefenbeek überwiegt der Eintrag von Nitratstickstoff, welcher besonders auf den Einfluß des Ferntransportes hindeutet. Diesen hohen Stickstoff-Einträgen stehen nur bis zu 20 kg N / ha als Entzug gegenüber. Es wird deutlich, daß hier jährlich ein Überschuß aufgebaut wird, der, einmal mobilisiert, belastend für Grundwasser und Fließgewässer wirken wird. Daten zur Stickstoffauswaschung verschiedener niedersächsischer Waldstandorte weisen darauf hin, z. B. Solling, MATZNER et al. (1990). Nach Abb. 3-11 sind die jährlichen Raten naß deponierten Stickstoffs in Zentral-Europa, in den Niederlanden, Belgien am höchsten, gefolgt von Deutschland.

Für extensiv bewirtschaftete Grünlandflächen und für oligotrophe Ökosysteme sind schon die heute im Freiland jährlich deponierten Stickstoffmengen oft zu hoch, wenn die kritische Deposition (critical load) nachstehender Tabelle als Maßstab herangezogen wird. In solchen Systemen kann die erhöhte Deposition als Stressor wirken.

Ökosystem	Kritische Deposition (kg / ha · a)
Laubwälder	5 - 20
Nadelwälder	3 - 15
Magerrasen	3 - 10
Hochmoor	3 - 15
Heiden	7 - 30

Die kritische Deposition (=critical load) für Stickstoff in vorstehender Tabelle gilt für Ökosysteme unterschiedlicher Produktivität, n. NILSSON u. GRENNFELT (1988), zit. in DÄMMGEN et al. (1992).

Abb. 3-11: Verteilung der Jahressummen der Niederschlagsdeposition (Freiland-Meßstellen) von Ammonium, Nitrat und Schwefel in Zentraleuropa, aus BRECHTEL (1991)

Nr. der Meßstelle in Abb. 3-12	Name der Meßstelle	NH_4–N/ NO_3–N	NO_4–N	NO_3–N	N org kg/ha	Σ N
-	Landesdurchschnitt im **Freiland** 7)	1,8	8,7	5,0		13,7
1	Bad Rothenfelde, **Freiland** 7)	2,7	15,4	5,7		21,0
49	Riefenbeek (Harz), **Bestand** 7)	0,5	29,6	63,4		92,9
12	Damme-Harling-hausen, **Freiland** 7)	3,3	10,9	3,3		14,2
6	Dörenberg (Teut. Wald) **Bestand** 7)	2,1	56,9	27,5		84,4
-	Solling, Fichte 1) 1973-85	1,0	15,5	15,7	9,6	40,8
-	Solling, Buche 1) 1969-85	1,2	13,4	11,5	9,8	34,8
-	Lüneburger Heide, 2) Kiefer, 1980-85	1,2	10,1	8,1	4,1	22,3
-	Wingst, Fichte 3) 1983	2,8	41,4	14,8	9,6	65,8
-	Westerberg, Buche 3) 1983	2,7	46,0	17,3	18,8	82,4
-	Niederlande 4)					bis > 100

		Stickstoffentzug
Buche	(140 Jahre alt) 1)	12
Buche	(100 - 115 Jahre alt) 5)	11
Fichte	(100 Jahre) 1)	10
Fichte	(100 Jahre) 6)	6,5-19

1) MATZNER et al. (1990),
2) BREDEMEIER (1987), 3) BÜTTNER et al. (1986), 4) van DIEST (1989)
5) MEIWES et al. (1988), 6) GUSSONE (1964), 7) NLWA (1988)

Tab. 3-6: Stickstoffeintrag an niedersächsischen Standorten und Stickstoff-Entzug verschiedener Baumarten

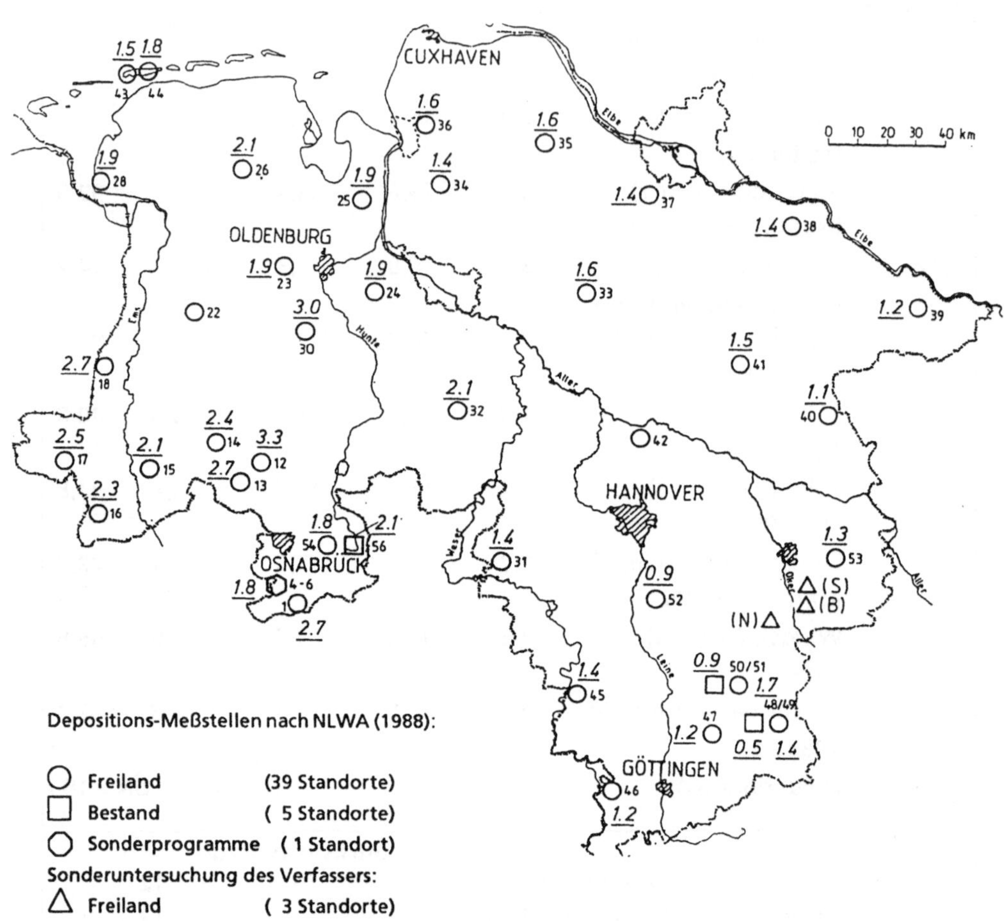

26 = Nr. d. Meßstellen

2.1 = Verhältnis NH_4-N/NO_3-N

Abb. 3-12: Depositionsmeßnetz Niedersachsen, Verhältnis NH_4-N zu NO_3-N

3.5.2 Anorganische Spurenstoffe

Seit Beginn der siebziger Jahre wird Schwermetallen in der Umwelt zunehmende Beachtung geschenkt. Ein Grund ist die potentielle Toxizität vieler Schwermetalle mehr oder weniger für alle Arten von Lebewesen, vor allem dann, wenn sie in einer Bindungsform vorliegen, die ihre Einbeziehung in den Stoffwechsel begünstigt. Auslöser für das Interesse waren auch die Umweltkatastrophen wie ein Rindersterben in der Region um Nordenham in der Folge von Blei-Immissionen oder die Itai-Itai-Krankheit in Japan durch Cadmium. Die Arbeiten aus dem Bereich der Waldforschung hatten Anfang der achtziger Jahre gezeigt, daß der Zufuhr von Stoffen aus der Atmosphäre und hier auch dem luftgetragenen Transport von Schwermetallen eine größere Bedeutung zukommt als ursprünglich angenommen wurde. Weiter wurde deutlich, daß Mittelgebirge in besonderem Maße auch der Deposition von Schwermetallen ausgesetzt sind. Im Zusammenhang mit dem Solling-Projekt der Deutschen Forschungsgemeinschaft wurden dort Depositionsmechanismen differenziert erforscht; mit Hilfe von Bilanzen der Waldökosysteme wurden Herkunft und Verbleib der verschiedenen Stoffgruppen untersucht, z.B. MAYER (1981). Die Arbeitsergebnisse zeigten, daß in Abhängigkeit von der Art des Metalls im Oberboden eine Akkumulation bei den Waldstandorten zu beobachten ist. Die Metalle werden dann wieder mobilisiert, wenn sich die Milieusituation am Standort verändert, welches meistens auch mit einer Tiefenverlagerung bei absinkenden pH-Werten verbunden ist.

Metalle werden, wie Tab. 3-7 zeigt, auf der einen Seite infolge von Vulkaneruptionen großräumig transportiert und dann auf der anderen Seite im Zusammenhang mit Verbrennungsprozessen freigesetzt. Die hierbei freigesetzten Metallverbindungen treten überwiegend an Aerosolpartikeln ($\varnothing < 1 \mu m$) gebunden auf. Die Tab. 3-7 zeigt weiter, daß bei den meisten Metallen die anthropogene Emission überwiegt. Sie sind dort nach steigendem Interferenzfaktor von oben nach unten angeordnet, der sich aus dem Verhältnis anthropogener Emission zu natürlicher Emission ergibt. Der Faktor ist mit 15 bei Aluminium am niedrigsten und erreicht bei Blei mit ca. 34500 den höchsten Wert.

Vor allem die Erfahrungen, die in den Solling-Projekten gewonnen wurden, waren für den Verfasser Anlaß, den Ein- und Austrag von Schwermetallen bei rein ackerbaulich genutzten Gebieten, die nicht in unmittelbarer Nähe von Ballungszentren liegen, zu erfassen.

Element	Kontinent. Staub Fracht	Vulk. Staub Fracht	Vulk. Gas Fracht	Indust. Partikeln Emission	Fracht der foss. Brennstoffe	totale Emission Industrie + foss. Brennstoffe	Atmosph. Interferenz-faktor[a]) in %
Al	356500	132750	8,4	40000	32000	72000	15
Ti	23000	12000	–	3600	1600	5200	15
Sm	32	9	–	7	5	12	29
Fe	190000	87750	3,7	75000	32000	107000	39
Mn	4250	1800	2,1	3000	160	3160	52
Co	40	30	0,04	24	20	44	63
Cr	500	84	0,005	650	290	940	161
V	500	150	0,05	1000	1100	2100	323
Ni	200	83	0,0009	600	380	980	346
Sn	50	2,4	0,005	400	30	430	821
Cu	100	93	0,012	2200	430	2630	1363
Cd	2,5	0,4	0,001	40	15	55	1897
Zn	250	108	0,14	7000	1400	8400	2346
As	25	3	0,1	620	160	780	2786
Se	3	1	0,13	50	90	140	3390
Sb	9,5	0,3	0,013	200	180	380	3878
Mo	10	1,4	0,02	100	410	510	4474
Ag	0,5	0,1	0,0006	40	10	50	8333
Hg	0,3	0,1	0,001	50	60	110	27500
Pb	50	8,7	0,012	16000	4300	20300	34583

Alle Frachten sind in 10^8 g/a angegeben.
n. STUMM et al. (1984)

[a] Interferenzfaktor = $\frac{\text{totale anthropogene Emission}}{\text{totale natürliche Emission}} \times 100$

Tab. 3-7: Natürliche und anthropogene Quellen der atmosphärischen Metall-Emissionen

	Neuen-[1] kirchen (N) Freiland	Börßum[2] Freiland	Solling[3] $\overline{x}$				Staubinhalts-[4] stoffe	
			Freiland	Buche Kronen-traufe	Buche Stamm-ablauf	Fichte Kronen-traufe	ländl. Gebiet Freiland min-max	städt. Gebiet Freiland min-max
	1983/84	1987	1974/79	1974/79	1974/79	1974/79		
– Fe (mg/l)	1,560	0,050	0,096	0,1080 (11,3)	0,2440 (25,4)	0,2430 (25,3)		
– Mn "	0,099	0,014	0,036	0,5150 (14,31)	0,9050 (25,1)	0,8640 (24,0)	0,01-0,05	0,02-0,1
– Al "	–	–	–	– –				
– B "	0,0133	–	–	– –				
– As "	–	–	–	– –			0,001-0,005	0,003-0,03
– Ni "	0,003	0,0113	0,0026	0,0036 (1,4)	0,0039 (1,5)	0,0052 (2,0)	0,001-0,01	0,005-0,02
– Cd "	0,00632	<0,001	0,0015	0,0015 (1,0)	0,0017 (1,1)	0,0027 (1,8)	0,0002-0,002	0,002-0,02
– Co "	0,00198	0,0052	0,0013	0,0009 (<1)	0,0010 (<1)	0,0015 (1,2)	0,0001-0,001	0,0005-0,00
– Cr "	0,0145	0,0524	0,0014	0,0017 (1,2)	0,0030 (2,1)	0,003[illegible] (2,2)	0,001-0,005	0,005-0,030
– Cu "	0,0161	0,0046	0,0230	0,0190 (<1)	0,0180 (<1)	0,030 (1,3)	0,001-0,01	0,02-0,150
– Pb "	0,0291	0,0215	0,0270	0,0310 (1,1)	0,0680 (2,5)	0,0640 (2,4)	0,02-0,06	0,2-1,0
– Zn "	0,255	0,0693	0,1420	0,1040 (<1)	1,3220 (9,3)	0,2880 (2,0)	0,05-0,1	0,1-1,0
– Be "							–	<0,001-0,002
– Sb "							0,0005-0,002	0,002-0,03
– Se "							0,0005-0,003	0,001-0,01
– V "							0,001-0,01	0,01-0,05
– Nieder- (mm/a) schlag	611							

[1]) Untersuchungen des Verfassers, 1. 7. 1983 bis 1. 8. 1984
[2]) WALTHER et al. (1989), 1. 1. - 31. 12. 1987
[3]) MAYER (1981), Jahresmittel Nov. 74 - April 79, Die Zahlen in ( ) geben das Vielfache gegenüber Freiland an.
[4]) UBA (1989)

Tab. 3-8: Konzentrationen, Freiland und Kronentraufe, Niederschlagsdeposition von anorganischen Spurenstoffen verschiedener Standorte

	Neuen-[1]) kirchen (N)	Börßum[2])	Solling[3])	Bundesrepublik[4]) Deutschland (alt)			
		1987	$\bar{x}$	$\bar{x}$	min.	max.	Anz. Standorte
– Fe (g/ha)	6940	–	936	1100	100	5800	40
– Mn "	441	–	388	240	50	1500	47
– Al "	–	–	–	810	280	2100	26
– B "	59,2	–	–	–	–	–	–
– As "	–	–	–	– –	–	–	
– Ni "	13,4	56,4	27	25	5	80	15
– Cd "	28,1		15	,9 6	2	33	54
– Co "	8,4	21,6	13	,8 –	–	–	–
– Cr "	64,5	115,3	14	,3 7	2	20	12
– Cu "	71,6	23,1	236	160	20	880	34
– Pb "	129	132	285	190	50	640	58
– Zn "	1130	354,6	1377	540	90	4900	33
– Niederschlag				1000	503	2099	80

[1]) Untersuchungen des Verfassers, 1. 7. 1983 bis 1. 8. 1984
[2]) WALTHER et al. (1989)
[3]) MAYER (1981), Nov. 1974 - April 1979, Mittelwerte der Jahressummen
[4]) BRECHTEL (1989), Jahre 1982 - 86

Tab. 3-9: Frachten, Freiland, Niederschlagsdeposition von anorganischen Spurenstoffen verschiedener Standorte

	Solling[3])			Bundesrepublik Deutschland (alt)[4]) Fichtenbestände, Kronnentraufe					
	Buche Kronentraufe $\overline{x}$	Buche Stammablauf $\overline{x}$	Fichte Kronentraufe $\overline{x}$	$\overline{x}$	min.	max	Anz. Standorte	Vielfaches von Freiland $\overline{x}$	Vielfaches von Freiland max
– Fe (g/ha)	805	260	1792	1100	200	2100	12	2,3	6,7
– Mn "	4195	949	6480	2800	400	8100	16	12,1	36,4
– Al "	–	–	–	2050	850	3800	10	2,5	4,3
– B "	–	–	–	–	–	–	–	–	–
– As "	–	–	–	–	–	–	–	–	–
– Ni "	29	4,1	38,5	37	11	100	6	1,5	2,0
– Cd "	10,8	1,8	20,1	8	2	30	14	1,7	3,3
– Co "	6,7	1,0	11,6	–	–	–	–	–	–
– Cr "	12,6	3,2	23,3	8	3	15	7	1,5	2,0
– Cu "	142	20	227	170	20	560	12	1,5	3,5
– Pb "	229	73	467	180	30	350	14	1,3	2,1
– Zn "	777	1392	2121	560	200	1800	10	3,5	15,4
– Niederschlag mm/a				677	288	1305	19		

[3]) MAYER (1981), Nov. 1974 - April 1979, Mittelwerte aus den Jahressummen der Frachten
[4]) BRECHTEL (1989), Jahre 1982 - 86

Tab. 3-10: Frachten, Kronentraufe, Niederschlagsdeposition von anorganischen Spurenstoffen verschiedener Standorte

Die Konzentrationen in Tab. 3-8 der Freiland-Stationen Neuenkirchen (N) und Börßum (B) bewegen sich in Größenordnungen, die auch an anderen Stellen in Niedersachsen bzw. im Gebiet der alten Bundesrepublik Deutschland gemessen wurden. Gegenüber der Mittelgebirgslage im Solling sind im Ackerbau-Gebiet Neuenkirchen mit der Ausnahme Kobalt und Kupfer alle Konzentrationen mehr oder weniger erhöht. Bei Eisen ist zu vermuten, daß Bodenpartikel in Stäuben, die im Ackerbaugebiet Neuenkirchen entstehen, eine Ursache sein können. Als weitere Ursachen kann die im vorigen Kapitel genannte Industrienähe genannt werden, zum Beispiel die am Harzrand gelegenen Buntmetallhütten bzw. das Stahlwerk Salzgitter-Watenstedt.

Von Interesse ist ebenfalls die mit der nassen Deposition eingetragene Fracht. Tab. 3-9 enthält die Frachten für Freiland-Meßstellen. In Tab. 3-10 sind Frachten der „Kronentraufe" des Standortes Solling und der Auswertung von BRECHTEL (1989) für mehrere Meßplätze „Kronentraufe" aus dem alten Bundesgebiet zusammengestellt. Tab. 3-10 enthält neben den Frachten „Kronentraufe" auch die Anreicherungsfaktoren, mit der die Fracht gegenüber der zugehörigen Freiland-Meßstelle erhöht ist. Am Standort Solling ist unter Buchen für die meisten Parameter gegenüber Freiland keine Anreicherung festzustellen; bei Fichten liegt sie häufiger wie im Bundesdurchschnitt um den Faktor 1.3 bis 2.0, wenn man die Daten in Tab. 3-9 und Tab. 3-10 miteinander vergleicht. Interessant ist der hohe Faktor bei Eisen, besonders aber bei Mangan. Bei Kalium waren unter Fichtenaltbeständen nach Tab. 3-4 ebenfalls hohe Anreicherungen festzustellen. Diese bodenbürtigen Nährstoffe werden demnach vermehrt mit dem Niederschlag aus und von Pflanzen abgewaschen. Nach BRECHTEL (1989) und anderen korrelieren hohe Anreicherungsfaktoren mit weit fortgeschrittener Bodenversauerung und hohen mobilisierten Gehalten dieser Elemente in der Bodenlösung.

3.5.3 Organische Spurenstoffe

Seit Jahrzehnten werden Jahr für Jahr große Mengen flüchtiger organische Verbindungen emittiert. Nach Tab. 3-1 waren es 2,45 Mt / a. In gleicher Größenordnung bewegen sich die emittierten Mengen von SO_2 und NO_X. Wenn man bedenkt, daß zu dieser Stoffgruppe schwer abbaubare Verbindungen gehören und daß sie schon in vergleichsweise niedrigen Konzentrationen toxikologisch relevant sind, dann ist es verwunderlich, daß über die Depositionsmechanismen doch noch relativ wenig bekannt ist. Ein Grund für diese Zurückhaltung der Forschung dürfte auch die relativ aufwendige Analysetechnik sein, die Hochschuleinrichtungen seltener zur Verfügung steht, abgesehen von dem notwendig höherwertig qualifizierten Bedienungspersonal. Vom Verfasser wurden zu diesem Thema Untersuchungen an den System-Kompartimenten Atmosphäre-Boden-Sickerwasser-Fließgewässer durchgeführt. Ergebnisse sind bei WALTHER et al. (1985, 1987) veröffentlicht. Seit 1989 werden auch organische, schwer abbaubare Verbindungen an den Meßnetzen „Grundwasserbeschaffenheit" z.B. des Landes Niedersachsen ermittelt. Neuere systematische Untersuchungen zur Stoff-Deposition und zur diffusen Belastung des Grundwassers erschienen in jüngerer Zeit, z. B. RENNER et al. (1990), SCHLEYER et al. (1990), SCHLEYER (1991). An den Einzugsgebieten Neuenkirchen (N) und Börßum (B) wurden vom Verfasser damals nachstehende Stoffgruppen bzw. Einzelsubstanzen erfaßt:

Polycyclische aromatische Kohlenwasserstoffe (PAK):
- 3.4-Benz(a)pyren
- 1.12-Benzperylen
- 3.4-Benzfluoranthen
- 11.12 -Benzfluoranthen
- Fluoranthen
- Indeno(1, 2, 3, -cd)pyren
- $\sum$ PAK

Leicht flüchtige halogenierte Kohlenwasserstoffe (lfHKW):
- Dichlormethan
- Trichlormethan
- Tetrachlormethan
- Monobromdichlormethan
- Monochlordibrommethan
- Bromoform
- 1.1-Dichlorethan
- 1.2-Dichlorethan
- 1.1.1-Trichlorethan
- 1.1.2-Trichlorethan
- 1.1.1.2-Tetrachlorethan
- Pentachlorethan
- Hexachlorethan
- cis-1,2-Dichlorethen
- Trans-1,2-Dichlorethen
- Trichlorethen (Tri)
- Tetrachlorethen (Per)
- 1-Chlorpropan
- 2-Chlorpropan
- 1,2-Dichlorpropan
- 1,2,3-Trichlorpropan
- 3-Chlorpropen (1)
- cis-1,3-Dichlorpropen (1)
- Trans-1,3-Dichlorpropen(1)
- Hexachlorbutadien
- AOX + Cl

Schwer flüchtige halogenierte Kohlenwasserstoffe (sf HKW)

- 1.4-Dichlorbenzol
- 1.2-Dichlorbenzol
- Pentachlorbenzol
- Hexachlorbenzol (HCB)
- 2,6-Dichlorbenzonitril
- Pentachlornitrobenzol
- α-HCH
- β-HCH
- Lindan (γ-HCH)
- δ-HCH
- α-Endosulfan
- β-Endosulfan
- Heptachlor
- Heptachlorepoxid
- Aldrin
- Dieldrin
- Endrin
- Methoxychlor
- 2.4'-DDT
- 4.4-DDT
- 4.4'-DDE
- 2.4-DDE
- 4.4-DDD
- Hexachlorbutadien
- Hexachlorethan

Polychlorierte Biphenyle (PCB)
- Σ PCB

Die Auswahl der Parameter erfolgte nach folgenden Kriterien
- Häufigkeit des Auftretens im Zusammenhang mit Schadensfällen
- Auftreten im Zusammenhang mit Problemen auf der Seite der Trinkwassergewinnung

Fragen, die der hier wiedergegebenen Untersuchung zugrunde lagen, waren neben anderen:

(a) Mit welchen Konzentrationen treten die einzelnen Substanzen auf im Niederschlagswasser, im Boden, im Boden-Sickerwasser, im oberflächennahen Grundwasser, im Fließgewässer und in dessen Sediment?
Von besonderem Interesse sind die Umwandlungsprodukte der Ausgangsemission. So weit Reaktionsprodukte bekannt und analytisch zu erfassen waren, wurden sie in das Meßprogramm mit aufgenommen.
(b) Mit welcher Grundbelastung muß heute außerhalb der Ballungsräume in der unbesiedelten Landschaft gerechnet werden.

Die hier dargestellten Ergebnisse sollen einen Eindruck über die inzwischen ubiquitäre diffuse Belastung geben. Von den insgesamt emittierten flüchtigen organischen Verbindungen stammten nach Tab. 3-1 48% aus dem Straßenverkehr und 39% aus der Verwendung als Lösemittel. Die wichtigsten Stoffsubstanzen stellen die leicht flüchtigen chlorierten Kohlenwasserstoffe und die polyzyklischen aromatischen Kohlenwasserstoffe dar. Pro Jahr werden in der Bundesrepublik ca. 250.000 t leicht flüchtige CKW verbraucht, CICHOROWSKI et al. (1989), von denen ca. 60 bis 90% in die Atmosphäre gelangen. Der Kraftfahrzeugverkehr ist die bedeutendste Quelle der Aromaten. Ca. 90% der 60.000 t des emittierten Benzols stammen aus dem Straßenverkehr, BUCK et al. (1988). Die organischen Verbindungen, die in jüngeren Untersuchungen nach dem Jahr 1986 häufig in Niederschlägen gefunden werden, sind in Tab. 3-11 zusammengefaßt. SAGER (1996) weist auch daraufhin, daß bislang über 300 wassergefährdende Stoffe im Niederschlag nachgewiesen wurden; sie können durchaus in Konzentrationen oberhalb der Grenzwerte für Trinkwasser im Niederschlag vorkommen. Sie bilden ein zunehmendes Gefährdungspotential für das Grundwasser.

Zu den leicht flüchtigen chlorierten Kohlenwasserstoffen:
Der Übergang zwischen den Gruppen der leicht- und schwerflüchtigen CKW ist fließend; die Grenze kann ungefähr bei einem Siedepunkt von 150°C gelegt werden. Chlorierte Kohlenwasserstoffe sind überwiegend durch industrielle Synthese gewonnene Produkte. Es wird allerdings auch angenommen, daß einige Vertreter, wie Monochlormethan (Methylchlorid) durch aquatische Mikroorganismen in geringen Konzentrationen vor allem im marinen Bereich produziert werden, z. B. BAUER (1982). Messungen in der Luft von 92 Städten im Gebiet der

Konzentrationsbereich	Stoffklasse
mg/l	- aliphatische Carbonsäuren
µg/l	- Phenole - Nitrophenole - chlorierte Carbonsäuren
ng/l	- chlorierte Kohlenwasserstoffe - aromatische Kohlenwasserstoffe, z.B. Benzol, Toluol - polyzyklische Aromaten - polychlorierte Biphenyle - Phthalate - Pestizide

nach Auswertung von 43 Literaturstellen, zusammengestellt bei RENNER et al. (1990)

Tab. 3-11: Organische Stoffe in Niederschlägen nach Literaturauswertungen

Bundesrepublik von BAUER et al. (1983) zeigten, daß die Konzentrationen der häufig eingesetzten leichtflüchtigen CKW direkt proportional der produzierten Menge sind. Angaben der Literatur über die Abbauzeiten in der wäßrigen Phase reichen, je nach den Milieubedingungen, von mehreren Wochen bis zu mehreren Jahrzehnten.

Zu den schwer flüchtigen chlorierten Kohlenwasserstoffen:
Schwerflüchtige Chlorkohlenwasserstoffe sind u. a. eine von mehreren Verbindungsgruppen, auf denen u.a. die Wirksubstanzen von einigen Pflanzenschutzmitteln aufgebaut sind. Der überwiegende Teil der zuvor genannten Verbindungen wurde oder wird als Pestizide eingesetzt oder es sind Metabolite von Pestiziden. Im Meßprogramm der Untersuchungen, die vom Verfasser durchgeführt wurden, sind persistente Substanzen wie DDT und der DDT-Nachfolger γ-HCH (Lindan) mit den Begleitverbindungen α- und β-HCH enthalten. Hexachlorbenzol (HCB) wird als Weichmacher für PVC, aber auch als Fungizid eingesetzt. DDT, Lindan, HCB sind, wie die polychlorierten Biphenyle (PCB) in Luft, Wasser und in Sedimenten großräumig verbreitet und können bis in arktische Zonen gemessen werden, HELLMANN (1981). Der Einsatz eines Teiles dieser Verbindungen ist heute verboten.

Zu der polycyclischen aromatischen Kohlenwasserstoffen:
Die Gruppe der PAK umfaßt eine Vielzahl von Einzelsubstanzen. Einige Verbindungen dieser Gruppe sind biogen. Andere Stoffe dieser Gruppe entstehen vorwiegend bei der Verbrennung fossiler Brennstoffe und werden zum größten Teil mit Abgasen am Staub und/oder Feinstaub gebunden über die Atmosphäre weiträumig transportiert. Datierbare Sedimentkernproben aus Meeren, Seen, Flüssen zeigen, daß seit der Industrialisierung Sedimente in der Regel zunehmend mit PAK angereichert wurden. Die Bedeutung der PAK liegt darin, daß einigen Verbindungen karzinogene Wirkung nachgewiesen ist.

Chlorierte Kohlenwasserstoffe, Ergebnisse der Untersuchung:
SCHLEYER et al. (1990), zit. S. 669, haben folgende einsichtige und einfache Kalkulationen vorgenommen:
„Würden die im Jahr 1986 im Gebiet der alten Bundesrepublik emittierten 2,45 Mt/a an flüchtigen organischen Verbindungen vollständig und gleichmäßig deponiert, ergäbe sich eine Depositionsrate von 98,5 kg /ha · a, die in 250 mm /a gelöst einer Konzentration von 39,4 mg / l entspräche. Glücklicherweise sind die gemessenen Konzentrationen sehr viel geringer, einerseits wegen einer Vielzahl von Abbau- und Umwandlungsmechanismen, andererseits wegen ihrer häufig geringen Wasserlöslichkeit ...."

Nr.	Parameter	Niederschlagsdeposition µg/l Neuenkirchen aus Tab. 3-17 min	x̄	(n)	max	ländlicher Raum, min	–	max
	leicht flüchtige CKW:							
2	Trichlormethan		2	(1)				
3	Tetrachlormethan	0,4	1,0	(4)	2	0,1	-	0,5
6	1.1.1-Trichlorethan	0,01	0,04	(4)	0,07	1	-	3
9	Pentachlorethan	0,01	0,015	(2)	0,02			
13	Trichlorethen	0,07	0,22	(3)	0,3	0,2	-	1,5
14	Tetrachlorethen	0,01	0,025	(4)	0,04	0,3	-	3
	Anzahl der Messungen			(7)				
	schwer flüchtige CKW:							
2	1.2 – Dichlorbenzol		0,5	(1)				
3	Pentachlorbenzol		0,001	(1)				
4	Hexachlorbenzol		0,002	(1)				
6	Pentachlornitrobenzol		0,07	(1)				
7	α – HCH	0,004	0,016	(6)	0,03	0,00035		
9	α – Endosulfan		0,01	(1)				
11	Heptachlor		0,006	(1)				
13	Aldrin		0,01	(1)				
17	2.4' – DDT		0,01	(1)				
	Σ PCB	0,06	0,08		0,11			
	Anzahl der Messungen			(6)				

Die Substanzen, die hier nicht aufgeführt sind, lagen unter der Nachweisgrenze.
(n) Anzahl der Meßwerte über Nachweisgrenze.

Tab. 3-12: Nasse Deposition und Sedimentation, Freiland, Konzentration leicht und schwer flüchtiger chlorierter Kohlenwasserstoffe

Stoff	Komponenten-Formel	Konzentrationsbereiche ($\mu g/m^3$) in städt. Gebieten	ländl. Gebieten	quellenfern[1])
Schwefelwasserstoff	H_2S	0,05 - 1	0,1 - 5	
Dimethylsulfit	$(CH_3)_2S$	0,005 - 0,1	0,02 - 0,2	
Schwefelkohlenstoff	$C S_2$	0,1 - 1	0,1 - 1	
Kohlenstoffoxidsulfit	$CO S$	0,5 - 3	0,5 - 3	1,3
Methan	CH_4	1200	1200 - 1300	
Ethan	C_2H_6	1 - 5	3 - 15	
n-Pentan	$n\text{-}C_5H_{12}$	1 - 3	5 - 50	
n-Octan	$n\text{-}C_8H_{18}$	0,2 - 1	2 - 10	
α -HCH		0,00035	0,0004	0,0003 - 0,00115
γ -HCH		0,00015	0,00003	0,00002 - 0,0001
Dibutylphthalat		–	–	0,0005 - 0,0015
Di(2-ethyhexyl)phthalat		–	–	0,001 - 0,003
Ethen	C_2H_4	0,5 - 5	5 - 30	
Buten	C_4H_8	1 - 2	1- 10	
Ethin	C_2H_2	0,2 - 3	5 - 30	
Isopren		1 - 10		
Benzol	C_6H_6	0,5 - 5	5 - 50	
Toluol	$C_6H_5CH_3$	0,5 - 7	5 - 100	0,75
m-/p-Xylol		3 - 70	1,4	
o-Xylol		0,8 - 20	0,2 - 1,2	
Ethylbenzol		1,0 - 30	0,3 - 5	
Chlorbenzol		–	0,05 - 0,5	
Dichlorbenzol		1,0 - 10	–	
Hexachlorbenzol		0,0004	0,00013	0,0001 - 0,00015
Methanol	CH_3OH		10 - 20	
Ethanol	C_2H_5OH		10 - 50	
Formaldehyd	$H CHO$	0,5 - 2	10 - 20	0,5
Acetaldehyd	CH_3CHO	1 - 2	0,5 - 15	
Aceton	$CH_3CO CH_3$	0,1 - 1	10 - 50	
- Chlormethan (Methylchlorid)	CH_3Cl	1 - 2	1 - 2	1,35
- Dichlormethan (Chloroform)	CH_2Cl_2	0,2 - 0,5	1 - 5	0,1 - 0,17
- Trichlormethan	$CH Cl_3$	0,1 - 0,5	0,1 - 3	0,055 - 0,105
- Tetrachlormethan (Tertachlorkohlenstoff)	$C Cl_4$	0,5 - 3	0,4 - 3	0,75 - 0,88

Tab. 3-13: Konzentrationen organischer Stoffe in der Luft, nach Literaturauswertungen

1,1,1, Trichlorethan	$CH_3C\ Cl_3$	1 - 3	1 - 10	0,63 - 0,89
Vinylchlorid	CH_2CHCl	0,1	0,1 - 1	
Trichloerethen	C_2CHI_3	0,2 - 1,5	0,35 - 15	< 0,02 - 0,09
- Tetrachlorethen (Perchlorethen)	C_2Cl_4	0,3 - 3	0,4 - 20	0,04 - 0,66
- Dichlorbenzol	$C_6H_4Cl_2$		1 - 10	bis 0,0005
- pp - DDT				
- Difluordichlormethan (F12)	$CF_2\ Cl_2$	1 - 2	1 - 5	1,67
- Trichlorfluormethan (F11)	$CF\ Cl_3$	1 - 2	1 - 4	1,3
Ammoniak	NH_3	2 - 20		
Salpetersäure	HNO_3	0,05 - 1	0,1 - 20	
Wasserstoffperoxid	H_2O_2(Gas)	0,1 - 3	0,1 - 0,5	

Daten aus UBA (1989), Ergänzung durch Daten aus RENNER et al. (1990)

1) Quellenfern = Hintergrundkonzentrationen, die in sehr entlegenen emittentenfernen Regionen wie Südpol, Pazifischer Ozean gemessen werden. Das Auftreten dieser Stoffe ist inzwischen als ubiquitär zu bezeichnen. Sie zeichnen sich durch eine hohe Persistenz aus, bedingt durch nur langsamen Abbau. Weitere Vorraussetzungen für das ubiquitäre Auftreten sind niedrige Wasserlöslichkeit und relativ hohe Flüchtigkeit. Weiterhin ist es erforderlich, daß die Stoffe in hinreichend großen Mengen an die Umwelt abgegeben werden. Dies alles ist vor allem für die aufgeführten chlorierten organischen Verbindungen sowie für die Phthalate der Fall. Bei Formaldehyd ist das ubiquitäre Auftreten dagegen nicht auf dessen Persistenz, sondern auf dessen weltweite Bildung als intermediäres Zwischenprodukt beim Abbau von Methan und höheren Kohlenwasserstoffen zurückzuführen.

Forts. Tab 3-13

Neuenkirchen (Ackerbaugebiet):			
Chlorierte Kohlenwasserstoffe:			
Tetrachlormethan		(g/ha · a)	2,55
1.1.1 -Trichlorethan		"	0,102
Pentachlorethan		"	0,019
Trichlorethen		"	0,419
Tetrachlorethen		"	0.0636
a -HCH		"	0,066
Σ PCB		"	0,373
leicht flüchtige organische Verbindungen[1])		(kg/ha · a)	98,5
AOX[2])	$\bar{x}$	(g/ha · a)	40
	max	"	100

[1]) Hypothetische mittlere Deposition im Freiland, SCHLEYER et al. (1990)
[2]) Deposition im Freiland im Gebiet der Bundesrepublik, aus FÜHRER et al. (1988)

Tab. 3-14: Nasse Deposition und Sedimentation, Freiland, Frachten leicht und schwer flüchtiger chlorierter Kohlenwasserstoffe

Station Möhrfelden, v. RENNER et al. (1990)	AOX µg/l	SO_4 µg/l
nasse Deposition – Freiland	5,3	5,5
– Kronentraufe Fichte	27,0	26,0

Tab. 3-15: AOX-Konzentrationen in µg/l, Mittelwerte Dezember 1988 bis November 1989, im Freiland und unter Fichtenbestand, n. RENNER et al. (1990)

In Tab. 3-12 sind die Konzentrationen der Verbindungen der leicht und schwer flüchtigen chlorierten Kohlenwasserstoffe des Meßprogrammes zusammengestellt, die im Gebiet Neuenkirchen (N) in der nassen Deposition oberhalb der Nachweisgrenze gemessen werden konnten. Es sind vierzehn von insgesamt gemessenen 48 Verbindungen. In der rechten Spalte der Tabelle sind aus Tab. 3-13 Spannweiten der Konzentrationen genannt, die im alten Bundesgebiet gemessen wurden, soweit Daten aus der Literatur vorliegen. Die vom Autor gemessenen Konzentrationen von Trichlormethan (Chloroform) und Tetrachlormethan (Tetrachlorkohlenstoff) liegen im µg-Bereich. Trichlormethan kann durch Decarboxylierung der Trichloressigsäure entstehen. Letztere wird auf der einen Seite direkt als Herbizid eingesetzt, auf der anderen Seite kann sie ein Produkt verschiedener leicht flüchtiger chlorierter Kohlenwasserstoffe sein, welche in der Atmosphäre umgewandelt wurden. *Tetrachlormethan und α-HCH überschreiten den Konzentrationsbereich*, der bislang aus der Literatur bekannt ist. Lindan (γ-HCH) wurde hier zwar nicht im Niederschlag festgestellt. Aber die verschiedenen flächenhaften Messungen in den alten Bundesländern weisen daraufhin, daß dieses Insektizid inzwischen als ubiquitär zu bezeichnen ist. Für das Bundesland Bayern wurde z. B. für das Jahr 1985 ein Eintrag über den Luftpfad von 6800 kg / a geschätzt. Für PCB wurden als luftbürtigen Eintrag auf der Basis von Messungen 1700 kg / a berechnet, BLWF (1986).

Die Tab. 3-13 zeigt, daß die Konzentrationen in den städtischen Gebieten in den meisten Fällen über denen der ländlichen Gebiete liegen, zum Teil in Konzentrationen von 10 µg / l. Die Tabelle zeigt weiter, daß z. B. chlorierte Kohlenwasserstoffe inzwischen weit entfernt von den Emissionszentren, wie Antarktis, Pazifik, gefunden werden. Eine beunruhigende Situation, da weitgehend unbekannt ist, wie diese Substanzen in diesen Ökosystemen wirken.
Die Erfassung der Deposition der flüchtigen chlorierten Verbindungen ist problematisch. Die Meßvorrichtung für die nasse Deposition im Gebiet Neuenkirchen (N) war folgendermaßen gestaltet: Die Auffangfläche war so groß gewählt, daß auch in den niederschlagsarmen Monaten des Jahres noch 5 Liter Probenvolumen gesammelt werden konnte. Die Auffangfläche bestand aus Aluminiumblech. Die Probeflaschen standen abgedunkelt und gekühlt.

Die Jahresfrachten der entsprechenden Parameter sind in Tab. 3-14 der mittleren AOX-Fracht, die für das Bundesgebiet ermittelt wurde, gegenübergestellt. Danach erscheinen die im Gebiet Neuenkirchen (N) deponierten Stoffmengen nicht allzu hoch. Der AOX (adsorbierbare organische Halogenverbindungen) gibt als Summenparameter einen Überblick über den Anteil halogenierter Verbindungen im Niederschlagswasser. Vom Verfasser wurde im Niederschlag kein AOX bestimmt. Bei einer mittleren Jahresfracht von 40 g/ha · a und bei einer Grundwasserneubildungsrate von 250 mm/a würde dies einer Konzentration im Bodensickerwasser von 16 µg/l bzw. bei einer Fracht von 100 g/ha einer Konzentration von 40 µg/l entsprechen. Dies sind Größenordnungen, die im Grundwasser gemessen werden, wie noch zu zeigen sein wird.

Tab. 3-15 zeigt auszugsweise die AOX-Konzentration, die von RENNER et al. (1990) im Freiland und unter Fichtenbeständen ermittelt wurden. Es wird darauf hingewiesen, daß bei den organischen Verbindungen die gleichen Depositionsmechanismen wie bei anorganischen Stoffen wirksam werden, welches in der Tabelle die beiden Parameter AOX und Sulfat anzeigen.

4 Prozesse des Stoffumsatzes und des Stofftransportes im System Vegetation - Boden - Gewässer

4.1 Entwicklung der landwirtschaftlichen Produktion und Folgen für die diffuse Belastung von Ökosystemen

Werden Ergebnisse von Trinkwasseruntersuchungen der gleichen Versorgungsgebiete in Deutschland miteinander verglichen, die von FISCHER (1914) und von AURAND et al. (1980) veröffentlicht wurden, dann ist festzustellen, daß die Nitratkonzentrationen im Trinkwasser dieser Versorgungsgebiete im Mittel um 25 mg/l NO_3 angestiegen sind. Daran ist abzulesen, daß über die vergangenen 80 Jahre eine Eutrophierung der Landschaft und ihrer Wasservorkommen stattgefunden hat. Neben den luftgetragenen Stoffen, die im vorhergehenden Abschnitt behandelt wurden, ist der Nährstoffeinsatz in der landwirtschaftlichen Produktion besonders nach 1945 steil angestiegen. Da sich die nachfolgenden Abschnitte und Kapitel weitgehend mit den Auswirkungen dieser Entwicklungen auseinandersetzen werden, sind aus diesem Grund zu diesem Bereich einleitende Erläuterungen notwendig.

Die Schere zwischen den Stickstoff-Aufwendungen für Futtermittel, Düngung und die Stickstoffabfuhr aus den landwirtschaftlichen Betrieben mit Fleisch, Eier, Marktfrüchten hatte sich in den vergangenen Jahren immer weiter geöffnet. Der Überschuß an Stickstoff beträgt zur Zeit für das Gebiet Deutschlands 104 kg N/ha. Der Überschuß wird an die Umwelt, das heißt an die Gewässer und an die Luft abgegeben. Hierin ist eine Ursache des Nitratproblems zu sehen. Bei Kalium ist die Situation ähnlich wie bei Stickstoff. Dagegen werden wesentliche Anteile der Phosphorüberschüsse im Ackerboden festgelegt und somit auf dem Weg der Erosion an die Gewässer abgegeben, wie noch zu zeigen sein wird. Als Ursachen für vorgenannte Entwicklungen sind zu sehen

- auf der einen Seite der steile Anstieg der Tierproduktion in den zurückliegenden Jahrzehnten, aber auch
- auf der anderen Seite der enorme Zuwachs in der Pflanzenproduktion.

Ein Grund für den starken Anstieg der Tierproduktion in den zurückliegenden Jahrzehnten war auch die Veränderung der Verbrauchergewohnheiten. So war nach FAUSTZAHLEN (1988) in den vergangenen 40 Jahren im Gebiet der alten Bundesrepublik z.B. der Verbrauch pro Kopf in kg bei Getreide um ca. 30 %, bei Kartoffeln um 60 % zurückgegangen, der Konsum von Fleisch dagegen um ca. 148 % über den gleichen Zeitraum gestiegen. Diese starke Zunahme der Tierproduktion ist in vielen Betrieben durch zugekauftes Futtermittel ermöglicht worden, da auf den eigenen Betriebsflächen das notwendige Futter allein nicht mehr produziert werden konnte. Aus diesem Grund haben sich in den vergangenen vierzig Jahren die Nährstoffkreisläufe zwischen der landwirtschaftlichen Nutzfläche und dem Betrieb entflochten. Der Wirkungsgrad bei Stickstoff, also das Verhältnis zwischen dem im Produkt verbleibenden Nährstoff und dem für die Produktion aufgewendeten Nährstoff, beträgt in der Tierproduktion nach Auswertungen von ISERMANN (1990) nur 17 %, in der Pflanzenproduktion dagegen 73 %. Der niedrige Wirkungsgrad bei der Tierproduktion und die entkoppelten Nährstoffkreisläufe spiegeln sich damit auch in der Nährstoffbilanz wider.

Seit Jahren werden wesentliche Teile der Nährstoffüberschüsse aus der Viehhaltung über den aktuellen Pflanzenbedarf hinaus und auch außerhalb der Vegetationsperiode auf Ackerflächen ausgebracht. Im Bereich des Gewerbes würde dies Abfallbeseitigung genannt werden. Häufig korrespondiert die Verteilung der Viehbesatzdichte mit der Höhe der Stickstoffüberschüsse, WALTHER (1991). Stickstoff steht stellvertretend für den Einsatz anderer Nährstoffe wie Kalium und Phosphor. Die Tierproduktion hat sich besonders auf den Norden Deutschlands konzentriert, auf die Bereiche mit ertragsarmen und relativ durchlässigen Standorten, in denen gleichzeitig Betriebe mit relativ wenig Anbauflächen anzutreffen sind. Aber auch in den Regionen, in denen der Marktfruchtbau überwiegt, treten beträchtliche Stickstoffüberschüsse auf, wie in den Landkreisen mit den Bördeböden wie Hildesheim. Ein Programm des Landes Niedersachsen, bei dem im Raster von 11,25 bzw. 12,5 km auf insgesamt 322 Standorten landesweit Untersuchungen zum Gehalt der Böden an mineralisch gebundenem Stickstoff (Nmin) durchgeführt wurde, ergaben neben anderem, daß bei Ackerböden im November 62 % der Standorte mehr als 50 kg N/ha über 90 cm Bodentiefe in Summe aufwiesen. Es ist anzunehmen, daß zumindest bei den Sandböden diese Stickstoffmengen zum Grundwasser hin ausgewaschen werden. Bei einer Grundwasserneubildungsrate von 200 mm/a bedeuten 10 kg N/ha ca. 22 mg/l NO_3 als Aufstockung im Sickerwasser.

Ein anderer Gesichtspunkt ist von Interesse:
Nach ISERMANN (1990) wurden 1986/87 96 g Protein/Einwohner und Tag verbraucht, davon ²/₃ als tierisches Eiweiß, obwohl der Bedarf (WHO-Richtmenge 1985) nur 49 g/Einwohner und Tag beträgt. Würde die Ernährung nur dem Bedarf angepaßt erfolgen, würden 49 % weniger Stickstoff über den Weg des häuslichen Abwassers punktförmig die Umwelt erreichen, sei es direkt über den Kläranlagenablauf und das Fließgewässer oder über den Luftpfad nach der Denitrifikationsstufe in der Kläranlage.

Überschuß = Verluste =

120 kg N/ha · a = (1.445000 to/a)		100 %
davon an die Atmosphäre:		
– NH_3-Emission	37 %	
– Denitrifikation	21 %	
		58 %
an die Hydrosphäre		
– Auswaschung Wurzelraum	34 %	
– Drainage	3 %	
– Erosion und Oberflächenabfluß	4 %	
– Direkteinträge	1 %	
		42 %

nach ISERMANN (1990)

Tab. 4-1: Stickstoff-Überschüsse in der landwirtschaftlichen Produktion, die an die Umwelt abgegeben werden.

	N in %		P in %	
weitgehend punktförmig				
– Kommune	33	43 (43)	49	58 (61)
– Industrie	10		9	
diffus				
– Landwirtschaft	46	57 (57)	38	42 (39)
(davon Erosion)			(28 %)	
– Sonstige / natürlicher Hintergrund, Forstwirtschaft Laubstreu, atmosph. Eintrag	11		4	
	100 ≙ 755.000 t/a (≙ 997.900 t/a)		100 ≙ 80.000 t/a (≙ 90.100 t/a)	

nach AUERSWALD et al. (1991)
nach WERNER et al. (1994)

Tab. 4-2: Kalkulierte N- und P-Einträge über Fließgewässer Deutschlands in die Nord- und Ostsee

Nach Kalkulationen von ISERMANN (1990) gehen in der Landwirtschaft 120 kg N/ ha · a als Überschuß an die Umwelt, die sich, wie in Tab. 4-1 dargestellt, auf die Atmosphäre und Hydrosphäre verteilen. Von Interesse ist, wieviel dieser Überschüsse über den Weg des Bodens in das Grundwasser und dann in das Fließgewässer gelangen. Im Zusammenhang mit Eutrophierungsproblemen der Nord- und Ostsee, besonders der Nordsee, wurden von mehreren Arbeitsgruppen die Stickstoff- und Phosphormengen abgeschätzt, die die küstennahen Meere über die Fließgewässer erreichen. Die von AUERSWALD et al. (1991) für das Gebiet der alten Bundesrepublik ermittelten Daten sind in Tab. 4-2 zusammengestellt. Die in Klammern gesetzten Daten wurden für Gesamtdeutschland von der Arbeitsgruppe WERNER et al. (1994) berechnet. Nach der Tab. 4-2 ist der Stickstoffanteil, der diffus die Fließgewässer erreicht, mit 57 % anzusetzen. Dabei wurden folgende Annahmen getroffen: Zwei Drittel der diffusen Einträge in das Fließgewässer erfolgen über das Grundwasser, wobei unterstellt wird, daß im Mittel 50% der aus dem Wurzelraum ausgewaschenen und in das Grundwasser eingetragenen Stickstoffmenge als Nitrat denitrifiziert und gasförmig in die Atmosphäre entweicht.

Der diffuse Phosphoranteil am Massenfluß im Fließgewässer beträgt ca. 40 %, Tab. 4-2. Davon wurden allein 28 % mit Bodenpartikeln infolge Erosion transportiert. In erster Linie ist dafür nach ISERMANN (1990) eine über den Pflanzenentzug hinausgehende P-Düngung verantwortlich, die im Oberboden festgelegt und dann erodiert wird und weniger die Zunahme des Bodenabtrages durch Veränderung der Landbewirtschaftung.

Wie zu Beginn dieses Kapitels erwähnt, hat die Zunahme des Nährstoffumlaufes in der Gesellschaft insgesamt, besonders aber in der Nahrungsproduktion zur Eutrophierung der Böden und der ober- und unterirdischen Gewässer geführt. Hinzu kommt noch das Problem der Pflanzenschutzmittel, welches eng mit der Entwicklung der Landwirtschaft verbunden ist.

4.2 Stofftransport infolge Erosion und Oberflächenabfluß

4.2.1 Bedeutung der Erosion für die Landwirtschaft und für die Gewässer

Die Wind- und Wassererosion der Erdoberfläche ist im erdgeschichtlichen Rahmen gesehen ein natürlicher Prozeß, der durch Eingriffe des Menschen, zum Beispiel durch Ackerbau, verstärkt wird. Unsere Kulturlandschaft ist durch Erosion mitgeprägt worden. Man denke nur an die Auenlehmböden in den Flußtälern, die zum großen Teil als Folge der Rodungsphasen des Mittelalters entstanden sind. Bis zum Beginn dieses Jahrhunderts versuchte der Landwirt durch entsprechende Maßnahmen, wie kleinteilige Flächenbearbeitung, Pflugrichtung parallel zum Hang etc., die Humus- und Nährstoffverluste durch Erosion so gering wie möglich zu halten, da die Verluste nur schwer ersetzt werden konnten. Seitdem preisgünstige Dünger eingesetzt werden können und seitdem die Landwirtschaft mechanisiert worden ist, ist das Bewußtsein für das Erosionsproblem nahezu verlorengegangen. Vor allem Probleme auf der Seite der Gewässer führten in den letzten Jahren zum Umdenken.

Durch Erosion können grundsätzlich alle Stoffe, die an Bodenteilchen angelagert oder die selbst in Bodenmineralien eingebunden sind, transportiert werden. Bevorzugt transportiert werden, wie später anhand eigener Untersuchungen gezeigt wird:

1.) Humusbestandteile; sie werden zum Teil erfaßt durch die Parameter org. C (DOC, TOC), org. N, biochemischer Sauerstoffbedarf (BSB_5) und chemischer Sauerstoffbedarf (CSB).
2.) Organisch schwer abbaubare Verbindungen wie Pflanzenbehandlungsmittel, chlorierte und polycyclische aromatische Kohlenwasserstoffe. Diese Verbindungen werden summarisch im CSB mit erfaßt.
3.) Ammonium, zum Teil Kalium, vor allem aber Phosphor.

Die Winderosion ist bei Löß- und Sandböden besonders in Norddeutschland ein nicht zu vernachlässigendes Problem. Bei Gewässern, die sonst durch Abwässer unbelastet sind, kann die Wassererosion der Landflächen eine wichtige Stoffquelle darstellen. Besonders Seen, Talsperren und gestaute Fließgewässer reagieren empfindlich auf eine erhöhte Nährstoffzufuhr mit unerwünschtem Algenwachstum und mit Folgen für den Sauerstoffhaushalt infolge des aeroben Abbaus der Biomasse aus Algen. Die Zufuhr von Phosphor kann hier als Initialzündung wirken. Die Phosphorbilanz in Tab. 4-2 machte deutlich, daß im Mittel für Deutschland der Anteil des Phosphors in den Fließgewässern zu 28 % aus der Erosion stammt; der Anteil stieg dazu noch im Zeitraum von zehn Jahren an. Als Ursachen sind vor allem zu sehen:

- die Zunahme der Maisanbauflächen, auch in Mittelgebirgslagen im süddeutschen Raum, die schon immer erosionsgefährdet waren,
- die Schaffung von maschinengerechten Großflächen, Beseitigung von Grünstreifen, von Ackerrainen, von Hecken im Zuge der Flurbereinigungsmaßnahmen und
- die Phosphorüberschüsse, die in den letzten 30 Jahren in den Böden aufgebaut wurden, ohne daß sie von den Pflanzen verwertet werden konnten.

4.2.2 Übersicht über den Stand der Erosionsforschung

Wichtige Einflußgrößen der Erosion sind schon seit langem im Grundzug bekannt. Die Prozesse , die hierbei ablaufen, wurden und werden mit Hilfe von Versuchsanlagen am Hang studiert. Mit entsprechenden Auffangvorrichtungen können dort Abfluß, transportierte Stoffmengen, die in Folge von Niederschlagsereignissen entstehen, ermittelt werden. Ziel dieser Arbeiten war es immer wieder, Ansätze zu entwickeln, die die Abschätzung der Bodenverluste in Abhängigkeit von den Einflußgrößen der Erosion erlauben. Zu nennen sind z.B. aus dem deutschsprachigen Raum die Arbeiten von KURON und JUNG, KURON et al. (1944) oder aus dem amerikanischen die Arbeiten von WISCHMEIER (1956, 1960), WISCHMEIER et al. (1978) und viele andere. Der Stand der Erosionsforschung bis zum Jahre 1965 wurde von RICHTER (1965) in einer sehr umfangreichen Arbeit niedergelegt. Von ihm wurde für das Gebiet der alten Bundesrepublik die Erosionsanfälligkeit der Böden kartiert.

Als vorteilhaft für die Erosionsforschung hat sich die Entwicklung von transportablen Beregnungsanlagen erwiesen, mit denen die Merkmale von Niederschlagsereignissen simuliert werden können, und die so eine Intensivierung der Studien erlaubten. Dieses hat u.a. zur Weiterentwicklung von Modellansätzen geführt, die die Abschätzung von Boden- und Nährstoffverlusten bzw. der Erosionsanfälligkeit von Gebietsabschnitten bzw. Landschaftsteilen oder auch Einzugsgebieten ermöglichen. Zu nennen sind hier wieder die umfangreichen Auswertungen von Untersuchungen an Versuchsflächen, die von WISCHMEIER (1960) und WISCHMEIER et al. (1978) vorgenommen wurden und die letztlich in einer „Allgemeinen Boden-Abtrags-Gleichung“ münden (USLE-Formel = Universal Soil Loss Equation). Sie erlaubt die Abschätzung der Bodenverluste von der Fläche in Abhängigkeit von Niederschlagsmerkmalen und Merkmalen des Geländes sowie der Bodenbewirtschaftung für einzelne Anbauflächen oder auch für Einzugsgebiete. Die Anpassung der Gleichung auf mitteleuropäische Verhältnisse und die Anwendung für verschiedene Regionen in der alten Bundesrepublik wurden von SCHWERTMANN et al. (1987, 1989), AUERSWALD (1984), AUERSWALD et al. (1986) vorgenommen. Die Anwendung der Gleichung für verschiedene Regionen der neuen Bundesländer erfolgte von NOLTE et al. (1991) im Zusammenhang mit der Erstellung der Stickstoff- und Phosphorbilanz für das Elbeeinzugsgebiet.

Transport von Boden und Stoffen erfolgt in und aus einem Einzugsgebiet vereinfacht in 2 Stufen:

(a) auf der Fläche in der Regel als dünner Film im Zuge der Abflußbildung und der Abflußkonzentration (Aufbau der Abflußwelle) und
(b) im Fließgerinne durch das Einzugsgebiet und aus ihm heraus.

Vom Verfasser wurde der Bereich Stofftransport im Fließgewässer in Einzugsgebieten der Lößzone des nördlichen Harzvorlandes bearbeitet. Parallel dazu wurden von SIEGERT (1978), WORRESCHK (1985) mit Hilfe einer großflächigen Beregnungsanlage Untersuchungen und Modellierungen zur Abflußbildung durchgeführt. Interessant ist, daß der Versuchsaufbau der Beregnungsanlagen, die im Bereich der Ingenieurwissenschaften entwickelt und eingesetzt wurden (WORRESCHK 1985), sich gravierend von den Anlagen unterscheiden, die von Forschern aus dem Bereich der Bodenkunde entwickelt wurden (DVWK, 1985a). Bei den Ingenieuranlagen wurden mit den Anlagen in der Regel gleichzeitig wesentlich größere Flächen überregnet.

Für den Teilprozeß im Fließgerinne kann der Stofftransport in Abflußwellen über Regression und über den Unit-Hydrograph mit dem auslösenden Niederschlagsereignis gekoppelt werden. Der Aufwand für die Anpassung solcher Rechenansätze an ein Einzugsgebiet ist aber erheblich, WALTHER (1979). VERWORN (1977) entwickelte für gemischt (besiedelte) genutzte Gebiete im Raum Hannover Stoff-Frachten-Hydrographs.

Die USLE-Formel gibt nur den Abtrag von der Fläche wieder, aber nicht den Transport im Fließgewässer. Erst vor wenigen Jahren wurde der Versuch begonnen, das Erosions- und Transportgeschehen auf der Fläche und im Gerinne in einem größeren Landschaftsausschnitt geschlossen mittels deterministischer Ansätze nachzubilden.

Die Arbeiten über die Gewässerbelastung durch Starkregenereignisse, die Ende der siebziger Jahre international in dichter werdender Folge erschienen, veranlaßten vor wenigen Jahren mehrere nationale als auch internationale Arbeitsgruppen aus dem Bereich Bodenkunde/ Landwirtschaft erneut, intensiv den Erosionsprozeß zu studieren. Ein wichtiges Ziel dieser Untersuchungen ist die Weiterentwicklung von Modellen. Die USLE-Formel, die ursprünglich für amerikanische Verhältnisse entworfen wurde, wird in den achtziger Jahren in verschiedenen Varianten weiter entwickelt. Neue Modellgenerationen entstehen, wie CREAMS – A Field Scale Model for Chemicals, Runoff, and Erosion from Agricultur of Management Systems bis SWAM, welches mit den Komponenten Hydrologie, Wassererosion, Akkumulation, Nährstoffaustrag mit vertikaler und horizontaler Gliederung des Bodens, der räumlichen Differenzierung der Bodenbearbeitung und der Vegetation die Prozeßkomponenten Hydrologie, Wassererosion, Akkumulation und Nährstoffaustrag für Einzugsgebiete nachbilden soll, ALONSO et al. 1985. Ein wesentliches Merkmal der fortschreitenden Modelldifferenzierung ist allerdings auch der steigende Aufwand, der für die Bestimmung der Modellparameter notwendig wird. Eine zusammenfassende Übersicht über die Modelltechnik bis zum Jahr 1985/86 gibt BORK (1987).

4.2.3 Bodenabtragsgleichung und Einflußfaktoren der Wassererosion

Die aktuelle Erosion bzw. deren Einfluß kann wie nachstehend ermittelt werden:

- Flächennivellements zu verschiedenen Zeitpunkten.
- Erosionsmeßstäbe; sie dienen letztlich als Ergänzung zum Flächennivellement.
- Luftbildauswertung; Luftbilder lassen bei stereoskopischer Betrachtung Geländeveränderungen erkennen. Fotogrammetrische vergleichende Auswertungen gestatten auch die Ermittlung der Bodenverluste.
- Berechnung der Abträge von den Flächen eines Einzugsgebietes mit Hilfe entsprechender Modelle.
- Ermittlung der Bodenfracht im Abfluß durch Messungen am Ausgang von Einzugsgebieten. Hierauf wird später noch eingegangen.

Anhand der hier wiedergegebenen Allgemeinen Boden-Abtrags-Gleichung (4-1) (USLE-Modell) lassen sich die wichtigsten Einflußgrößen der Gewässererosion erläutern, stellvertretend für andere „Erosions-Modelle". Die Gleichung wird nahezu weltweit eingesetzt, siehe auch BORK (1987), pp 163.

(4-1) $A = R \cdot K \cdot L \cdot S \cdot C \cdot P$

Das vorstehende Modell besteht aus sechs empirischen Faktoren, die multiplikativ verknüpft den Bodenverlust = A($kg \cdot m^{-2} \cdot s^{-1}$ bzw in 10^6 kg/ha · a) ergeben. Alle Faktoren wirken direkt proportional auf den Bodenabtrag, wie die Gleichung zeigt. Die Ermittlung der Faktoren ist bei WISCHMEIER et al. (1978), SCHWERTMANN (1982) erläutert. Die Faktoren werden meistens über empirische Beziehungen aus weiteren Einflußfaktoren, die tabelliert sind oder aus Nomogrammen abgelesen werden können, bestimmt. Eine zusammenfassende Übersicht ist bei KRETSCHMAR (1990) in Handbuch des Bodenschutzes nachzulesen.

R = Niederschlagsfaktor ($kJm^{-2} \cdot mm \cdot h^{-1}$) berücksichtigt die kinetische Regenenergie und die Regenmenge.

K = Bodenerodierbarkeitsfaktor ($kg \cdot m^{-2} \cdot s^{-1} \cdot m^2 \cdot kJ^{-1} \cdot h \cdot mm^{-1}$); er wird bezogen auf eine standardisierte Fläche (Schwarzbrache, 9 % Hangneigung und 22 m Hanglänge) und berücksichtigt Bodeneigenschaften wie Körnung, Durchlässigkeitsklassen, Aggregatgrößenklassen, Gehalt an organischer Substanz.

L = Hanglängenfaktor (dimensionslos). Er stellt die Hanglänge ins Verhältnis zur Standardhanglänge und berücksichtigt Klassen der Gefälleneigungen.

S = Hangneigungsfaktor (dimensionslos); er erfaßt analog L den Vergleich lokaler Neigungen mit Bedingungen des Standardhanges (9 % Neigung). Auch er wird aus empirischen Gleichungen ermittelt.

C = Bodenbewirtschaftfaktor; er quantifiziert die erosionsdämpfende Wirkung von unterschiedlichen Kulturpflanzen und Anbauverfahren.

P = Erosionsschutzfaktor, der die Wirkung von Erosionsschutzmaßnahmen wie Konturbearbeitung und Terrassierung beschreibt.

Durch die Intensivierung der Erosionsforschung hat die Kenntnis über das aktuelle Ausmaß der Erosion zugenommen. Durch den konsequenten Einsatz der Boden-Abtrags-Gleichung wurden landschaftstypische Bodenabträge ermittelt; für Ackerflächen wurde für das Gebiet der alten Bundesrepublik ein mittlerer Abtrag von 8,7 t/ha · a geschätzt AUERSWALD (1989). Dies würde bei einer Boden-Dichte von 2,5 kg/dm^3 einem Abtrag von 0,3 mm/a entsprechen.

Es ist zusammenzufassen:
Wichtige Einflußgrößen der Erosion und des Stoffabtrages sind, neben den Merkmalen des Niederschlages:

- Bodenart,
- Hangneigung,
- Vegetationsart und ihr aktuelles Wachstumsstadium zum Zeitpunkt des Niederschlagsereignisses,
- Richtung der Bodenbearbeitung und des Fruchtanbaues am Hang.

Die vorgenannten Einflußgrößen wirken wie folgt:

1.) Der Abfluß und der Bodenabtrag ist größer beim Fruchtanbau in Fallrichtung als bei Anbau parallel zu den Höhenlinien.

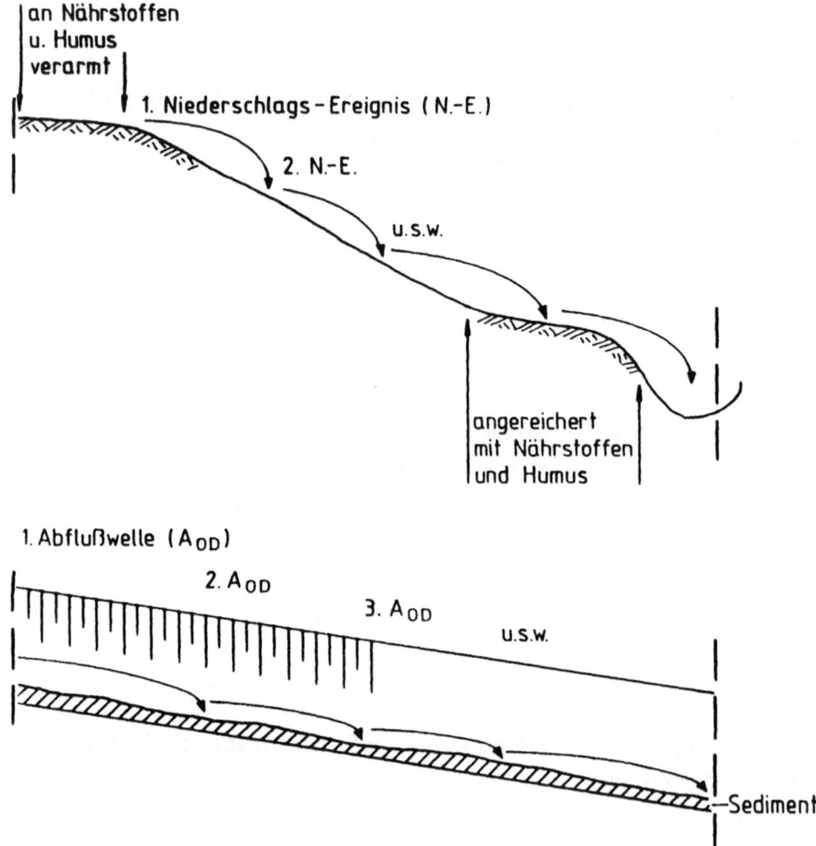

Abb. 4-1: Sukzessiver Transport von Bodenteilchen und Nährstoffen auf Hangflächen und im Fließgewässer

2.) Beim Fruchtanbau parallel zur Höhenlinie steigen der Abfluß und der Bodenabtrag in Abhängigkeit von der Fruchtart in der Folge Luzerne < Getreide < Mais < Brache:
- Mais bietet, vor allem in der Zeit mit häufigen Starkregen, vom Frühjahr bis Spätsommer, keine ausreichende Blattüberdeckung.
- Flächen mit Rüben bebaut bringen erst ab Mitte Juli, dann sind ca. 65 % der Flächen mit Blattwerk überdeckt, und
- Getreide nur von Mitte Juni bis Juli, in der Bestockungs- bis Reifephase, eine ausreichende Blattüberdeckung gegen die Prall- und Erosionswirkung der Niederschläge.

3.) Bei gleicher Abflußmenge steigt die Fließgeschwindigkeit und damit die erosive Wirkung auf der Fläche mit der Geländeneigung und in der Reihenfolge abnehmender Gerinnerauhigkeit von Sand zu Lehm zu Ton.

Eine ausführliche Beschreibung des Einflusses vorgenannter Einflußgrößen auf den Bodenabtrag erfolgte durch AUERSWALD im Rahmen einer Studie über diffuse Quellen der Gewässerbelastung in Westdeutschland, WERNER et al. (1994). Die Faktoren besitzen ein unterschiedliches Gewicht in bezug auf die Abtragsmenge, Tab. 4-3.

Variable	Felder	min		max
– Hangneigung	S	1	:	1000
– Flächennutzung	C	1	:	150
– Bodenerodierbarkeit	K	1	:	6
– Hanglänge	L	1	:	3
– Regenerosivität	R	1	:	3
– Bearbeitungsrichtung	P	1	:	2

Tab. 4-3: Relative Spannweite der Erosionswirksamkeit verschiedener erosionsbeeinflussender Variablen

Die Werte in der Tabelle zeigen die maximale und mögliche Spannweite jedes Faktors. Danach besitzt die Hangneigung (S) den größten Einfluß auf den Bodenabtrag, gefolgt von der Flächennutzung (C) und der Bodenerodierbarkeit (K).

Die Hangneigung und die Regenerosivität können nicht von Menschen beeinflußt werden, weshalb die Bodenerosion auch als "quasinatürlicher Prozeß" beschrieben wird. Durch die Art der Flächennutzung, die Gestaltung der Schlaggrößen sowie die Wahl der Bearbeitungsrichtung nimmt der Mensch bedeutenden Einfluß auf die Höhe des Bodenabtrages, NOLTE et al. (1991). Die Faktoren in den Gleichungen (4-1) wurden für verschiedene Regionen Deutschlands durch Feldversuche ermittelt und durch empirische Gleichungen, z.B. lineare Regression, in Beziehung zu Naturgrößen der untersuchten Gebiete gesetzt; so ermittelte z.B. SAUPE (1985) erwähnt in NOLTE et al. (1991) und WERNER et al. (1994) für den südlichen Teil der neuen Bundesländer eine Regressionsgleichung zwischen dem R-Faktor und dem langjährigen mittleren Sommerniederschlag Ns:

(4-2) $R = -28.4 + 0.188\ Ns$:

Weitere Gleichungen für die in Gleichung (4-1) genannten verschiedenen Faktoren und die Faktoren selbst können in der entsprechenden Literatur zur Erosionsforschung nachgelesen werden, wie z.B. in NOLTE et al. (1991), WERNER et al. (1994). Dort werden auch Bodenabtragswerte (A) infolge Wassererosion für verschiedene Regionen Deutschlands genannt und kartiert.

Mit Hilfe der Bodenabtragswerte (A) wird dann auf den Eintrag von partikulär gebundenem Stickstoff und Phosphor in die Fließgewässer mit Hilfe von Faktoren der Nährstoff-Anreicherung (ER) geschlossen.

So ermittelt AUERSWALD, erwähnt in WERNER et al. (1994), für das Elbeeinzugsgebiet folgende Beziehung zwischen Nährstoff-Anreicherung im Bodenabtrag und dem Bodenabtrag selbst.

(4-3) $ER = 2.53 \cdot A^{-0,21}$
A = mittlerer Bodenabtrag in t/ha
ER = Nährstoffanreicherungsfaktor (Enrichment ratio)

Für das Elbegebiet schwankt ER zwischen 2.35 und 3.14. Um den Gebietsrückhalt an Sedimenten zu berücksichtigen, wurden die für die tatsächlich im Gewässer transportierte Sedimentmenge SED von AUERSBACH angegebene Gleichung

(4-4) $SED\ [t] = 700 + 8.5 \cdot A_{Eo} \cdot \sqrt{A}$

ermittelt
A_{Eo}: Oberirdisches Einzugsgebiet des Gewässers [km^2]
A: Mittlerer Bodenabtrag einer Wirtschaftsfläche nach Gleichung (4-1) in t/ha

Ausgehend vom bekannten Gehalt an Stickstoff oder Phosphor des Ausgangsbodens in mg/100g Boden kann dann der Nährstoffeintrag infolge Erosion über nachstehende Gleichung abgeschätzt werden.

(4-5) Nährstoffeintrag = SED/km² Ackerland [km²] · ER · Nährstoffgehalt des Ausgangsbodens

Für das Elbeeinzugsgebiet wurden z.B. mit Hilfe von Gleichung (4-5) im Mittel 0.7 kg P/ha und 1.3 kg N/ha als partikulärer Eintrag in die Gewässer geschätzt. Von solchen Eintragswerten kann dann bei Betrachtung des gesamten Gewässer-Einzugsgebietes auf den Gesamteintrag an Stickstoff- und Phosphor geschlossen werden, WERNER et al. (1994). Die zuvor geschilderten Gleichungen und Kalkulationswege waren eine der Grundlagen, die zu den Bilanzen führten, die unter Kap. 4.1 erläutert wurden.

Nach Beobachtungen des Verfassers treten nur selten Niederschlags-Ereignisse auf, die zum Abfluß über den gesamten Hang eines Einzugsgebietes führen. Auch Niederschläge von geringer Dauer und Höhe führen lokal zur Bodenverschlämmung, zur Abflußbildung und zur Verlagerung von Boden und angelagerten Nährstoffen über kurze Wegstrecken, die damit langsam talwärts wandern, wie dies im oberen Teil der Abb. 4-1 angedeutet ist. So ist festzustellen, daß Hangkuppen häufig an Humus und Nährstoffen verarmt sind und der Talboden mit feinkörnigem Bodenmaterial, Humus und Nährstoffen angereichert ist. Für die Stoffabgabe von Einzugsgebieten infolge Erosion liegt die Bedeutung von Niederschlägen mit höherer Intensität besonders darin, daß sie Oberflächenabflüsse erzeugen, die die am Talboden abgelagerten Stoffe und Bodenfeinteile aufnehmen und über den Hangfuß in das Fließgewässer spülen. Von dort werden Fest- und Nährstoffe zum Teil direkt mit der Abflußwelle, zum Teil sukzessiv mit den Abflußwellen der nächstfolgenden Niederschlagsereignisse und zum Teil zusätzlich kontinuierlich mit dem Abfluß in niederschlagsfreien Perioden (Trockenwetterabfluß) aus dem Einzugsgebiet abgegeben, WALTHER (1979). Von gleicher Bedeutung für die Erosion ist die abtragende Wirkung der Schneeschmelze, die sich vor allem dann auswirkt, wenn der Boden gefroren ist und das Abtauen schnell erfolgt.

4.2.4 Indirekte Erfassung der Erosion am Ausgang von Einzugsgebieten sowie der Austrag von gelösten und gebundenen organischen und anorganischen Stoffen bei Regenereignissen

Der oberirdische Abfluß setzt sich nach Abb. 2-3 aus den Komponenten Oberflächenabfluß A_{00}, oberflächennaher Abfluß A_{b1} und Basisabfluß A_{b2} zusammen. Der Abfluß zwischen zwei Niederschlags-Ereignissen (= Trockenwetterabfluß), der am Ausgang eines Einzugsgebietes während des Jahres zu messen ist, kann praktisch als Auslauflinie eines vorhergehenden Regenereignisses gesehen werden (A_{b2}), dem bei Niederschlag eine Abflußwelle erneut überlagert wird. Mit jeder Art der Abflußkomponenten ist Stofftransport verbunden. So wird in niederschlagsfreien Perioden kontinuierlich eine Bodensuspension mit angelagerten Stoffen transportiert, die das Ergebnis der ständigen ablaufenden Gerinnerosion darstellt. Der Einfluß der Gerinnerosion auf transportierte Nährstoffe und Korngrößenfraktionen ist bei WALTHER (1979) beschrieben. Weitergehende hydromechanische Grundlagen zwischen Geschiebebewegung und Strömung wird im Bereich der Spezialliteratur behandelt z.B. PRESS et al. (1966), PREIßLER et al. (1980).

Für Gewässer ist grundsätzlich die gesamte über ein Jahr transportierte Stoffmasse von Interesse. Hierzu werden später noch Zahlen genannt. Darüber hinaus ist von Bedeutung, welche Stoffmasse kurzfristig bei Niederschlag-Abflußereignissen transportiert wird bzw. welche Stoffmasse infolge Erosion aus einem Einzugsgebiet gelangt. Nach allen Erfahrungen fallen die Zeiten mit häufigen Starkregen-Ereignissen mit der hochproduktiven Phase von Seen vom Mai bis etwa August zusammen. Diese Abfluß- und Transport-Prozesse und die Stoff-Flüsse lassen sich mit Abfluß-Meßvorrichtungen und Probenehmern, die am Ausgang des Einzugsgebietes installiert werden, erfassen. Vom Verfasser wurden mit solchen Vorrichtungen in der unbesiedelten Landschaft des nördlichen Vorharzes vorgenannte Transportprozesse untersucht.

Ergebnisse von Untersuchungen dieser kurzzeitigen Prozesse sind z.B. in SÜßMANN (1980) und in GÖTTLICHER-GÖBEL (1987) niedergelegt. Das gleiche Meßprinzip wurde im Bereich der Wahntalsperre eingesetzt, SCHULTE-WÜLWER-LEIDIG (1985), PETER (1988), und im Bereich des Lecheinzugsgebietes, HIRMER (1984). Von der TU Karlsruhe wurde ein Forschungsschwerpunkt durchgeführt, welcher ähnliche Ergebnisse brachte.

Es gibt zwei Typen von Niederschlagsereignissen, die spezifische Konzentrationsganglinien erzeugen.

(a) Abflüsse und Stoffwellen bei Dauerregen und

(b) Abflüsse und Stoffwellen bei Starkregen

Die Untersuchungen von GÖTTLICHER - GÖBEL (1987) im Einzugsgebiet des Edersees ergab noch als Erweiterung des Ereignisses „Dauerregen" den Typ

(c) Schneeschmelze

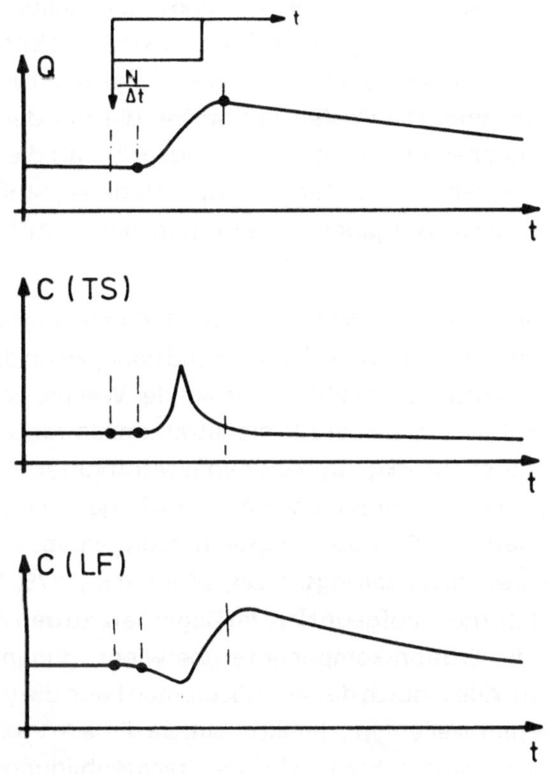

aus WALTHER (1979)

N = Niederschlag (l/m²)

Q = Abfluß (l/s)

TS = Trockensubstanz der Feststoffe in mg/l

LF = Elektrische Leitfähigkeit in µS/cm

Abb. 4-2: Abfluß- und Stoffwellen bei Dauerregen

Zu (a), Abflüsse und Stoffwellen bei Dauerregen:
Sie werden hauptsächlich vom Überschuß der klimatischen Wasserbilanz – Niederschlag minus potentieller Evapotranspiration – geformt, der über den Bodenkörper und schließlich über seitliche Sickerwege und Dräns den Gräben zufließt. Dadurch entstehen meistens langgezogene Wellen mit großer Abflußdauer, oft über mehrere Tage. Bei diesen Abflüssen überwiegt die Abflußkomponente Basisabfluß A_{b2}. Solche Abflüsse konnten hauptsächlich in den Wintermonaten gemessen werden. Den typischen Verlauf der Stoffkonzentrationen zeigt Abb. 4-2.

Feststoffe (TS) mit gebundenen Nährstoffen wie Phosphor, Kalium, organische Stoffe werden wellenähnlich im Anstieg des Abflusses aus den Gräben gespült. Die Konzentrationsamplituden können dabei ohne weiteres Werte erreichen, wie sie bei Starkregen zu messen sind. Die Wellen der Stoffe, die mit den Feststoffen transportiert werden, sind aber weniger deutlich ausgeprägt als die Gütewellen, die infolge Starkregen entstehen. Die Konzentrationen dieser Stoffe erreichen schnell wieder die ursprüngliche Ausgangskonzentration, die vor Abflußbeginn zu messen war, Abb. 4-2.

Die Lösung (LF) im Grabenabfluß wird mit Beginn des Niederschlages verdünnt; sie steigt aber schon in der anlaufenden Welle, anscheinend dann, wenn der Zufluß der verdrängten Bodenlösung einsetzt. Der abfallende Ast der Wellen, untere Figur in Abb. 4-2, ist langgezogen. Die Zeit, mit der z.B. die Nitratkonzentration nach einem Niederschlagsereignis wieder zurückgeht, hängt vom Nitratvorrat im Boden, von der Höhe der Sickerwasserraten während und nach dem Regenereignis sowie von der Ausrüstung der Gebiete mit Entwässerungseinrichtungen ab, wie Anteil gedränter Flächen, Dichte des Entwässerungsnetzes, WALTHER (1979, 1980). Dieses Thema wird unter Kap. 4.3 erneut aufgegriffen. Im Gegensatz zu den Abflüssen bei Starkregen, bei denen die Erosionskomponente überwiegt, dominiert hier die Auswaschung von Stoffen. Allein durch das Abflußvolumen kann die transportierte Masse aller Stoffe bei diesem Wellentyp erheblich sein. Da diese Art von Abflußwellen nicht scharf abzugrenzen sind, sollten sie bei der Frachtenbildung nicht gesondert, sondern bei der Bildung von Frachten über Monatszeiträume berücksichtigt werden. Solche Wellen werden besonders in den Monaten November bis März aufgezeichnet. Die Ergebnisse des Verfassers werden durch die Messungen von SCHULTE-WÜLWER-LEIDIG (1985) und von GÖTTLICHER-GÖBEL (1987) bestätigt.

Zu (c) Abflußwellen infolge Schneeschmelze:
Dieser Wellentyp ist dem bei Dauerregen ähnlich, Abb. 4-3.

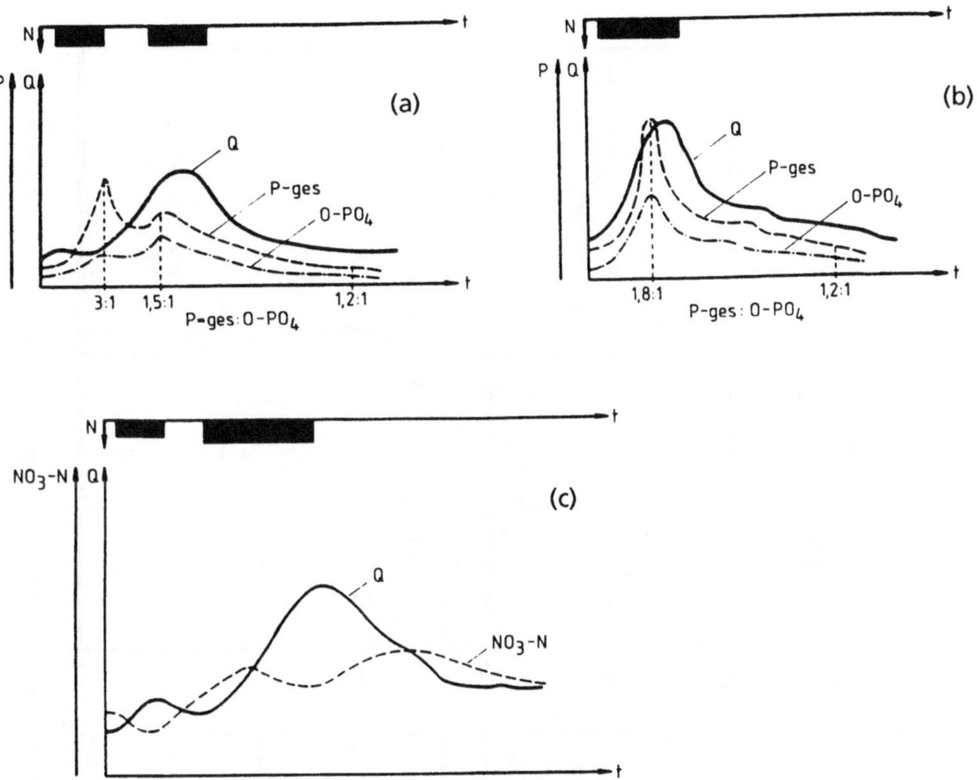

Abb. 4-3: Abfluß- und Stoffwellen bei Schneeschmelze

Fließen Schmelzwässer bei gefrorenem Boden ab, entsteht ein Konzentrationsverlauf der Feststoffe und des Phosphats, wie er in Abb. 4-3 unter (a) dargestellt ist. Bei bereits aufgetautem Boden verläuft die Konzentration, wie sie in (b) dargestellt ist.

Den Verlauf der Nitratkonzentration bei Schneeschmelze zeigt das untere Bild (c). Hier führt jeder Anstieg des Abflusses erst einmal zur Verdünnung der Lösung. Ist der Boden aufgetaut, verhält sich dann die Nitratkonzentration im absteigenden Ast wie bei Dauerregen, indem die Konzentration durch nachfließende Bodenlösung stark ansteigt und dann erst langsam mit der Zeit zurückgeht.

Zu (b), Abflüsse und Stoffwellen bei Starkregen:
Die Abflüsse laufen zumeist in kurzer Zeit bis zum Scheitelabfluß steil an und fallen über mehrere Stunden auf einen langsam auslaufenden Basisabfluß zurück. Hier

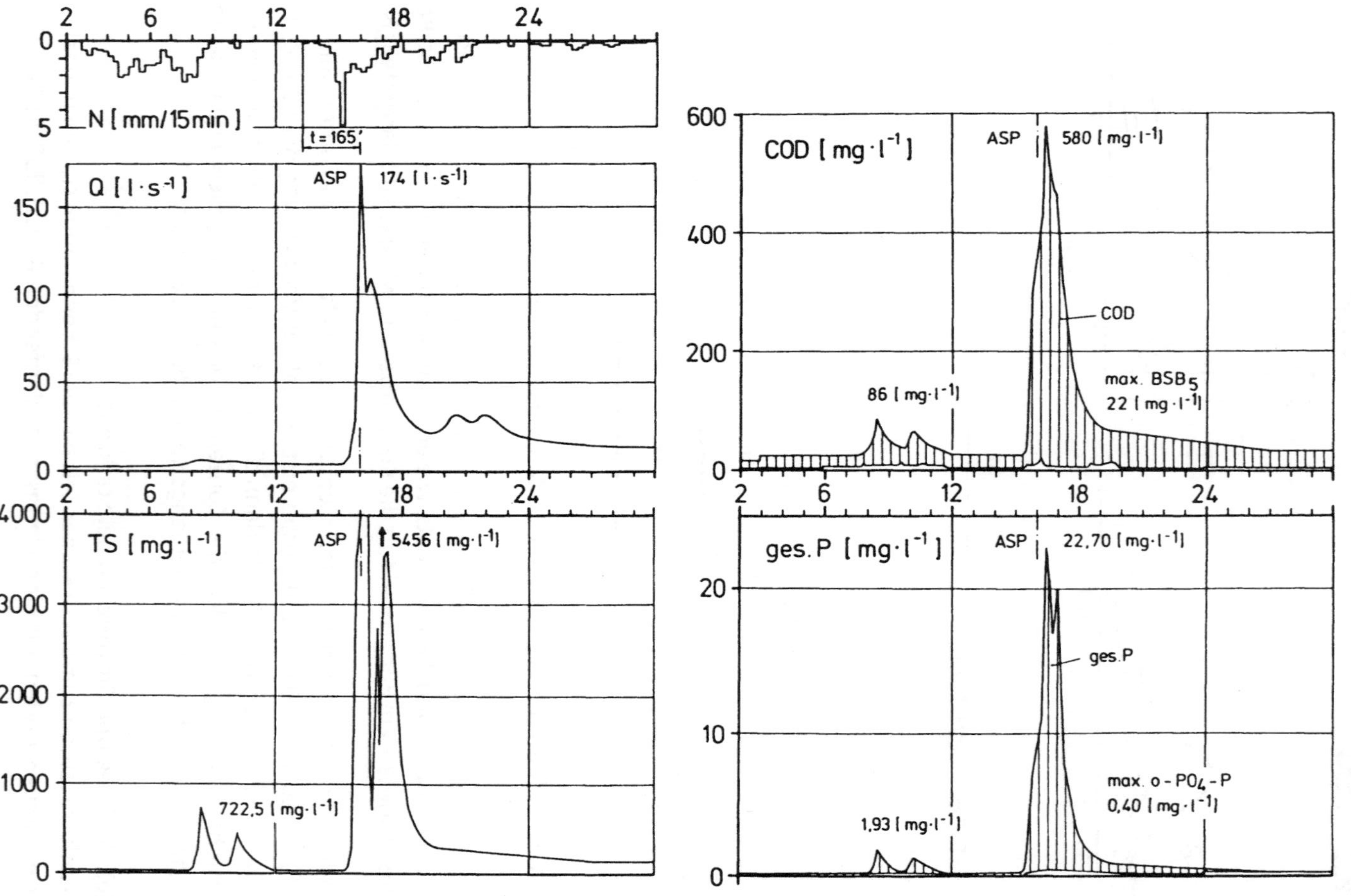

Abb. 4-4: Starkregen, Gebiet (N), Wellen der Feststoffe und der darin gebundenen Nährstoffe

überwiegt die Abflußkomponente Oberflächenabfluß A_{00} und oberflächennaher Abfluß A_{ob1}, Abb. 4-4. Solche Wellentypen werden vorwiegend vom April bis zum September aufgezeichnet. Bei den Wellen infolge Dauerregen beschränkte sich der Stoffabtrag hauptsächlich auf den Nahbereich der Gräben und auf die Stoffaufnahme im Graben. Bei Starkregen kommt der Feststoff- und Nährstoff-Transport von der Fläche noch hinzu. Abb. 4-4 zeigt, daß die Konzentration der Feststoffe und der Stoffe, die an Feststoffen gebunden transportiert werden, wie Phosphor, Metalle, organische Stoffe (umschrieben durch AOX, CSB, DOC), mit dem Abfluß im anlaufenden Teil der Abflußwelle steil ansteigt. Dies trifft teilweise auch für Kalium zu, wenn auch nicht so deutlich ausgeprägt wie bei Phosphor. Die höchste Konzentration tritt meistens im ansteigenden Ast der Abflußwelle auf. Dadurch entstehen meistens schleifenartige Konzentrations-Abfluß-Beziehungen, wie in Abb. 4-6 dargestellt. Die Konzentration steigt mit Regenbeginn vor Einsetzen der eigentlichen Abflußwelle leicht an. Im ablaufenden Teil der Welle bleibt die Konzentration nach dem Abflußende noch über dem Wert, der vor Abflußbeginn zu messen war, und geht erst langsam auf das Ausgangsniveau zurück. Die detaillierte Analyse des Zeit-Weg-Verhaltens von Stoffen bei solch kurzfristigen Prozessen und die Typisierung solcher Prozesse ist bei WALTHER (1979) zu finden.

In Abb. 4-7 sind stellvertretend für alle mit Feststoffen transportierte Stoffe die Spitzen-Konzentrationen der Phosphor- und Feststoffwellen gegen die zugehörigen Scheitelabflüsse der Starkregen-Ereignisse aufgetragen. Danach wurden in den vom Verfasser untersuchten Lößgebieten des Vorharzes extreme Konzentrationen bis über 20 mg/l P und 8000 mg/l TS (Feststoffe) gemessen.

Wie unter Kap. 3.5 schon erwähnt wurde, sind in einem Meßgebiet auch der Transport und der Verbleib anorganischer Spurenstoffe sowie leicht und schwer flüchtiger chlorierter Kohlenwasserstoffe untersucht worden, einmal in niederschlagsfreien Perioden und bei Regenereignissen mit Hilfe von Probenehmern, die speziell für die Eigenschaften der Stoffgruppen hergerichtet worden waren. So wurden z.B. in den Probenehmern für anorganische Spuren nur PE-Material verwendet, für organische Spuren nur Metall- und Glasmaterialien.

Die Korrelationskoeffizienten in Tab. 4-4 zwischen den Feststoffen (TS) und den anorganischen Spurenstoffen belegen, daß auch die Metalle bevorzugt in Abflußwellen transportiert werden. In Tab. 4-4 sind Korrelations-Koeffizienten dargestellt, die einmal alle Abflußprozesse bei Trockenwetter und Wellen umfassen, Symbol (G1), und die nur die Wellen, Symbol (P1) in der Tabelle, berücksichtigen. In Wellen erreicht der Koeffizient r Werte nahe 1.0. Auf Grund dieser hohen Korrelation lassen sich Konzentrationen anorganischer Spurenstoffe aus der Konzentration der Trockensubstanz mit Hilfe von Ausgleichsrechnungen abschätzen. Die Gleichung lautet allgemein:

$$(4\text{-}2) \qquad c_{Metall} \left[\frac{mg}{l}\right] = bo \left[\frac{mg}{l}\right] + b1 \cdot \left[\frac{mg}{kg\,TS}\right] \cdot TS \left[\frac{mg}{l}\right] \cdot \frac{1}{10^6}$$

Die Regressionskoeffizienten b1 in Tab. 4-4 entsprechen näherungsweise der Metallkonzentration im Sediment. Über Stoffgehalte im Sediment und dem Sedimenttransport (TS) läßt sich dann die Jahresfracht abschätzen.

Am Gebiet (N) konnten keine Einzelverbindungen organischer Stoffe in Wellen aufgezeichnet werden. Für das Verhalten organischer Verbindungen in Abflußwellen kann aber der zeitliche Verlauf des CSB in Abb. 4-4 gesehen werden. Die Tab. 6-19, 6-21, 6-22 unter Kap. 6 enthalten Konzentrationen chlorierter und polycyclischer aromatischer Kohlenwasserstoffe im Sediment in µg/kg TS. Auch diese Daten deuten daraufhin, daß die meisten organischen Stoffe mit dem Sediment vor allem in Wellen, aber auch in der Suspension der regenfreien Periode transportiert werden, zumal im Sediment noch eine Anreicherung erfolgt. Über den Sedimenttransport können dann, wie bei den anorganischen Stoffen, ohne daß große Fehler entstehen, die Jahresfrachten abgeschätzt werden.

Die Konzentrationen der gelösten Stoffe, dargestellt sind in Abb. 4-5 die Werte der elektrischen Leitfähigkeit und Nitrat, gehen mit steigendem Abfluß infolge Verdünnung zurück. Dann, wenn die Abflußkomponenten A_{ob1} und A_{ob2} wirksam werden, steigen mit der aus dem Boden verdrängten Lösung die Konzentrationen der gelösten Stoffe im Fließwasser. Die Extrem-Konzentration bei Nitrat wird bei Gebieten im Harzvorland 17 bis 26 Stunden nach Abflußbeginn gemessen. Die Extrem-Konzentration kann dann die Konzentration, die vor Abflußbeginn zu messen war, bis zu 15 mg/l NO_3- N überschreiten. Auch diese Ergebnisse werden durch die nachfolgenden Untersuchungen von SCHULTE-WÜLWER-LEIDIG (1985) und GÖTTLICHER-GÖBEL (1987) bestätigt.

Welche Bedeutung haben Stoffwellen für die Entstehung von Jahresfrachten von Einzugsgebieten? Die Tabelle 4-6 zeigt für 2 Meßjahre für die beiden Gebiete (A) und (N) in der ersten Zeile die Niederschlagshöhen der beiden Jahre und in der

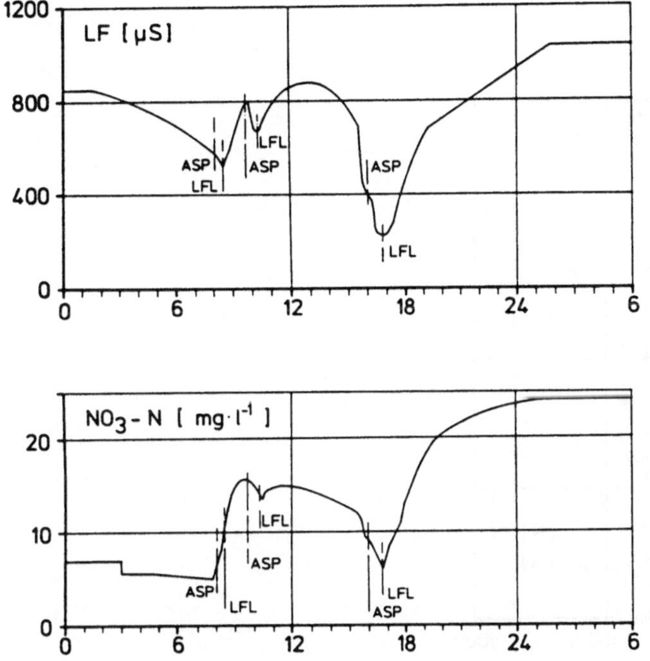

Abb. 4-5: Starkregen, Gebiet (N), Leitfähigkeit und Nitrat

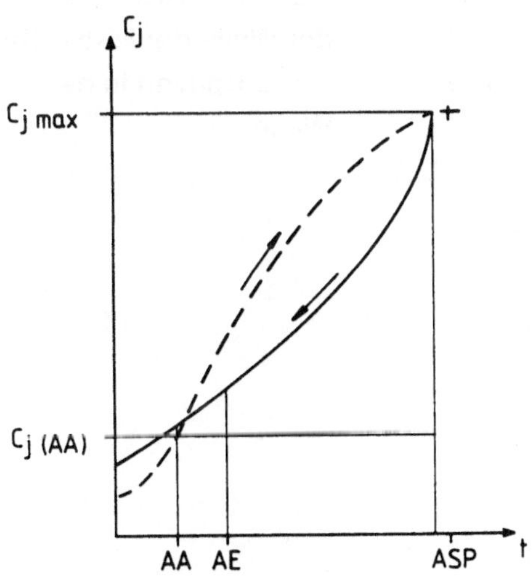

AA: Beginn der Abflußwelle
AE: Ende der Abflußwelle
ASP: Abflußspitze (Scheitelabfluß)

Abb. 4-6: Verlauf der Konzentration gebundener Stoffe bei Starkregen

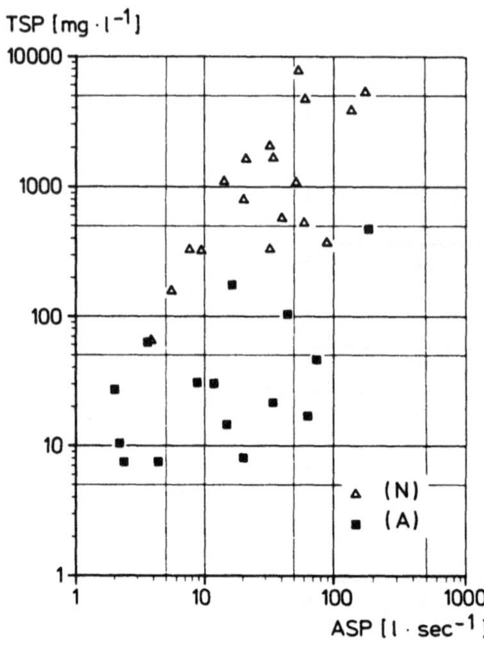

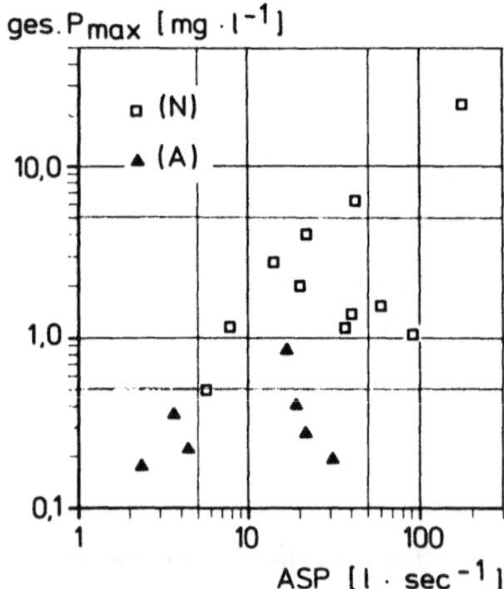

ges. Pmax: Maximal-Konzentration in der Phosphorwelle

TSP: Maximal-Konzentration der Welle der Feststoffe

ASP: Abflußspitzen in der Welle

Abb. 4-7: Beziehung der Maximalkonzentrationen der Feststoffe und Phosphor (ges P) zum Scheitelabfluß bei Starkregen, Gebiete (A) und (N)

	r (an G 1)	r (an P 1)		r (an G 1)	r (an P 1)
Al	–	–	Fe	0,76	0,99
B	- 0,00474	–	Hg	–	–
Cd	0,82	0,99	Mn	0,69	0,99
Co	–	0,99	Ni	–	0,98
Cr	0,78	0,99	Pb	0,76	0,98
Cu	0,73	0,99	Zn	0,47	0,99

G 1: Probenahme in regenfreien Perioden und bei Niederschlags-Ereignissen
P 1: Probenahme in Abflußwellen (Probennehmer)
jeweils am Ausgang des Einzugsgebietes

Tab. 4-4: Korrelation r zwischen Feststoffen (TS) und anorganischen Spurenstoffen

	Sediment, S1 mg/kg TS	b_0 mg/l	b_1 mg/kg TS	r	$s_{Me, TS} \cdot 10^x$	x	n
	1	2	3	4	5	6	7
Al	48700	–	–	–	–	–	–
B	55,3	–	–	–	–	–	–
Cd	0,626	0,00094	0,485	0,992	1,08	0	12
Co	7,53	0,0115	35,3	0,995	1,12	1	8
Cr	16,2	0,0267	16,0	0,992	3,04	1	12
Cu	0,096	0,0202	12,1	0,988	2,86	1	12
Fe	14800	25,4	16400	0,990	3,24	4	12
Hg	–	–	–	–	–	–	–
Mn	695	–	576	0,991	1,13	3	12
Ni	6,33	0,950	7,5	0,984	2,96	1	12
Pb	60,7	0,0179	63,5	0,983	1,69	2	12
Zn	127,4	0,145	283	0,989	1,99	2	12

s = Standardabweichung der Schätzung
x = Exponent zur Basis 10 in Spalte 5
n = Anzahl der Meßwerte
S1 = Probenahme am Ausgang des Einzugsgebietes

Tab. 4-5: Konzentration r anorganischer Spurenstoffe in Abflußwellen als Funktion der Konzentration im Sediment und des Feststoff-Transportes

		1. Jahr Anteil an Jahressumme	1. Jahr Jahressumme	2. Jahr Anteil an Jahressumme	2. Jahr Jahressumme
Niederschlag	(A)	7,2 %	397 mm	38,0 %	634 mm
	(N)	3,0 %	419 mm	37,0 %	719 mm
A_o	(A)	2,3 %	23,9 mm	13,5 %	25,2 mm
	(N)	0,1 %	73,2 mm	3,7 %	91,7 mm
Anz. d.	(A)		1		13
Wellen	(N)		1		16
TS	(A)	7,2 %	0,4 kg/ha	38,0 %	2,3 kg/ha
	(N)	2,3 %	29,6 kg/ha	67,0 %	139,3 kg/ha
	(A)	13,5 %	20,0 g/ha	29,0 %	29,0 g/ha
ges. P	(N)	2,0 %	83,1 g/ha	49,0 %	427,0 g/ha
K	(A)	0,7 %	0,4 ka/ha	24,0 %	0,8 kg/ha
	(N)	0,8 %	1,1 kg/ha	23,8 %	4,2 kg/ha
CSB	(A)	6,2 %	2,0 kg/ha	19,3 %	5,7 kg/ha
	(N)	0,9 %	11,1 kg/ha	34,0 %	35,3 kg/ha
BSB_5	(A)	7,6 %	0,4 kg/ha	11,0 %	0,9 kg/ha
	(N)	0,6 %	2,0 kg/ha	30,0 %	5,7 kg/ha
NO_3-N	(A)	8,9 %	1,9 kg/ha	32,0 %	2,3 kg/ha
	(N)	0,3 %	6,1 kg/ha	11,5 %	7,6 kg/ha
mittleres	(A)		1,1 %		
Gefälle	(N)		2,0 %		

(A), (N): Bezeichnung für die untersuchten Einzugsgebiete

Tab. 4-6: Relativer Anteil von Stoff-Frachten, die im Jahr mit Abflußwellen transportiert wurden, an der Entstehung von Frachtensummen verschiedener Jahre

zweiten Zeile den oberirdischen Abfluß A_O. Das erste Jahr war extrem trocken; es wurde in jedem Gebiet nur eine Abflußwelle aufgezeichnet, dritte Zeile. Das zweite Jahr entspricht mit seiner Jahressumme des Niederschlages dem langjährigen Mittel der Region. Entsprechend häufig treten Wellen auf. Jeweils die rechte Datenspalte unter jedem Jahr gibt die Summe der Stofffracht „FA_O" des Jahres wieder, die linke Spalte mit „% FA_O" den Anteil, der mit der einen Welle im ersten Jahr bzw. mit 13 oder 16 Wellen im zweiten Jahr in Summe ausgetragen wurde. Die mittlere Geländeneigung in Richtung des Hauptentwässerungszuges im Gebiet (A) beträgt 1,1 %, im Gebiet (N) 2 %.

Es ist zur Tabelle folgendes festzustellen:
Im steileren Gebiet (N) ist die Jahressumme der Feststofffracht FAo-TS höher (und damit auch die Frachten von P, K, CSB, $BSB_{5)}$ als im flacheren Gebiet (A). In Jahren mit häufigen Niederschlags-Abfluß-Ereignissen kann ein wesentlicher Teil der Jahresfracht der gebundenen Stoffe über relativ wenige Stunden des Jahres durch den direkten Abfluß entstehen, z.B. zwei Drittel der Feststoffe, die Hälfte an Phosphor, ein Drittel des chemischen Sauerstoffbedarfs im Gebiet (N). Der übrige Teil der Jahresfracht entsteht durch die transportierende Wirkung des Basisabflusses A_{ob2} in den niederschlagsfreien Perioden. Beim Austrag von Kalium hat die Erosion nicht das gleiche Gewicht wie bei Phosphor. Bei Kalium ist die Auswaschung über den Bodenkörper von größerer Bedeutung.

Niederschlags-Ereignisse mit hoher Intensität treten, wie zuvor schon erwähnt, im Vorharzgebiet von April bis September auf. In dieser Zeit entstehen auch wesentliche Anteile der Phosphorfrachten. Dies ist aber auch bei Seen und Talsperren aufgrund der günstigen Temperatur- und Beleuchtungsverhältnisse die Zeit der hohen Produktivität der Biomasse im Gewässer.

Es ist zusammenzufassen:
Im Vergleich zur Stoffabgabe von Abwässern über die Abläufe biologisch-mechanisch arbeitender Kläranlagen, hier Phosphor und organische Substanz, ist die Stoffabgabe der nur ackerbaulich genutzten Einzugsgebiete niedrig, Tab. 4-7. In diesem Beispiel beträgt die Phosphorfracht der Ackerbaugebiete weniger als 0,5 % der des Kläranlagenablaufes. In Einzugsgebieten von stehenden Gewässern können aber, wenn Abwasser als Phosphorquelle entfällt, landwirtschaftlich genutzte Böden infolge Erosion mit ihrer Phosphorabgabe allein zur Eutrophierung, zur Steigerung der Produktivität der Biomasse beitragen, wenn nicht durch Erosionsschutzmaßnahmen gegengesteuert wird.

Parameter		Fracht im Kläranlagenablauf	Fracht am Ausgang von drei reinen Ackerbaugebieten
A	(m^3/ha · a)	11000	330 - 1160
TS	(kg/ha · a)	220	4 - 133
ges. P	(kg/ha · a)	70	0,02 - 0,3
CSB	(kg/ha · a)	660	5 - 24
BSB_5	(kg/ha · a)	270	3 - 9
A	(%)	100	3 - 11
TS	(%)	100	2 - 60
ges. P	(%)	100	0,03 - 0,4
CSB	(%)	100	0,8 - 4
BSB_5	(%)	100	1 - 3

Grundlagen für die Ermittlung der Frachten am Kläranlagenablauf:
- Konzentrationen im KA-Ablauf
  20 mg/l TS, 6 mg/l ges. P, 60 mg/l CSB, 25 mg/l BSB_5,
- Einwohnerdichte 150 E/ha,
- spez. Abwasseranfall 150 l/E d.

Tab. 4-7: Vergleich von Frachten im Kläranlagenablauf mit denen am Ausgang von Ackerbaugebieten

Es ist festzustellen, daß Stoffquellen, die infolge von Niederschlags-Abfluß-Ereignissen entstehen, typisch für jedes Einzugsgebiet verlaufen. Das heißt, auch die Stoffwellen stellen systemtypische Antworten auf eine Folge von Niederschlagsimpulsen dar. Für die drei Einzugsgebiete im Harzvorland wurden vom Verfasser die Stoffwellen typisiert, um sie einer Berechnung zugänglich zu machen. Danach lassen sich, wie zuvor schon angesprochen wurde, für die an Feststoffen gebundenen Stoffe für die an- und ablaufenden Abflußwellen Regressionen zwischen Konzentrationen und Abfluß finden. Mit Hilfe der Niederschlags-Abfluß-Beziehung Unit-Hydrograph und Regression können dann Stoffausträge aus Merkmalen des Niederschlages berechnet und simuliert werden.

Bevor in größeren Einzugsgebieten Maßnahmen zur Sanierung von Gewässern eingeleitet werden, sollten die Stoffströme im Einzugsgebiet durch Bilanzierung abgeschätzt werden, um keine wichtigen Stoffquellen zu vergessen. Es könnte sonst der Fall eintreten, daß teure Bauvorhaben umgesetzt werden, z.B. zur Bereinigung der Abwassersituation, die letztendlich ohne Wirkung bleiben. So wurden in der Vergangenheit von der Wasserwirtschaftsverwaltung gern Regenrückhaltebecken mit einem Teil-Dauerstau versehen, um den Freizeitwert der Region zu erhöhen, ohne daß bei der Planung der Stoffhaushalt der umgebenden Landschaft betrachtet wurde. Die Folge war häufig, daß bald nach dem Einstau infolge der Massenentwicklung von Algen, z.B. Blaualgen, eine Nutzungseinschränkung notwendig wurde.

Falls im Rahmen von Sanierungsmaßnahmen von Gewässern der diffuse Anteil der Belastung erfaßt werden muß, sollten am Ausgang der Einzugsgebiete mindestens für ein Jahr Meßvorrichtungen für Abfluß und Stoffe installiert und Jahresfrachten ermittelt werden. Mit Hilfe von aufzustellenden Abfluß-Jahresfrachten-Beziehungen lassen sich dann über die einfacher zu erstellende Simulation von verschiedenen Abflußzuständen der Gebiete Stofffrachten abschätzen und so eine Bewertung verschiedener Belastungszustände erreichen. Bilanzierungen von Landschaftsteilen sollten von interdisziplinär zusammengesetzten Arbeitsgruppen durchgeführt werden, da dazu doch ein breites Fachwissen zusammengezogen werden muß.

4.3 Stoffumsatz sowie Stofftransport infolge Auswaschung

Die Grundprozesse des Stoffumsatzes im Boden und im Gewässer waren im Kap. 2.4.2.3 schon angesprochen worden. Abb. 4-8 zeigt zusammengefaßt für die Hauptnährelemente die möglichen und wichtigsten Umsatzarten im Boden. Grundsätzlich sind z.B. alle Nährelemente am biochemischen Stoffumsatz beteiligt. Von Bedeutung für den Stoffhaushalt ist dieser Weg besonders für Stickstoff. Bei den Elementen Ca, Mg, K haben chemische und Austauscher-Reaktionen größere Bedeutung. Die Grundlagen des Umsatzes der Hauptnährelemente sind in Lehrbüchern der Bodenkunde niedergeschrieben. Die dort beschriebenen Prozesse laufen analog auch im Grundwasserleiter ab.

Das Prinzip des Phosphor-Umsatzes im Boden ist in Anlehnung an BERNHARDT et al. (1978) in Abb. 4-9 zusammengefaßt. Hier dominiert die Festlegung am Austauscher und in schwer lösliche Verbindungen, die mit der Bodenlösung und dem Pflanzenbedarf in Beziehung stehen. Weitergehende Erläuterungen können z.B. BERNHARDT et al. (1978) entnommen werden. Die aus dem Bodenkörper ausgewaschenen Phosphormengen sind gering, wie noch in den folgenden Kapiteln gezeigt wird, so daß der Umsatz im Grundwasserleiter hier nicht weiter betrachtet wird. Phosphor ist insoweit auch im Grundwasser von Interesse, weil er limitierender Faktor des biologischen Stoffumsatzes aufgrund der niedrigen Konzentrationen werden kann.

Die Kenntnisse über den Stickstoffkreislauf im Boden und Grundwasser sind von besonderem Interesse zum Verständnis von Belastungserscheinungen im Gewässer. Sie zeigen die Möglichkeiten auf, z.B. in belasteten Grundwasser-Einzugsgebieten, unter Umständen regelnd eingreifen zu können. Die Grundlagen des Kreislaufes sind häufig nicht dem Personenkreis bekannt, der mit der Regelung der Bodennutzung in Belastungsgebieten betreut ist. Die wichtigsten Teilprozesse sind deshalb zur Orientierung hier zusammenfassend darzustellen.

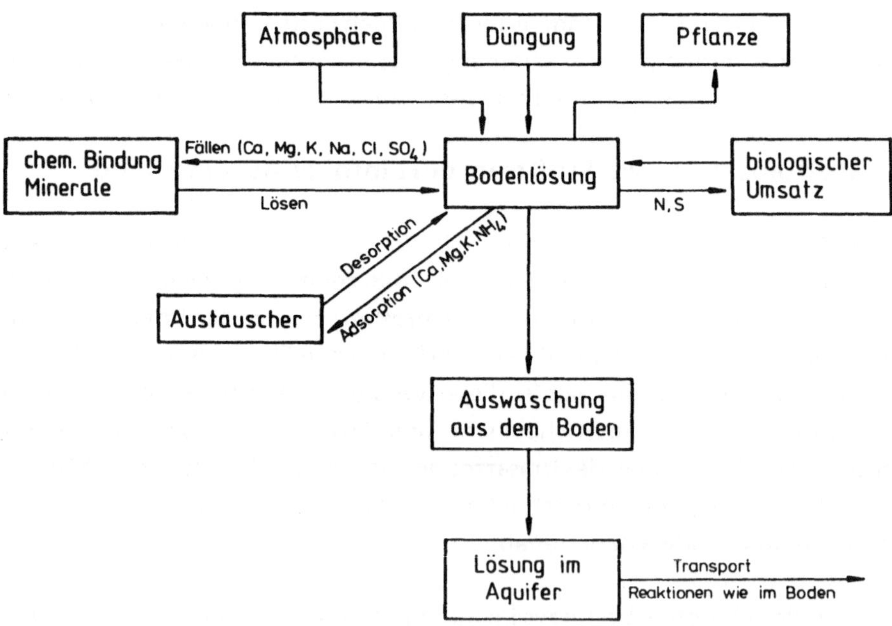

Abb. 4-8: Schema des Stoffumsatzes der wichtigsten Hauptnährelemente im Boden und im Grundwasserleiter

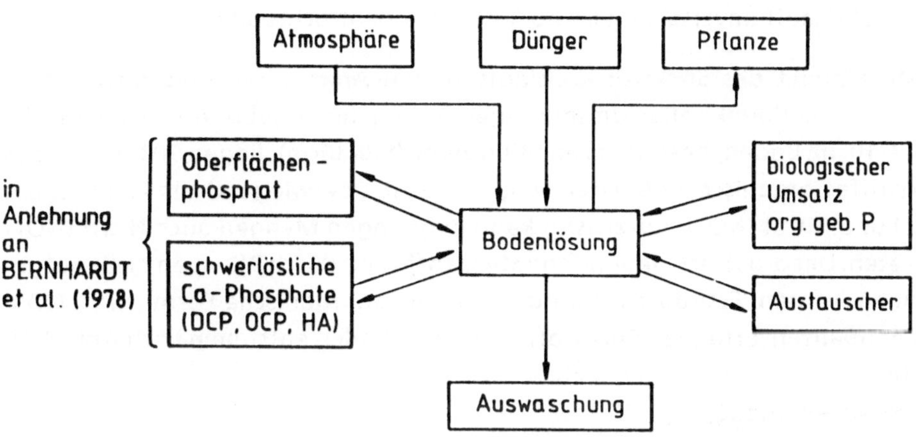

Abb. 4-9: Phosphor-Umsatz im Boden

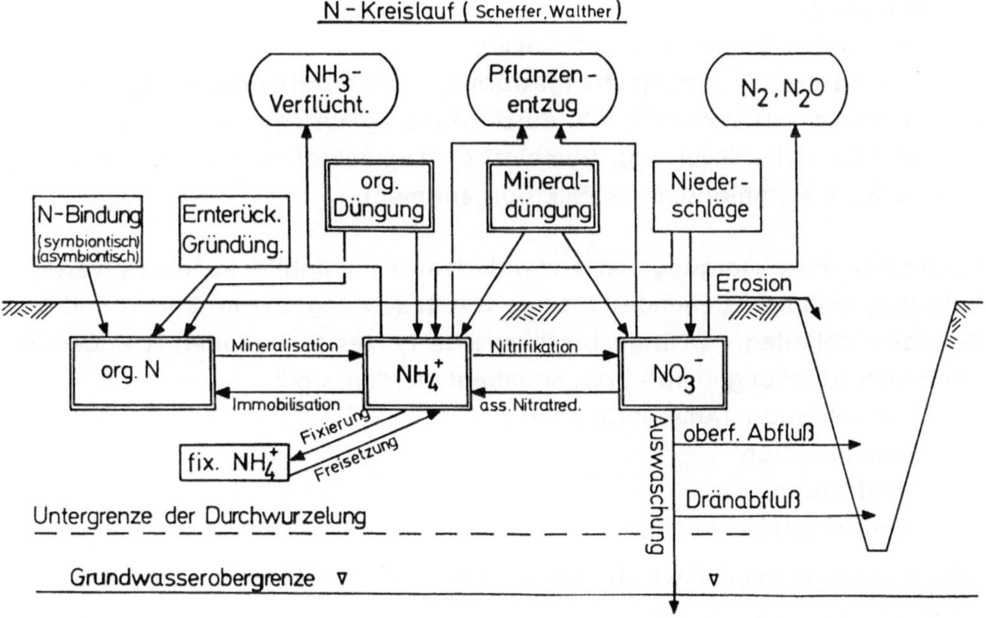

Abb. 4-10: Stickstoffkreislauf im Boden

4.3.1 Stickstoffkreislauf im Boden und im Grundwasser

4.3.1.1 Stickstoffumverteilung im Boden und Bodenfruchtbarkeit

Im Mittelpunkt des Stickstoffkreislaufs stehen Ammonium und Nitrat. Ausgangs- und Endpunkt aller Umsetzungen ist organisch gebundener Stickstoff, Abb. 4-10. Im Boden, besonders im Pflugbereich (0-30cm), liegen 90 bis 95% des Stickstoffes organisch gebunden vor, der Rest überwiegend als Ammonium (NH_4^+) und Nitrat (NO_3^-). Kurzfristig kann in geringen Mengen auch Nitrit (NO_2^-) auftreten. Der organisch gebundene Stickstoff kann durch Pflanzen nicht aufgenommen werden. Erst durch Umsetzung in die anorganische Form (NH_4^+, NO^-_3) wird er pflanzenverfügbar. Stickstoffverluste im Boden entstehen nach Abb. 4-10 durch:

- Pflanzenentzug,
- Erosion,
- Auswaschung,
- Denitrifikation,
- Ammoniakverflüchtigung.

Die Verluste werden ersetzt durch:

- Düngung,
- Erntereste (Wurzel- und Blattmasse),
- Eintrag über die Atmosphäre (gasförmige, nasse und trockene Deposition),
- Fixierung von Stickstoff, z.B. durch Mikroorganismen (symbiotische und asymbiotische Fixierung), (symbiotisch: Leguminosen, z.B. Klee, Erbsen, Bohnen; asymbiotisch: z.B. Mikroorganismen).

Für die Pflanzenversorgung und letztendlich auch im Hinblick auf die Gewässerbelastung sind nachstehende Prozesse von Bedeutung, die im Boden und im Gewässer ablaufen. Wichtige biochemische Prozesse im Boden, bei denen Stickstoffverbindungen auf- bzw. abgebaut werden, sind:

- Mineralisation (Ammonifikation),
- Immobilisation,
- Nitrifikation,
- Denitrifikation.

Hinzu kommen physikalisch-chemische Reaktionen wie Sorption und Desorption von Ammoniumkationen.

Mineralisation (Ammonifikation), Immobilisation:
Die Mineralisation organischer Stickstoffverbindungen und die Immobilisation anorganischer Stickstoffverbindungen in organische Substanz verlaufen entsprechend nachstehender Reaktion:

(4-3) $R - NH_2 + 2H_2O \underset{\text{Immobilisation}}{\overset{\text{Mineralisation}}{\rightleftharpoons}} NH_4^+ + ROH + OH^-$

Nitrifikation:
Das im Zuge der Mineralisation freigesetzte Ammonium kann von anderen Mikroorganismen zum Nitrat oxidiert, von Pflanzen aufgenommen und auch in Bakterienmasse (Immobilisation) wieder eingebaut werden. Die Oxidation des Ammoniums zum Nitrat wird im Boden wesentlich von zwei Bakteriengattungen durchgeführt:

Nitrosomonas:
(4-4) $NH_4+ + 1^1/_2\, O_2 \rightarrow NO_2^- + H_2O + 2H^+$

Nitrobacter:
(4-5) $NO_2^- + {}^1/_2\, O_2 \rightarrow NO_3^-$

Da diese im Boden immer zusammen vorkommen, endet die Oxidation nie beim Nitrit, sondern führt zum Nitrat. Die Nitrifikation verläuft im Anschluß an die Mineralisation. Einflußfaktoren für die biochemischen Prozesse im Boden - Mineralisation, Nitrifikation und Immobilisation - und für die Umsatzleistung (N pro Zeiteinheit) sind:
- C:N-Verhältnis der organischen Substanz (Humus),
- Vorhandensein leicht abbaubarer organischer Substanz als Nahrung für Mikroorganismen (z.B. aus Pflanzenrückständen),
- pH-Wert des Bodens,
- Wassergehalt des Bodens, Grundwasserflurabstand,
- Temperatur des Bodens,
- Bodenbelüftung, z.B. durch Pflugarbeit.

Aus dem Kohlenstoff-Stickstoffverhältnis (C:N-Verhältnis) lassen sich Aussagen über die biochemische Aktivität, so auch über die Mineralisation, die Nitrifikation und Immobilisation ableiten. Je enger dieses Verhältnis ist (<15), um so höher ist die Rate der Stickstoff-Mineralisation. Weite C:N-Verhältnisse (>20) begünstigen die Immobilisation. Mit zunehmender Biomasse von Acker- und

Wiesenböden nimmt nach BECK (1983), zit. in SCHEFFER et.al. (1988), ebenfalls die Stickstoff-Mineralisation zu. Im Mittel beträgt die jährliche Stickstoff-Mineralisation bei als Acker- bzw. Grünland genutzten Böden 1-2% des organisch gebundenen Stickstoffs. Bei Gesamtstickstoffgehalten von 0,1 bis 0,25% der Trockenmasse der Böden werden demnach jährlich in Mineralböden 45-220 kg N/ha mineralisiert, Tab.4-8. Die so mineralisierte Stickstoffmenge würde für viele Böden bereits ausreichen, den Ansprüchen der wichtigsten Kulturpflanzen zu genügen, die jährlich < 200 kg N/ha aufnehmen. Die Stickstoffmineralisation und die dann folgende Nitratbildung erfolgen aber noch, wenn die Pflanzen keinen bzw. nur wenig Stickstoff aufnehmen (z. B. nach der Getreideernte), SCHEFFER et al. (1988). Hohe Mineralisationsraten wurden vor allem beim Grünlandumbruch gemessen, Tab.4-9. Dadurch werden die biochemischen Umsetzungen im Boden fast explosionsartig gesteigert. Innerhalb weniger Jahre können dann bis zu 50% des vorhandenen organisch gebundenen Stickstoffs mineralisiert und dann letztendlich zu Nitrat umgewandelt sein.

Der durch Mineralisation freigesetzte bzw. durch Stickstoffdüngung zugeführte Ammonium-Stickstoff wird sehr schnell von Mikroorganismen zum Nitrat oxidiert. Auch bei tieferen Temperaturen bis 0°C, z.B. im Spätherbst, kann noch Ammonium biochemisch oxidiert werden. Im Verlauf einer Vegetationsperiode werden im Frühjahr (April/Mai) nach Erwärmung des Bodens, nach Stickstoffdüngungen und im August/September nach der Ernte und folgender Bodenbearbeitung Phasen mit verstärkter Nitratbildung beobachtet. Abb. 4-11 zeigt am Beispiel einer Lößparabraunerde (Gebiet (N)) Nitratgehalte über zwei Vegetationsperioden. Während das im Frühjahr gebildete und vorhandene Nitrat von den Pflanzen aufgenommen wird, verbleibt das im Spätsommer noch gebildete Nitrat im Boden und kann dann im kommenden Winter aus dem Wurzelraum der Pflanzen zum Gewässer hin ausgewaschen werden. Um die nach der Ernte mobilisierten Nitratmengen zu konservieren, wird deshalb u.a. der Anbau von Zwischenfrüchten empfohlen.

Stickstoffumverteilung im Boden, „Bodenfruchtbarkeit":
Die direkte Düngerausnutzung durch Pflanzen im Jahr der Düngeranwendung liegt im Mittel um 50%. Sie kann je nach Fruchtart und Bodenbedingungen zwischen 20 und 70% schwanken. Das heißt, in einer Vegetationsperiode erfolgt die Pflanzenversorgung etwa zur Hälfte über den Düngerstickstoff und zur Hälfte über Bodenstickstoff. Das heißt weiter, eine Steigerung der Pflanzenerträge kann nicht allein durch die Anhebung der Düngung erreicht werden. Es

Boden	C	N	C:N	Mineralisierung 1 %	2 %
	% TM			kg N/ha · a	
Sand (Podsol-Gley)	2,58	0,14	17	60	120
Schwarzerde	3,10	0,28	11	110	220
Parabraunerde (Löß)	1,17	0,11	11	50	100
Braunerde (Löß)	1,55	0,15	10	68	136
Kalkmarsch	4,20	0,24	18	108	216
Brackmarsch	4,20	0,24	8	117	234
Niedermoor*	57,10	2,98	19	447	894
Hochmoor**	52,80	1,73	31	104	208

* Rohdichte tr. 500 g/l
** Rohdichte tr. 200 g/l
TM = Trockenmasse aus SCHEFFER et al. (1988)

Tab. 4-8: C- und N-Gehalte und N-Mineralisation verschiedener Krumenböden (0-30 cm)

Boden	Grünland (Werte in kg N/ha · 20 cm)	Acker	Differenz	Literatur
Sandboden	10000	5000	5000	*Strebel* et al.
Sandb. (Podsolgley)	9900	4500	5400	*Scheffer*
Knickbrackmarsch	16500	8100	8400	*Burghardt*
Parabraunerde (Löß)	7000	4500	2500	*Fleige* et al.

aus SCHEFFER et al. (1988)

Tab. 4-9: N-Abbau nach Grünlandumbruch

war deshalb in der Vergangenheit Ziel, die Stickstoff-Umsatzleistung bzw. die „Bodenfruchtbarkeit" eines Bodens anzuheben, welches u.a. durch folgende Maßnahmen erreicht worden ist:

(a) Anhebung der Humusgehalte im Boden. Dies kann bis zu einem Sättigungswert erreicht werden mit organischer und anorganischer Düngung, Einarbeiten von Ernteresten usw.

(b) Tieferpflügen = Vergrößerung des Stoff-Umsatzraumes; eine Vertiefung des Pflughorizontes von 20 cm auf 30 cm bedeutet bei gleichbleibenden Prozentgehalten an Humus längerfristig einen Zuwachs an Humus um ca. 50%. Gleichzeitig wird dadurch die intensiv belüftete Zone im Boden vergrößert.

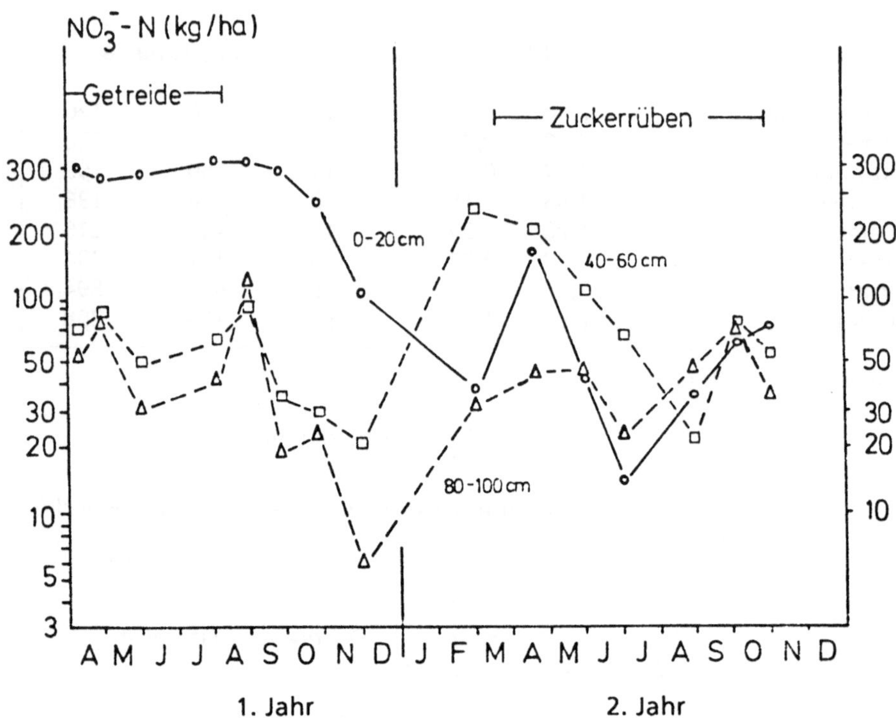

Abb. 4-11: Zeitliche Variation der Konzentration von Nitrat und Ammonium in verschiedenen Tiefen eines Lößlehms, Gebiet (N)

(a) und (b) bewirken zusammen für den Stoffhaushalt eine Anhebung des Stickstoffpotentials im Boden, u.U. eine Verbesserung des C:N-Verhältnisses, eine bessere Verfügbarkeit von NH_4/NO_3 aus der organischen Substanz (größere Stickstoffumsatzleistung)

- höhere NO_3-Gehalte in der Bodenlösung,
- höhere und sichere Erträge.

Die fruchtbaren Böden stellen für große Flächen der Grundwasservorkommen eine wesentliche Ursache des Nitratproblems dar. Fruchtbare Böden erhöhen letztendlich die Gefahr der Stickstoffauswaschung und bewirken eine Anhebung der insgesamt auswaschbaren Stickstoffmengen (Nitrat). Düngungsfehler führen deshalb leichter zu einer verstärkten Auswaschung. Die vorstehenden Ausführungen machen deutlich, daß der eingesetzte Düngerstickstoff nicht einfach durch den Boden läuft, sondern indirekt über die organische Substanz des Bodens und über Erntereste, die im Boden verbleiben, wirkt.

Als weitere wichtige Prozesse im Boden sind zu nennen:
Ammoniakverflüchtigung:
Eine weitere wichtige Komponente des Stickstoffkreislaufes ist die Ammoniakverflüchtigung. NH_3-Verluste können bei kalkhaltigen Böden und bei der organischen Düngung auftreten, die zwischen 5 und 80% des Düngerstickstoff liegen, AMBERGER et al. (1987). Solche Verluste lassen sich z.B. dadurch vermindern, wenn Dünger wie Gülle, Stallmist, Klärschlamm unmittelbar nach dem Ausbringen in die Krume eingearbeitet werden.

Denitrifikationen:
Dieser Prozeß bedeutet für die Gewässer, besonders für Grundwasser, eine Entlastung. Im Grundwasser wurden mehrere Reaktionstypen beobachtet, auf die im folgenden Kapitel weiter eingegangen werden soll. Für den Bereich des Bodens ist von Interesse die

- heterotrophe-chemoorganotrophe Denitrifikation, bei der Nitrat durch Mikroorganismen über mehrere Stufen in gasförmige Verbindungen (N_2 und N_2O) abgebaut wird. Die Reaktion läßt sich wie folgt schreiben:

(4-6)
$$2\,NO^-_3 + 2\,H_2 \rightarrow 2\,NO^-_2 + 2\,H_2O$$
$$2\,NO^-_2 + H_2 + 2H^+ \rightarrow 2\,NO + 2\,H_2O$$
$$2\,NO + H_2 \rightarrow N_2O + H_2O$$
$$N_2O + H_2 \rightarrow N_2 + H_2O$$

oder wie nachstehend:

(4-7)
$$5C + 4\,NO^-_3 + 2\,H_2O = 2\,N_2 + 4\,HCO^-_3 + CO_2$$

Dieser Prozeß wird beeinflußt durch:

- Vorhandensein leicht abbaubarer organischer Substanzen als Energielieferant (im Grundwasser tritt er in Form von partikulärem Kohlenstoff auf) und
- hohe Bodenfeuchte,
- hohe Bodentemperaturen (15-50°C),
- Vorhandensein von Nitrat im Boden,
- Sauerstoffmangel in der Bodenluft und Bodenlösung.

Im Oberboden ist die Denitrifikationsleistung am höchsten, weil hier ausreichend abbaubare organische Substanz vorhanden ist. Anaerobe Zonen wechseln oft auf engem Raum mit aeroben Zonen, so daß Nitrifikation und Denitrifikation dicht nebeneinander ablaufen können. Anaerobe Phasen treten in Löß- und Tonböden häufig im Sommer nach starken Regenfällen auf; auch im Wurzelbereich von Pflanzen kommt es durch vermehrte Kohlendioxidausscheidung und gehemmten Gasaustausch zur Denitrifikation. Daher sind die Stickstoffverluste durch Denitrifikation in bewachsenen Beständen höher als unter Brache. Insgesamt bereitet die Abschätzung der Stickstoffverluste durch Denitrifikation heute noch Schwierigkeiten, SCHEFFER et al. (1988).

4.3.1.2 Stickstoffumsatz im Grundwasser

Biologische Stoffreaktionen sind auch außerhalb des durchwurzelten Raumes, in der ungesättigten Zone des B-Horizontes (Unterboden) und C-Horizontes (Ausgangsgestein der Bodenbildung) sowie in der gesättigten Zone (G-Horizont) für den Stoffumsatz insgesamt von großer Bedeutung. Es gibt anscheinend mit Ausnahme aktiver Vulkane kein der Erdoberfläche nahes Milieu, welches nicht in irgendeiner Weise durch biologische Vorgänge modifiziert wird, MATTHEß (1990). Besonders bei Stickstoff ist auch die biologische Umsetzung im Grundwasser von Bedeutung. Die maßgebenden Prozesse sind u.a. zusammenfassend dargestellt in den Arbeiten SCHLEGEL (1981), OBERMANN (1981), UBA (1979, 1985), DVWK (1980). Der biologische Stickstoffumsatz außerhalb des Bodens wird hier soweit wiedergegeben, wie er zum Verständnis der nachfolgenden Kapitel wichtig ist. Grundsätzlich wird der biologische Stickstoffumsatz auch in der wechselfeuchten ungesättigten Zone zwischen der Unterkante des Wurzelraumes und der Grundwasseroberfläche ablaufen. Da hier nur mit Hilfe von Saugsonden oder durch Bohrkerne Meßwerte zum Stickstoffumsatz zu gewinnen sind, liegen für diesen Bereich noch wenig Kenntnisse vor.

Eine Literaturauswertung zu möglichen N-Umsatzreaktionen, die im Grundwasser auftreten können, ist bei OBERMANN (1981) enthalten. Danach sind 6 verschiedene Reaktionstypen des Nitratabbaus möglich. Für den norddeutschen Bereich wurden bislang 3 Reaktionstypen beobachtet:
(a) Heterotrophe-chemoorganotrophe Denitrifikation,
(b) Autrotroph-chemolithotrophe Denitrifikation,
(c) Ionen-Sorption bzw. Nitrat-Sorption, KOELLE (1988) (hier nicht dargestellt).

Der Reaktionstyp (a) war schon im vorhergehenden Kapitel dargestellt worden.

(b) Autotrophe-chemolithotrophe Denitrifikation

(4-8) $FeS_2 + 14\ NO^-_3 + 4\ H^+ = 7\ N_2 + 10\ SO_4^{2-} + 5\ Fe^{2+} + 2\ H_2O$

Für diese Reaktion treten partikuläre oxidierbare Schwefelverbindungen auf, z.B. Eisensulfid wie Pyrit, Markasit, Pyrrhotin als Energiematerial für das Bakterium Thiobacillus denitrificans, KÖLLE et al. (1983). Das freigesetzte zweiwertige Eisen kann mit Nitrat weiterreagieren:

(4-9) $5\ Fe^{2+} + NO^-_3 + 7\ H_2O = 5\ FeOOH + 0{,}5\ N_2 + 9\ H^+$

Diese Reaktion wird auch bei OBERMANN (1981) genannt. Sie ist in der Literatur zur Mikrobiologie umstritten. Nach Aussagen von KÖLLE et al. (1983) spricht die Situation im Fuhrberger Feld bei Hannover für diese Reaktion. Sie wird durch hohe pH-Werte begünstigt, KÖLLE et al. (1983). Nach KÖLLE (1988), van BEEK (1991) und eigenen Betrachtungen wird die Reaktion mit den entsprechenden unter Kap. 7.4 dargestellten Problemen auf der Seite der Wasserversorgung auch in mehreren Regionen der norddeutschen Tiefebene beobachtet. Es ist anzunehmen, daß dort weite Bereiche der Grundwasserleiter in den Lockersedimenten die Reaktionen (a) und (b) aufweisen.

Redoxpotential, pH-Wert, Sauerstoffgehalt im Grundwasser:
In Abb. 4-12 sind mögliche und in Norddeutschland angetroffene Abbaureaktionen zusammengefaßt. Danach können lithotrophe Reaktionen zwischen pH-Werten von 1.0 und 9.2 erfolgen. Die Eh-Werte bewegen sich zwischen -200 und +800mV. Die heterotrophe Denitrifikation liegt zwischen pH-Werten von 6,2 und 10,2 und Eh-Werten zwischen +620 und -200 mV, BAAS BECKING et al. (1960), zit. in OBERMANN (1981). Die meisten Denitrifikanten arbeiten fakultativ, SCHLEGEL (1981), wobei die Organismen bevorzugt die Festkörperoberfläche besiedeln. Der Rückgriff auf NO_3^- als Elektronenakzeptor geschieht erst bei O_2-Konzentration gegen Null. Wegen des O_2-Gradienten zwischen Biofilm und Grundwasser kann nach eigenen Beobachtungen die Denitrifikation ablaufen, wenn im Grundwasser, im Porenzwickel-Wasser noch bis 5 mg/l O_2 gemessen werden. Wie im Boden, so können auch im aeroben Grundwasser infolge O_2-Zehrung anaerobe Zonen auftreten, in denen ein NO_3-Abbau erfolgt.

Reaktionskinetik:
Die mathematische Formulierung der Kinetik der Denitrifikation des Grundwassers ist für Prognosen im Zusammenhang mit der Regelung der Bodennutzung

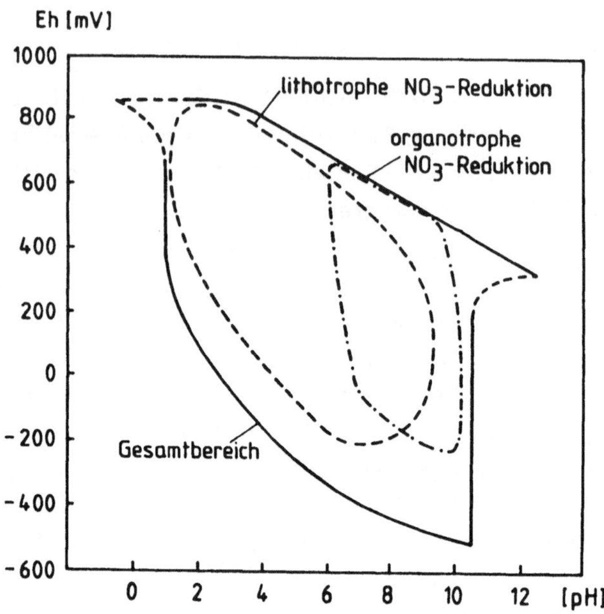

Abb. 4-12: pH/Eh-Beziehung des Grundwassers und mögliche Reaktionen, in Anlehnung an BAAS BECKING et al. (1960)

von erheblicher Bedeutung. Biologische Umsatzprozesse werden meistens durch die Michaelis-Menten-Gleichung beschrieben. Nach Literaturauswertungen von RÖDELSPERGER et al. (1985) wird zur Darstellung der heterotrophen Denitrifikation in den meisten Fällen die Michaelis-Menten-Gleichung herangezogen, wobei im wesentlichen der lineare Teil der Gleichung, der Bereich nullter Ordnung, durch Meßwerte abgesichert wird, siehe auch KINZELBACH (1988) und KINZELBACH et al. (1989). Eine gute zusammenfassende Darstellung der Modelle, die in der Literatur zur Beschreibung der Kinetik des Nitratabbaus im Boden und im Grundwasser eingesetzt werden, ist in Tab. 4-10 enthalten, die aus KINZELBACH (1987) entnommen wurde.

Ansatz	Bemerkungen	Angewandt in:
$dc/dt = -k_o$	Abbau nullter Ordnung c = Nitratkonzentration	Phillips et al., 1978
$dc/dt = -k_{1/2}c^{1/2}$	Abbau der Ordnung 1/2 bedingt durch Diffusion in Biofilm	Harremoes, 1977
$dc/dt = -k_1c$	Abbau erster Ordnung	Stanford et al., 1975 Selim, 1983 Mehran et al., 1982
$dc/dt = -k\ c/(K_M+c)$	Abbau mit Michaelis-Menten-Kinetik	Focht, 1974, Schwan et al., 1984
$dX/dt = \mu\ X\ c/(K_M+c) - bX$ $dc/dt = -(\mu/Y)\ X\ c/(K_M+c)$	bakterieller Abbau unter Annahme einer Monod-Kinetik des Denitrifikantenwachstums X = Konzentration der denitrifizierenden Bakterien	Barnes und Bliss, 1983
$dX/dt =$ $\mu\ X\ c\ c_{org}/(K_{M1}+ c)/(K_{M2}+c_{org})-bX$ $dc/dt =$ $-(\mu/Y_1)\ X\ c\ c_{org}/(K_{M1}+c)/(K_{M2}+c_{org})$ $dc_{org}/dt =$ $-(\mu Y_2)\ X\ c\ c_{org}/(K_{M1}+c)/(K_{M2}+c_{org})$	Erweiterung des vorhergehenden Ansatzes auf mehrere limitierende Substrate zum Beispiel c_{org} = verfügbarer organischer Kohlenstoff	Beccari et al., 1983

entnommen aus KINZELBACH (1987)

x = Bakterienkonzentration
c = Konzentration eines Stoffes
y,k = Geschwindigkeitsbeiwerte
b = Mortalitätsrate der Bakterien
μ = Wachstumsrate der Bakterien

Tab. 4-10: Modellansätze zur Kinetik der Denitrifikation

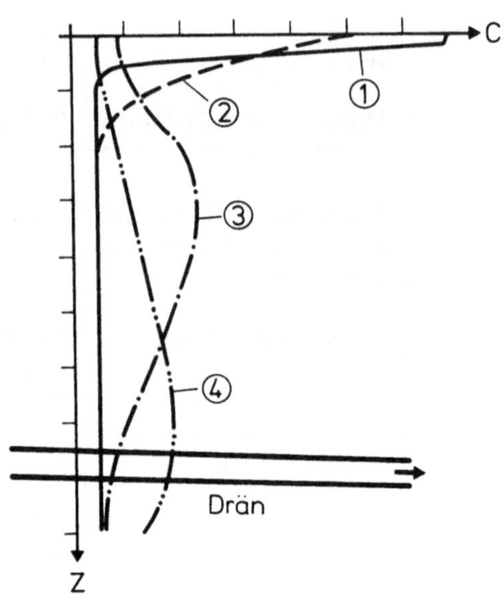

Abb. 4-13: Verlagerungsvorgang von Nährstoffen über die Tiefe

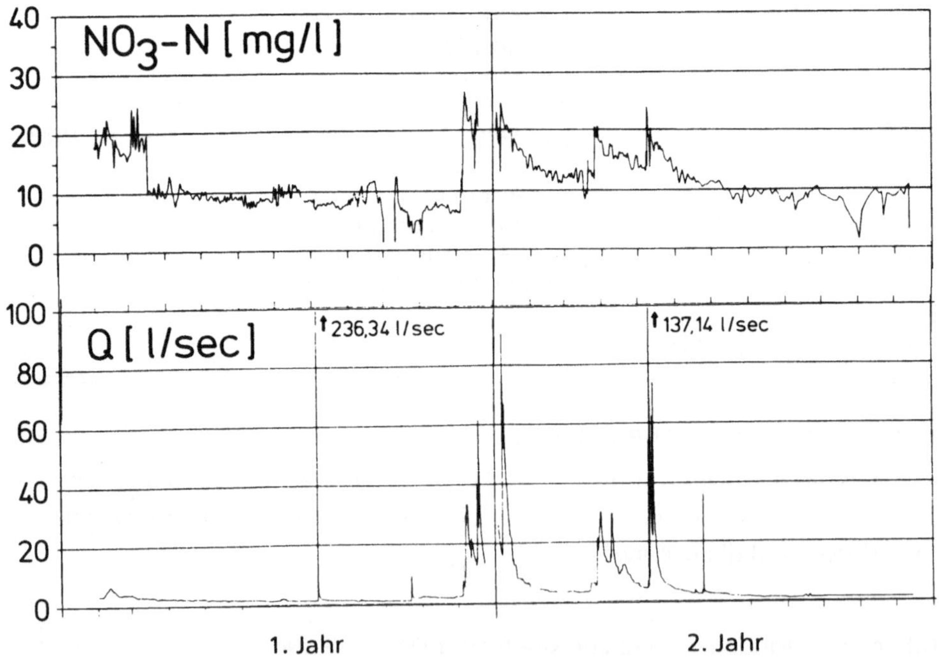

Abb. 4-14: Zeitlicher Verlauf der Nitrat-Konzentration im Fließgewässer am Ausgang des Gebietes (N)

In der Praxis der Grundwasserforschung müssen solche Funktionen mit Hilfe von Daten der Nitratkonzentration und des Grundwasseralters (Zeit) ermittelt werden. Die Ermittlung des Grundwasseralters ist gewöhnlich aufwendig. Sie kann

- über Isotopenmessungen oder
- über die Berechnung und Verteilung der Fließzeiten, der Berechnung von Grundwasseralterslinien über ein Strömungsmodell ermittelt werden.

Für den Bereich des Fuhrberger Feldes (Lockergestein) bei Hannover wurden an die Meßwertpaare Konzentration - Alter Reaktionsgleichungen sowohl nullter als auch erster Ordnung (e-Funktion) angepaßt, wobei die Gleichung erster Ordnung die Situation am besten wiedergibt:

(4-10) $c\,(t)\,(mg/l\ NO_3) = 318 \cdot e^{-0{,}335\ t}$

Im Fuhrberger Feld wird überwiegend autothrophe Denitrifikation angetroffen. Bei diesem Beispiel war nach vier Jahren die Ausgangskonzentration auf etwa ein Drittel erniedrigt, und nach 25 Jahren war nahezu Null erreicht, BÖTTCHER et al. (1985).

4.3.2 Prozeß des Austrags von Stoffen aus dem Bodenkörper in oberirdische Gewässer und ins Grundwasser

Die Reihenfolge der Festlegungseigenschaften verschiedener Ionen am Austauscher zeigte unter Kap. 2.4.2.3, daß die Ionen NO_3^- und Cl^- im Gegensatz zu den zweiwertigen Ionen wie Ca^{2+}, SO_4^{2-} relativ leicht in die Tiefe verlagert und aus dem Bodenkörper ausgewaschen werden. Die Tiefenverlagerung erfolgt nach dem in Abb. 4-13 dargestellten Prinzip, in dem alte Bodenlösung als Sickerwasser nach unten wandert. Diese Prozesse sind Gegenstand der Modellierung , z.B. BENECKE et al. (1975), DUYNISFELD et al. (1983). Die wichtigsten Ionen in Fließgewässern und im Grundwasser sind:

Anionen: Cl^-, SO_4^{2-}, HCO_3^-; hinzu kommen noch mit geringerem Anteil an der Anionensumme NO_3^-, PO_4^{3-}

Kationen: Ca^{2+}, Mg^{2+}, K^+, Na^+; hinzu kommen noch meistens mit einem geringeren Anteil NH_4^+, Fe^{2+}

Grundsätzlich können alle Stoffe, die im Boden gelöst vorliegen, ausgewaschen werden. Bei der Diskussion über die Nitratbelastung von Grundwässern als Folge landwirtschaftlicher Bodennutzung wird häufig vergessen, daß die gesamte chemische Zusammensetzung des Wassers beeinflußt wird. Abb. 7-13 unter Kap. 7.4 präsentiert die Wasserbeschaffenheit eines Porengrundwasserleiters; dort entspricht jeder Punkt einem arithmetischen Mittel, gebildet über 5 Meßjahre. Es ist dort zu erkennen, daß sich die Beschaffenheit des oberflächennahen Grundwassers, Filterlage 5 bis 23 m, deutlich von der des tieferen Grundwassers trennen läßt (Filterlage tiefer als 20 m). Hier wird durch den Einfluß der landwirtschaftlichen Bodennutzung im oberflächennahen Grundwasser auf der Seite der Anionen die Konzentration von Nitrat angehoben und die von Hydrogencarbonat abgesenkt. Weiter erfolgt eine leichte Anhebung des Anteils an Kalium, welches ebenfalls aus der Düngung kommt. Aus der Abbildung ist weiter abzuleiten, daß Messungen am Grundwasser nicht auf einen zur Zeit diskutierten Problemstoff beschränkt bleiben dürfen. Die Veränderung der Konzentration eines Stoffes in der Lösung hat aus Gründen des chemischen Gleichgewichts in der Regel eine Veränderung der Konzentration aller übrigen Lösungsbestandteile zur Folge, was besonders für den Betrieb eines Wasserwerkes und des Rohrnetzes von Bedeutung ist.

Die Tiefenverlagerung und die Auswaschung aus dem Bodenkörper variiert mit der Sickerwasserbewegung bzw. mit der Grundwasserneubildung im Jahr. Stellvertretend für die Hauptbestandteile der Bodenlösung soll das zeitliche Verhalten von Stickstoff betrachtet werden:

Gewöhnlich entsteht im Zeitraum Herbst bis Frühjahr der überwiegende Teil der aus dem Bodenkörper ausgewaschenen Stickstofffracht, verursacht durch die Nitratbildung aus Ernteresten im Herbst und nachfolgender Tiefenverlagerung im Zuge der Grundwasserneubildung. Aber es können auch beträchtliche Teile der Jahresfracht, bis zu 60%, in den Monaten März bis Juni z.B. im Fließgewässer entstehen, dann, wenn in diesem Zeitraum häufig Starkregen im Gefolge von Gewittern auftreten, die kurzfristig und stoßartig die Bodenlösung aus dem Bodenkörper drücken. Solche Nitratwellen wurden z.B. an gedränten Lößgebieten bis zu 25 Stunden nach Regenbeginn gemessen, wie unter Kap. 4.2.4 schon erläutert wurde. Den zeitlichen Verlauf der Nitratkonzentration, wie er am Ausgang des reinen Ackerbaugebietes (N) mit hoher zeitlicher Auflösung über das Jahr gemessen werden kann, zeigt Abb. 4-14. Danach werden ab Dezember bis in den Juni hinein im Vergleich zu den übrigen Zeiten des Jahres die höchsten

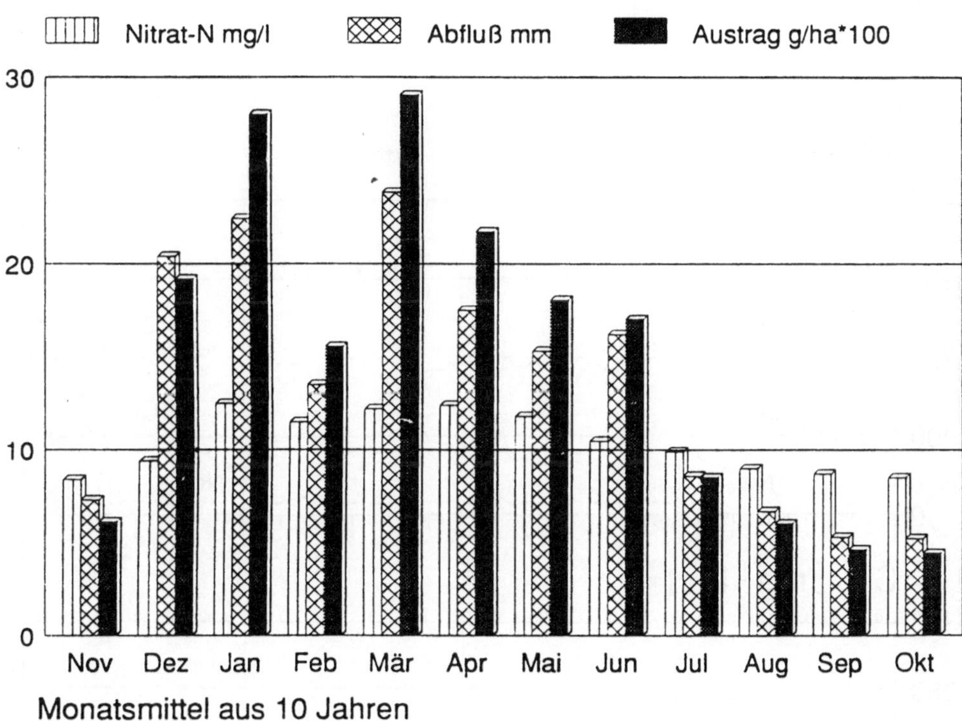

Abb. 4-15: Mittlerer saisonaler Verlauf (10 Jahre) des Abflusses, der Nitratkonzentration und des Nitrataustrages am Ausgang des Gebietes (N), n. LAMMEL (1990)

Nitratkonzentrationen gemessen. Für den Abfluß, die Nitratkonzentration und -fracht ist in Abb. 4-15 die Jahreszeitenreihe der zehnjährigen Monatsmittel abgebildet.

Auch bei den überwiegend gelöst transportierten Ionen Sulfat, Chlorid und auch Calcium treten ab Dezember bis zum Frühjahr erhöhte Konzentrationen auf, Abb. 4-16. Allerdings sind hier die saisonalen Schwankungen nicht so stark ausgeprägt wie bei dem Nitrat-Ion. Die Phosphor-Konzentrationen zeigen gegenläufiges Verhalten bedingt durch die erosiven Regenereignisse des Sommers, Abb. 4-17. Bei Kalium ist das Verhalten nicht so eindeutig. Hier überlagern sich wahrscheinlich Auswaschung und Erosion.

aus WALTHER (1979)

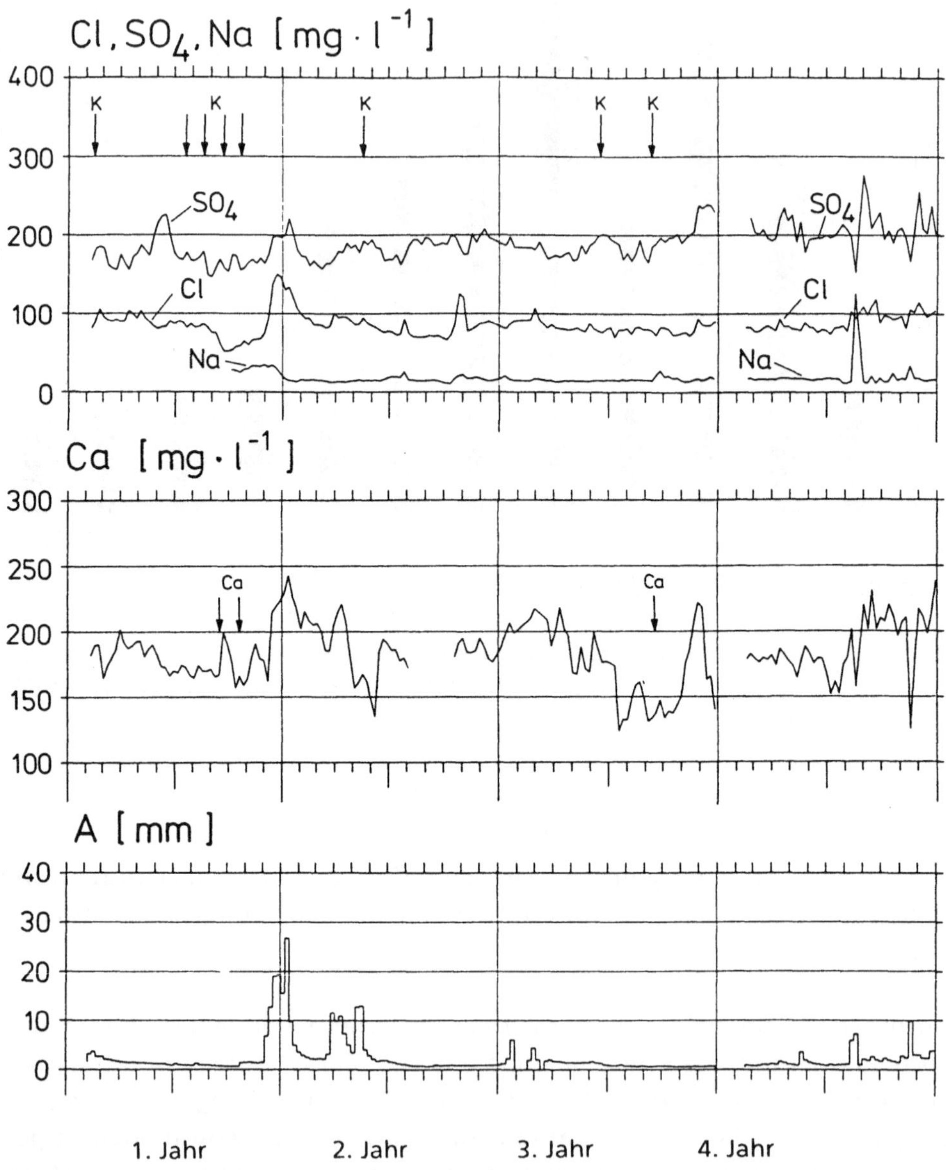

Abb. 4-16: Wochenmittelwerte von Cl, SO_4, Na, Ca und des Abflusses, Gebiet (N)

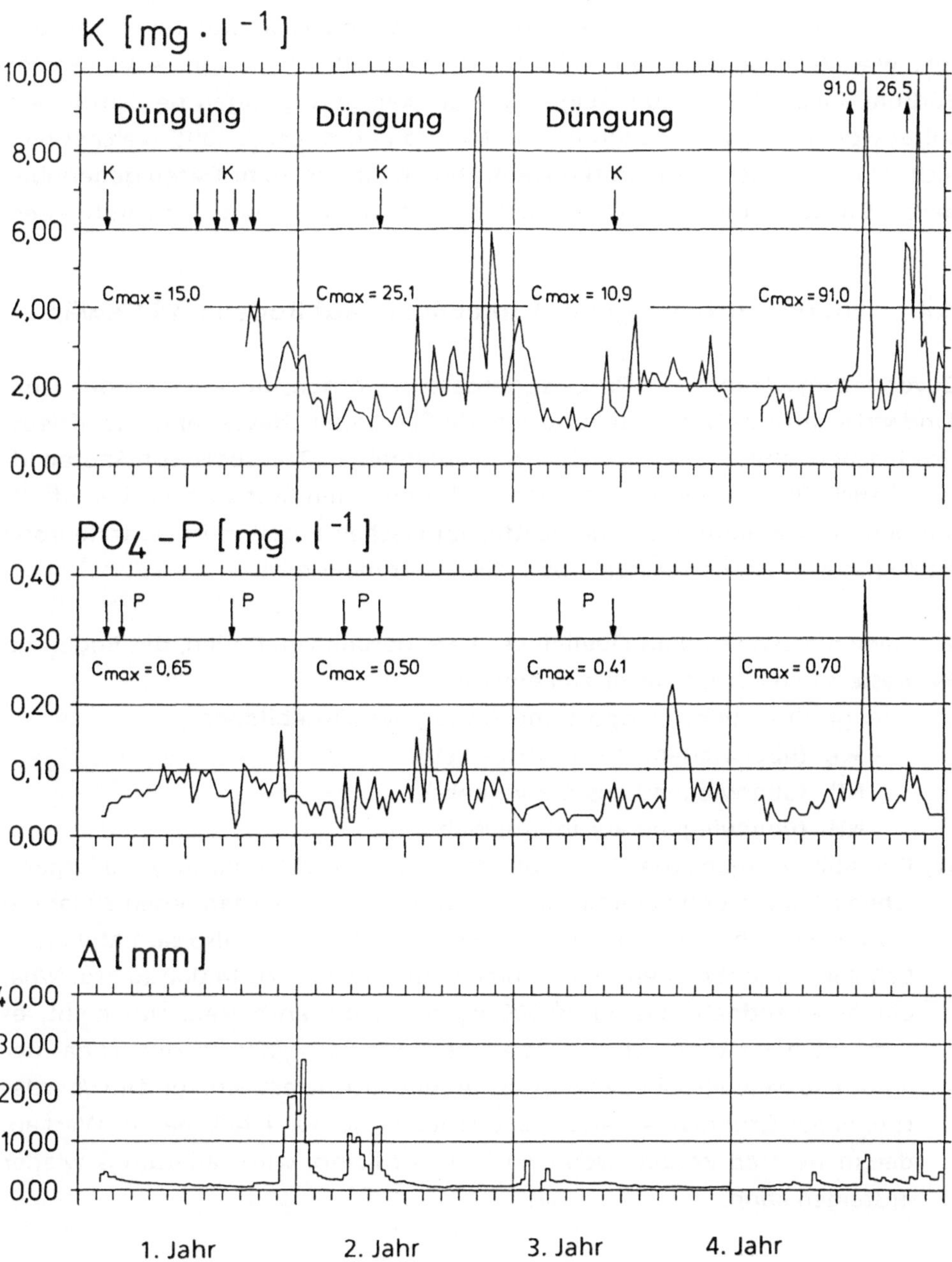

Abb. 4-17: Wochenmittelwerte von K, PO_4-P und des Abflusses, Einzugsgebiet (N)

Im oberflächennahen Grundwasser können bei gut durchlässigem Lockersediment bei den gelösten Stoffen ebenfalls starke saisonale Schwankungen auftreten, wie Meßergebnisse aus HÖLSCHER et al. (1991) in Abb. 4-18 (Gebiet Börßum, Meßstelle 402000) zeigen. Die starken Bewegungen bei Nitrat und Sulfat werden auch bei den Ionen Ca, Mg, Na und K festgestellt, welches hier nicht dargestellt ist. Die Nitratkonzentration nimmt in 16 m Tiefen gegenüber der bis 5 m ab, wahrscheinlich bedingt durch Abbauvorgänge im Grundwasser.

4.4 Wirkung luftgetragener Säurebildner auf Boden und Gewässer

Zuvor sind im wesentlichen Prozesse dargestellt worden, die sehr stark durch die landwirtschaftliche Bodennutzung beeinflußt wurden. Dieses Kapitel wird deutlich machen, daß bedingt durch den großräumigen Transport von Säurebildnern, auch Ökosysteme weit ab von anthropogenen Stoffquellen beeinflußt werden, so daß die Aussage gerechtfertigt erscheint, daß es in Zentraleuropa keine naturbelassenen Systeme bzw. Gewässer mehr gibt.

Zusammenfassend sind als Quellen der Versauerung von Böden, des Bodensikkerwassers und der Gewässer zu nennen:

(1) Der großräumige Transport und Eintrag der Säurebildner
 - SO_2 (überwiegend aus Kraftwerken),
 - NO_x (überwiegend aus Kfz-Verkehr),
 - NH_3 (überwiegend aus Intensivhaltung).

(2) Der Abbau organischer Stickstoffverbindungen (Nitrifikation) aus organischen Düngern und beim Grünlandumbruch. In den vergangenen 30 Jahren wurden im Gebiet der alten Bundesrepublik 991.000 ha, also ca. 1 Million ha Grünland umgebrochen. Die Grünlandnabe kann bis zu 14.000 kg org. N/ha, die Ackerlandnabe bis zu 10.000 kg org. N/ha enthalten. Das heißt, es entsteht beim Umbruch ein Überschuß von ca. 4.000 kg org. N/ha, der innerhalb weniger Jahre ammonifiziert und nitrifiziert wird, und im oberflächennahen Grundwasser als Nitrat erscheint. Hierdurch fällt der pH-Wert ab, der in tieferen Zonen, wenn noch denitrifiziert wird, allerdings wieder ansteigen kann.

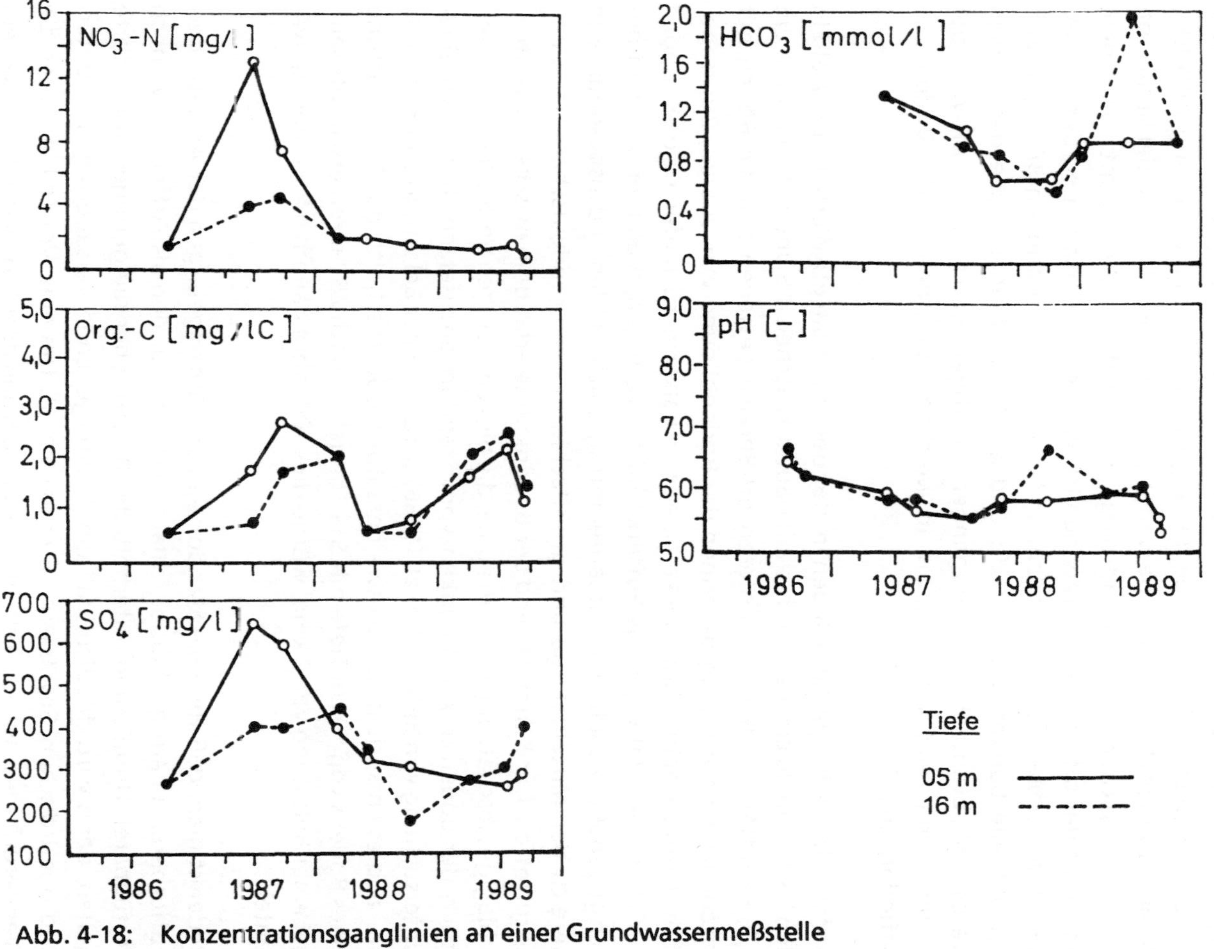

Abb. 4-18: Konzentrationsganglinien an einer Grundwassermeßstelle

4.4.1 Böden

Die Wirkung des Säureeintrages auf die Puffereigenschaften von Böden wurde unter Kap. 2.4.2.4 schon aufgegriffen. Abschnitt 3 zeigt die Entwicklung der Deposition und deren regionale Verteilung über Deutschland und Europa. An Böden finden seit Jahren infolge der angestiegenen Säurebelastung stoffliche Veränderungen statt, die solange weitergehen werden, bis sie mit der Immission in einen Gleichgewichtszustand gelangen. Da dieser Prozeß oft an einem Absinken des pH-Wertes zu erkennen ist, wird er als Versauerung bezeichnet. Mit Hilfe von Methoden der Bodenkunde wie Anionen-Kationen-Bilanzen kann der aktuelle Bodenzustand erfaßt und auf Versauerungsschübe geschlossen werden, die eventuell in der Vergangenheit abgelaufen sind. Der pH-Wert der Bodenlösung zeigt vor allem an, in welchem Pufferbereich der Boden sich befindet, Abb. 2-7.

Anfang der sechziger Jahre lagen im Bundesgebiet die pH-Werte unter Wald in den Tiefen bis 30 cm, bei Sand schon häufig zwischen 4,5 und 4,0, bei Lehm um 5,0, REEMTSMA (1986). Im unteren pH-Bereich bewegen sich die Böden mit carbonatarmen Ausgangsgesteinen der Bodenbildung wie Quarzit, Buntsandstein, Granit, Gabbro, Grauwacke, Gneis und kalkarmer Schiefer. Da diese Böden nur über eine relativ geringe Pufferkapazität verfügen, reagieren sie empfindlich gegenüber zunehmendem Säureeintrag. Solche Böden sind insbesondere im Bereich der Mittelgebirge und großflächig in der norddeutschen Tiefebene anzutreffen. Der Kenntnisstand der Bodenkunde erlaubt inzwischen eine überschlägige Abschätzung der Zeiträume, die bis zum völligen Verlust der Pufferleistung der Böden in Abhängigkeit vom Standort anzusetzen sind. Nach einer Untersuchung von BENECKE et al. (1986) wird bei einer Belastung von 8 kmol IÄ/ ha · a, dies entspricht heute etwa dem Bundesdurchschnitt, die Pufferleistung eines Bodens von 50 cm Tiefe mit 5% Tongehalt nach 25 Jahren erschöpft sein; bei einer Belastung von 2 kmol würde dies 100 Jahre dauern (IÄ = Ionenäquivalente).

Bedenkt man, daß für viele Standorte in den Mittelgebirgen der Austauscher-Pufferbereich häufig schon durchlaufen ist und für den als Pufferreserve noch verfügbaren Untergrund unterhalb des Bodens eher die geringen Tongehalte gelten, dann wird deutlich, daß eine weitergehende Versauerung von unter- und oberirdischen Gewässern zu erwarten ist. Um eine Vorstellung über die Wanderungsgeschwindigkeit einer Versauerungsfront zu vermitteln, sei ein

Beispiel aus den Niederlanden genannt. In einem Grobsandsickerwasserleiter wurden bei einer Belastung von 7,5 kmol IÄ/ha . a unter Waldgebieten für den Boden-pH-Bereich 3,5 bis 5,0 eine Geschwindigkeit von 9 cm/a und für den pH-Bereich 2,6 bis 3,5 eine von 5 cm/a ermittelt, BENECKE et al. (1986).

Vergleichende Untersuchungen zur zeitlichen pH-Wert-Entwicklung in den Böden, die in Westdeutschland durchgeführt wurden, zeigen in den überwiegenden Fällen eindeutige pH-Wert-Absenkungen innerhalb der zurückliegenden zehn bis dreißig Jahre. Nach Ansicht von Vertretern der Bodenkunde ist heute der Austauscher-Pufferbereich in der Bodenzone der kapazitätsschwächeren Böden in stärker belasteten Waldökosystemen im großen und ganzen bereits durchlaufen. Das heißt, die pH-Werte liegen dann bis in Tiefen von 50 cm unter 4,0.

So werden z.B. nach landesweiten Messungen der Niedersächsischen Forstlichen Versuchsanstalt unter Fichtenbeständen auf Sandböden bis zu dieser Tiefe schon häufig pH-Werte um 3,0 gemessen. Das bedeutet, daß für diese Standorte auch der Eisen-Pufferbereich bereits durchlaufen ist. Die forstliche Bodenkunde weist darauf hin, daß im Oberboden einiger Standorte schon Ammonium vermehrt in tiefere Horizonte verlagert wird, welches anzeigt, daß einerseits Stickstoff im Ökosystem nicht mehr ausreichend verwertet wird und andererseits der mikrobielle Umsatz von Ammonium zu Nitrat gestört ist.

Bei Sandböden ist häufig eine geringfügigere pH-Abnahme, aber gleichmäßig bis in größere Tiefen zu beobachten, während die pH-Wert-Absenkung bei bindigen Bodenarten verzögert in tiefere Zonen vordringt, der pH-Wert aber zur Zeit insgesamt stärker als bei Sandböden abnimmt, wie dies Abb. 4-20 für zwei Standorte in Nordrhein-Westfalen andeutet. Auf der linken Seite des Bildes ist ein Podsol dargestellt. Der Podsol ist ein degradierter Boden, der sauer, humus- und nährstoffarm ist. Abb. 4-19 zeigt, daß auch der pH-Wert bei sauren Böden noch weiter absinken kann. Grundsätzlich sind durch den vermehrten Säureeintrag auch die Böden außerhalb der Wälder gefährdet. So werden z.B. an den an sich kalkreichen norddeutschen Marschböden zunehmende Kalkauswaschungen beobachtet. Versauerungserscheinungen werden bei Ackerböden durch Kalkungen kompensiert, die gewöhnlich in Abständen von drei bis fünf Jahren durchgeführt werden, um die mit der intensiven Bodennutzung verbundenen Kalkverluste zu ersetzen. An Grünlandböden werden selten Zusatzkalkungen vorgenommen.

4.4.2 Gewässer

Oberflächenahes Grundwasser und Fließgewässer im quellennahen Bereich spiegeln den aktuellen Zustand des Bodens und der Bodenlösung wieder. Gewässer mit pH-Werten kleiner 5.5 sind vor allem in den Regionen anzutreffen, in denen überwiegend kalkarme Gesteine der Bodenbildung anstehen. Auch natürlich saure Gewässer können durch Säure-Eintrag eine weitergehende Absenkung des pH-Wertes erfahren. Nach den bislang vorliegenden Erfahrungen werden Verschiebungen in der Wasserbeschaffenheit infolge zunehmender Säurelast anhand nachstehender Kriterien deutlich:

- Zunahme des SO_4-Gehaltes, Abnahme des HCO_3-Gehaltes, meistens Absinken des pH-Wertes,
- zunehmende Gehalte an Metallen und Elementen, die sonst nur in Spuren

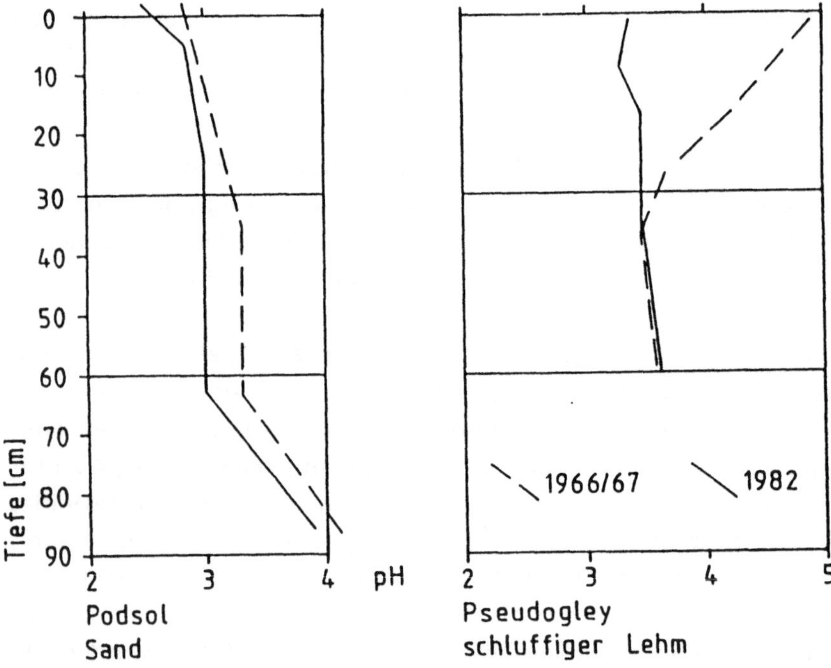

nach BUTZKE (1983)

Abb. 4-19: Veränderung der Boden-pH-Werte über den Zeitraum von 15 Jahren, Stadtwald Aachen

- Zunahme des SO_4-Gehaltes, Abnahme des HCO_3-Gehaltes, meistens Absinken des pH-Wertes,
- zunehmende Gehalte an Metallen und Elementen, die sonst nur in Spuren auftreten, im Wasser, im Sediment von Fließgewässern und Seen,
- bei Seen Zunahme des Pigmentgehaltes, der Metalle, Abnahme der Erdalkaligehaltes zur Sedimentoberfläche hin,
- Verringerung der Artenzahl und -dichte in der Gewässerbiozönose.

Das Ausmaß der Säurebelastung kleiner Fließgewässer kann an der Summe der Äquivalent-Konzentrationen von SO_4^{2-} und NO_3^- deutlich gemacht werden. Die Bäche z.B. im Kaufunger Wald, Knüll, Taunus, Hunsrück weisen (SO_4 + NO_3)-Gehalte bis über 1000 μmol/l auf, wobei der Anteil des Sulfates in höchstbelasteten Regionen über 90% der Äquivalent-Summe ausmacht, SCHOEN et al. (1984). In versauerten Gewässern Schwedens und Norwegens liegt die Äquivalentsumme dagegen nur bei 140 bis 220 μmol/l (SO4 + NO_3), also etwa um ein Fünftel bis um ein Siebtel niedriger. Für den natürlichen Anteil geogenen Sulfats gilt in Deutschland ein Basiswert von etwa 50-100 μmol/l SO_4.

Referenzdaten, wie z.B. lange pH-Meßreihen und langfristige Aufzeichnungen der Flora und Fauna, sind in der Vergangenheit in quellnahen Gewässern nur dann erfaßt worden, wenn sie für die Fischereiwirtschaft von Bedeutung waren. Aus diesem Grund sind für kleine Fließgewässer relativ wenig Referenzdaten vorhanden. Es liegen Untersuchungen vor, die anzeigen, daß die meisten kleineren Waldgewässer in den Mittelgebirgen inzwischen fischleer sind.

Zunehmende H^+-Ionen und Metall-Konzentrationen im Gewässer, wie Al^{3+}, bewirken Verschiebungen innerhalb der Biozönosen; in der Endsumme verbleiben wenige säuretolerante Arten, die dann häufig in hohen Dichten vorkommen (Gewässerverödung). Diese Veränderungen werden einerseits auf direkte toxische Effekte, andererseits auf biotische Einflüsse wie Störungen in der Nahrungskette zurückgeführt, LENHART et al. (1984). Artenzahl, Häufigkeit und Zustand der Leitorganismen (Flora und Fauna) eines Gewässers geben eine momentane Zustandsbeschreibung und charakterisieren bei vorhandenen Referenzdaten den Ablauf und den Grad der Versauerung bzw. der Schädigung. Abb. 4-20 zeigt am Beispiel einiger Fließgewässer des Kaufunger Waldes den Zusammenhang zwischen Artenzahl bzw. Artenfehlbetrag und Säuregehalt. Während der Wengebach (mittlerer pH-Wert = 7,0) noch 80% der möglichen Arten aufweist, vermindert sich dieser Anteil in der Nieste (mittlerer pH-Wert =

6,3) schon auf 42%, da hier extreme pH-Schwankungen bis unter pH = 5,0 auftreten. Der hier aufgezeichnete Mechanismus kann analog auch auf Grundwasser und Seen übertragen werden.

Auch natürlich saure Seen können einer weitergehenden Versauerung unterliegen. Die Zunahme der Säurebelastung ist in Seen seit Beginn der Industrialisierung nachweisbar. Die Nachweise der Versauerung wurden für die meisten Seen in der Bundesrepublik vom Bayerischen Landesamt für Wasserwirtschaft von der Gruppe um STEINBERG durchgeführt. Veränderungen der chemischen und biologischen Eigenschaften eines Sees lassen sich u.a. über die Zusammenset-

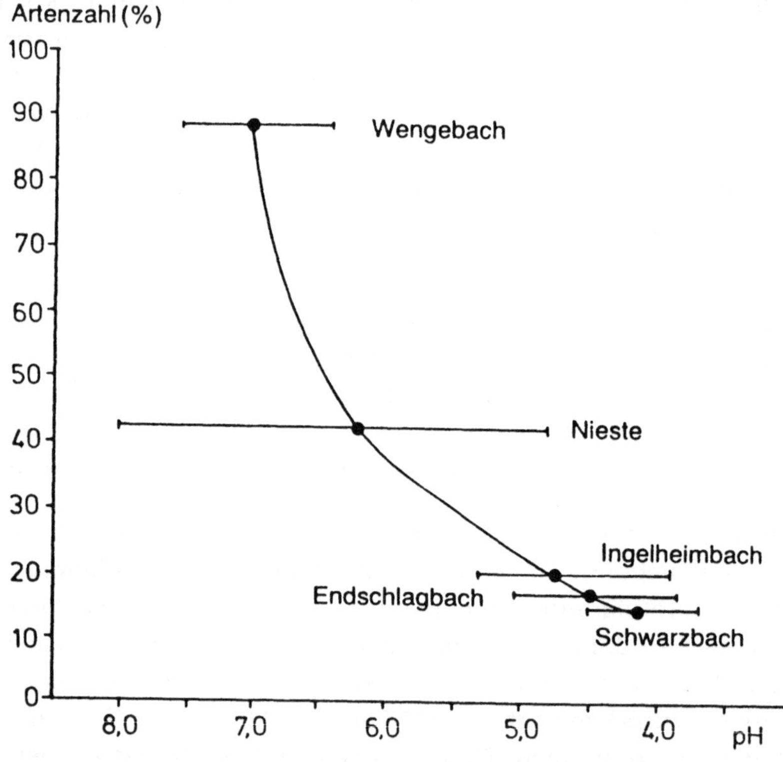

aus MATTHIAS (1983)

Abb. 4-20: Verringerung der Artenzahl in Fließgewässern in Abhängigkeit vom pH-Wert

zung der chronologisch aufgebauten Sedimente rekonstruieren, z.B. anhand der Verschiebungen innerhalb der Kieselalgenflora (Diatomeen-pH-Meter).

Für oberirdische Gewässer liegen relativ häufig Untersuchungen über ihren Zustand vor. Dagegen haben die Untersuchungen am Grundwasser erst begonnen. Das Aluminium-Ion kann inzwischen als Leitsubstanz saurer oder auch versauerter Sickerwässer, ober- und unterirdischer Gewässer betrachtet werden. In bekannten Befunden werden im oberflächennahen Grundwasser im Extremfall bis 20 mg/l Al^{3+} festgestellt. Der Trinkwasser-Grenzwert liegt bei 0,2 mg/l. Erhöhte Konzentrationen von Metallen bzw. von anorganischen Spuren können unter Wald in einzelnen wasserwirtschaftlich genutzten Grundwasserleitern schon bis in 20 m Tiefe festgestellt werden. Als Beispiele sind zu nennen:

- Bereiche im Fuhrberger Feld (Wasserwerk der Stadtwerke Hannover), BÖTTCHER et al. (1985a)
- Bereiche der Senne (Wasserwerk der Stadtwerke Bielefeld), REINHARDT (1987), FISCHER (1991)
- Einzugsgebiet der Soeste (Wasserwerk Thülsfeld des oldenburgisch-ostfriesischen Wasserbeschaffungsverbandes bei Cloppenburg/Weser-Ems), WALTHER et al. (1991)

Abb. 4-21 zeigt als Beispiel die Tiefenbeziehung zwischen pH-Wert, Hydrogenkarbonat, Aluminium und Fluorid unter einem Nadelwaldstandort aus dem Sand der Senne. Es wird von REINHARDT (1987) darauf hingewiesen, daß die erhöhten Aluminium- und Fluoridkonzentrationen nur als Folge des Säureeintrages über die Atmosphäre zu sehen sind. Dieser Schluß wird auf der Basis von Boden- und Gesteinsuntersuchungen gezogen. Die Mobilisierung von Aluminium führt z.B. zur Bildung und Ablagerung von Hydroxiden an Pumpen und Brunnenfiltern und zur Verkürzung der Laufzeiten der Brunnen. Mit Hilfe von Schlitzgräben, Schluckbrunnen und Spüllanzen wurde eine Neutralisation des Grundwassers durch Einleitung von Kalkmilch versucht, FISCHER (1991).

Abb. 4-22 gibt die pH-Werte in Abhängigkeit von der Probennahmetiefe für das Grundwassermeßnetz (Basis- und Trendmeßstellen) des Landes Niedersachsen wieder. Die Meßstellen liegen außerhalb der Ballungsgebiete in der unbesiedelten Landschaft. Auffällig sind die niedrigen pH-Werte besonders bis 10 m unter Gelände. Wie weit geogene oder anthropogene Ursachen dominieren, konnte noch nicht geklärt werden. Mit den pH-Werten korrespondieren erhöhte Werte von Metallen. So liegt bei 14% der Meßstellen der Aluminium-Meßwert oberhalb des Trinkwassergrenzwertes. Von einer Arbeitsgruppe des Bayerischen Landesamtes für Wasserwirtschaft wurden Roh- und Reinwasserproben von Aufbereitungsanlagen und Grundwasservorkommen untersucht, verteilt im Spessart und in den oberbayerischen Mittelgebirgen. Es sind jeweils oberflächennahe Grundwasservorkommen mit weichen, lösungsarmen Wässern. Bei den meisten der untersuchten Wässer lag die Konzentration von Al^{3+} über dem Richtwert von 0,02 mg/l; bei 9 Wasservorkommen überschritt die Konzentration den Grenzwert von 0,2 mg/l deutlich. Dort wo überhöhte Aluminiumgehalte auftraten, wurden auch erhöhte Konzentrationen bei Barium (bis 28 µg/l) und Beryllium (bis 210 µg/l) festgestellt. Für beide Elemente sind bislang keine Grenzwerte festgesetzt.

Die Trinkwasserförderungen in Waldgebieten stammen häufig aus tieferen Grundwasserleitern, die bislang weitgehend unbeeinflußt waren. Zu bedenken ist, daß durch eine Erhöhung der Konzentrationen unerwünschter, zum Teil toxisch wirkender Substanzen besonders dann die kleinen Wassergewinnungsanlagen im ländlichen Raum betroffen sind, die ihr Wasser oft ohne Aufberei-

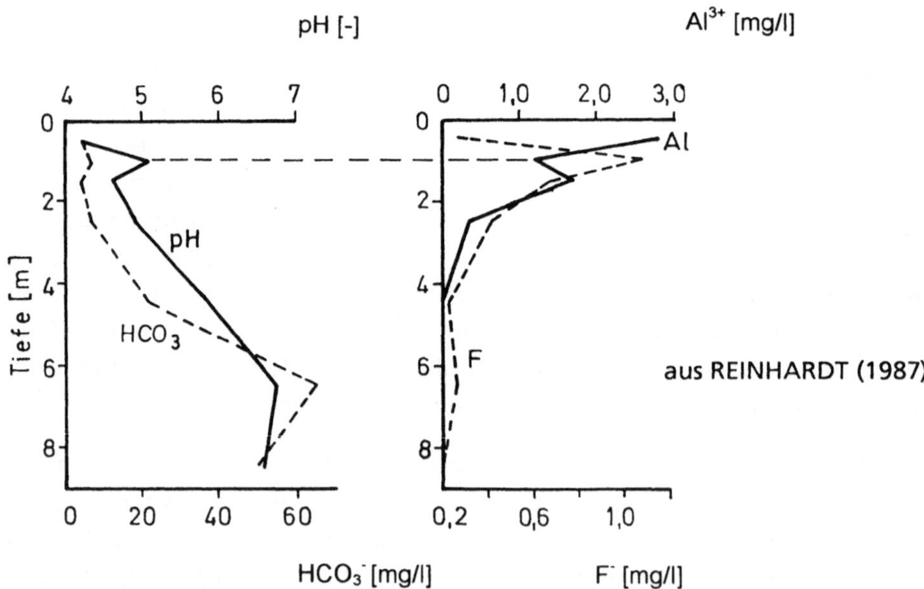

Abb. 4-21: Beziehung zwischen pH-Wert, Hydrogenkarbonat, Aluminium, Fluorid im Grundwasser, Standort Senne, Stadtwerke Bielefeld

tung abgeben können oder höchstens über eine Entsäuerungs- oder Enteisungsstufe verfügen. Eine weitergehende, personal- und kostenaufwendige Wasseraufbereitung ist die Folge, wenn das Wasservorkommen nicht aufgegeben werden kann. Weiter ist zu bedenken, daß zur Zeit für die Entfernung von erhöhten Gehalten von Elementen wie Barium, Beryllium, Vanadium oder Fluorid noch keine technisch und wirtschaftlich ausgereiften Aufbereitungsverfahren vorhanden sind. Darüber hinaus ist zu bedenken, daß eine Erhöhung von Konzentrationen der Stoffe wie Aluminium, die in der Regel sonst in relativ niedrigen Konzentrationen auftreten, zur Schädigung von Biozönosen z.B. im Grundwasser führen kann, die bislang am Abbau von Verbindungen, wie Nitrat, beteiligt sind.

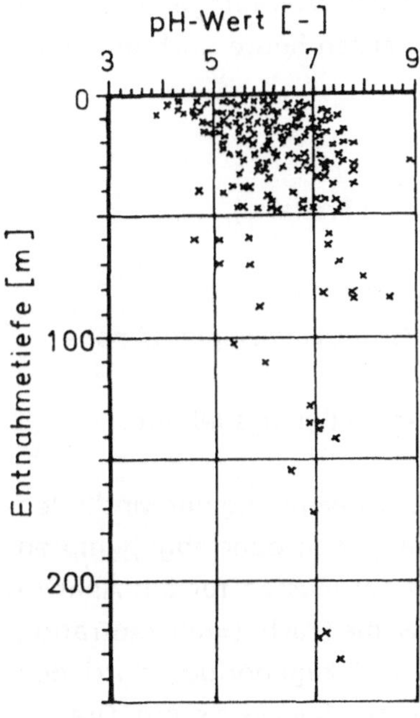

aus WALTHER et al. (1991)

Abb. 4-22: Tiefenverteilung der pH-Werte Grundwassergüte-Meßnetz Niedersachsen

4.5 Meßtechnik zur Erfassung der Wasser- und Stoffflüsse im Boden und im Gewässer

Die Meßtechnik zur Erfassung von Wasser- und Stoffströmen, die im Gelände eingesetzt wird, ist eine wichtige Voraussetzung für die Untersuchung von Prozessen und Grundlage für Bilanzierungen. Die Meßtechnik beeinflußt maßgeblich die Qualität der Ergebnisse. Es soll hier eine Übersicht zur Meßtechnik für die Systemkompartimente Fließgewässer, Boden (ungesättigte Zone) und Grundwasserleiter (gesättigte Zone) gegeben werden.

4.5.1 Bodensickerwasser

Die gängige Meßtechnik zur Ermittlung von Stoffen in der ungesättigten Zone wurde bei WALTHER et al. (1985,g) und z.B. in DVWK (1985, b) zusammengefaßt. Untersuchungen zur Stoffauswaschung aus Böden (Wurzelraumbereich, Tiefe ca. 0,6-1,8m) wurden in der Vergangenheit und werden heute noch durchgeführt mit Hilfe von Messungen

(a) an Lysimetern,
(b) an Dränen (meistens unter Versuchsparzellen im Freiland),
(c) an Saugkerzen - Saugsonden,
(d) an Bodenproben,
(e) an Brunnen bzw. an Standrohren, wenn der Grundwasserspiegel nahe unter dem Wurzelraum ansteht,
(f) an Wasserläufen kleiner definierter oberirdischer Einzugsgebiete.

Die Stoffgehalte (Konzentrationen) können bei der Anwendung der Methoden (a) bis (c) und (f) im Labor direkt an der aufgefangenen oder abgepumpten Wasserprobe bestimmt werden. Bei der Methode (d) müssen für die Analyse Eluate hergestellt werden. Um den Massenfluß bzw. die Fracht (=Konzentration x Wassermenge) zu erhalten, ist die Kenntnis der zeitlich zugehörigen, durch den Meßquerschnitt geflossenen Wassermenge notwendig. Bei Lysimetern, Dränen und an kleinen Wasserläufen kann die Wassermenge direkt bestimmt werden, bei den übrigen Meßmethoden (c) bis (e) indirekt: Bei Saugkerzen über Tensiometer-Messungen, an Bodenproben durch Wassergehaltsbestimmungen und für Grundwassermeßstellen über zeitabhängige Grundwasserspiegeldifferenzen zu anderen Meßstellen, wenn die hydraulische Leitfähigkeit (k-Wert) bekannt ist.

Lysimeter

Die Forschung über den Wasser- und Nährstoffgehalt bei Böden begann mit Hilfe einfacher Lysimeter (Röhrenlysimeter). Lysimeter unterschiedlicher Bauart gestatten die direkte Quantifizierung des Nährstoff- und Wasserhaushaltes des Bodenkörpers. Die meisten verwendeten Lysimeter repräsentieren mit ihren üblichen Tiefen von 1,00 bis 1,40 m annähernd den Wurzelraum (Bodenmodell der Fläche F (meistens $\Delta F = 0{,}8\text{-}1{,}0\ m^2$) und der Tiefe z).

Als Mangel der Meßmethoden sind zu nennen:

(a)
- zum Teil gestörte Lagerung des Bodens,
- Unterbrechung des Bodenprofils nach unten,
- Abgrenzung des Lysimeters zur Umgebung; der Transport von Wasser und Nährstoffen über die Bodenoberfläche und in oberflächennahen Schichten kann nicht erfaßt werden (Einengung des dreidimensionalen Transportvorganges auf einen eindimensionalen Prozeß),
- Gefahr der Ablösung des Bodenkörpers von der Gefäßwand in Trockenperioden vor allem bei bindigen Böden. Dies führt zur Vergrößerung der Sickerwassermenge und der Nährstoff-Frachten.

(b) An der Unterseite des Lysimeters kann Wasserüberschuß durch gestütztes Gravitationswasser oder Einstau/Rückstau entstehen, was zu fehlerhaften Ergebnissen bei der Sickerwassermenge (Vergrößerung der Verdunstung bei flachen Lysimetern) und bei der chemischen Zusammensetzung des Sickerwassers führen kann (z.B. Ausbildung anaerober Zonen an der Lysimeterunterseite, Denitrifikation).

Die Nährstoff-Forschung mit Hilfe von Lysimetern wurde international seit den vierziger Jahren dieses Jahrhunderts intensiviert. Um die schon recht früh erkannten Lysimeterfehler (Röhrenlysimeter) zu umgehen, begannen ab 1872 Messungen an Dränen für Nährstoffuntersuchungen, ALLISON (1955).

Dräne

Die Dränmessung ist, wie der Lysimeter, eine der heute noch üblichen Verfahren. Das gedränte Feld kann als Großlysimeter mit ungestörten Bodenverhältnissen betrachtet werden, wenn das Einzugsgebiet der Dräne abgegrenzt werden kann. Trotz zunehmender Erkenntnisse über die Potentialströmung des Bodenwassers zum Drän, bereitet heute oft noch die Abgrenzung des Einzugsgebietes des Dräns Schwierigkeiten. Messungen, die am Dränausgang durchgeführt wurden, repräsentieren die Stoffauswaschung aus dem Wurzelraum. Reicht das Grundwasser bis in den Dränbereich, dann wird die Auswaschung aus dem Wurzelraum durch den Grundwassereinfluß überlagert.

Saugkerzen - Saugsonden

Saugsonden werden seit ca. 30 Jahren zur Gewinnung von Bodenlösung eingesetzt. Zunächst wurden keramische Platten und großvolumige keramische Kerzen verwendet, um möglichst viel Bodenwasser zur chemischen und chemisch-physikalischen Analyse erhalten zu können, CERATZKI (1971). Saugkerzen können an nahezu jedem beliebigen Standort bis etwa 5-6 m Tiefe eingesetzt werden. Mit der heutigen modernen Analysentechnik werden geringere Mengen an Probenwasser benötigt, so daß vorwiegend kleinere und handlichere Saugkerzen eingesetzt werden können. Mit Hilfe poröser Saugkerzen wird dem Boden nach Anlegen eines Unterdrucks Bodenwasser entzogen.

Eine Saugsondenanlage besteht aus Kerze, Schaft, Verbindungsschläuchen, Auffanggerät und Unterdruckapparatur, Abb. 4-23. Der wesentliche Teil ist der poröse Körper (Saugkerze), durch den dem Boden Sicker- und teilweise Haftwasser entzogen werden kann. Als Saugkerzen finden keramische Körper, gesinterte Stoffe (Aluminiumoxid, Kunststoff, Glas) und Membranfilter Verwendung. Saugkerzen stehen im Boden in einer kapillaren Verbindung mit den Bodenporen.

Saugsondenanlagen können so installiert werden, daß das Bodenprofil wenig gestört wird. Besonders vorteilhaft lassen sich solche Anlagen dort einsetzen, wo keine Bodenproben entnommen werden können (Lysimeter, Kleinparzellen, Bodensäulen im Labor); aber auch auf Forst- und Grünlandstandorten und bedingt auf Ackerflächen (Einbau unterhalb der Pflugtiefe) werden sie eingesetzt. Die Technik der Entnahme von Bodenwasser zur Erfassung der mit dem Sickerwasser innerhalb eines Bodenprofils verlagerbaren Stoffe gewinnt zunehmend an Bedeutung.

Vom Autor wurden gemeinsam mit Kollegen die Erfahrungen mit Saugsonden-Anlagen der vergangenen 30 Jahre in DVWK (1990) zusammengefaßt. Dort sind Hinweise über gebräuchliche Saugkerzen, über Materialien, über die Wechselwirkung zwischen Kerzenmaterial und Probenlösung, die Einbautechnik, den Betrieb und Anmerkungen zu begleitenden Standort- und Profiluntersuchungen sowie zur Ermittlung von Stoffflüssen zusammengestellt.

Bodenproben

Die Einrichtung von Lysimeter-Stationen und Drän-Versuchsflächen erfordert umfangreichere Baumaßnahmen. Diese beiden Methoden wurden und werden deshalb meistens für längere Versuchsreihen eingesetzt. Eine mobile, von Einbauarbeiten unabhängige Methode ist die Entnahme von Bodenproben mit Hilfe von Bohrern. Sie wurde und wird vermehrt seit mehreren Jahren eingesetzt.

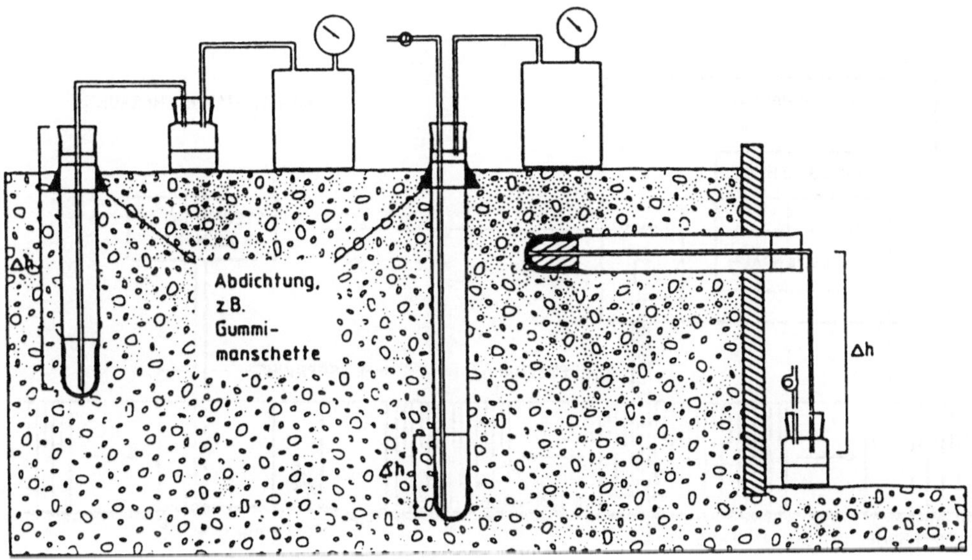

aus DVWK (1990)

Abb. 4-23: Verschiedene Möglichkeiten zur Anordnung von Saugsonden im Bodenkörper

4.5.2 Fließgewässer

In Waldstandorten mit relativ dünnen Bodendecken und Festgestein als Untergrund, oder auch in Weinbaustandorten auf Festgestein ist oft die Anwendung der zuvor genannten Methode mit Schwierigkeiten verbunden. Zur Bewertung der Wirksamkeit von Düngungsmaßnahmen oder für die Betrachtungen des Stoffhaushaltes wurden deshalb in der Vergangenheit und auch heute noch Messungen an Wasserläufen vorgenommen, die den zu untersuchenden Standort entwässern. In den meisten Fällen werden die Untersuchungen bzw. die Probenahme in Form von Stichproben durchgeführt.

Abbildung 4-24 zeigt eine mögliche Meßanordnung für ein kleines Fließgewässer. Dort ist die Abflußmessung mittels eines Parshall-Flumes (Venturi-Gerinne) mit einem Probenahmegerät zur Gewinnung von Wasserproben gekoppelt.

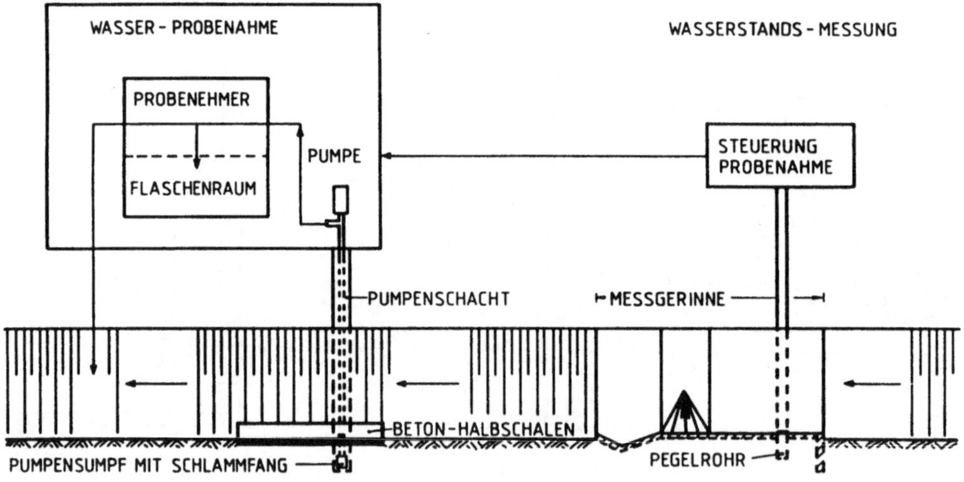

aus WALTHER (1979)

Abb. 4-24: Anordnung der Abflußmessung und automatischen Probenahmen an einem kleinen Fließgewässer

Damit sollen zur Erfassung des Zeit-Weg-Verhaltens zwei Meßziele erreicht werden

(a) Erfassung von Abfluß und Gütewellen: Die Abflußaufzeichnung erfolgt heute mit Drucksonden und Dataloggern. Installierte Probenehmer lassen heute eine zeitliche Auflösung zwischen wenigen Minuten und wenigen Stunden zu.

(b) Erfassung des langfristigen, nur langsam saisonal schwankenden Stoffaustrag. Neben der kontinuierlichen Abflußaufzeichnung reicht eine wöchentliche Probenahme (Stichprobe) aus, um hinreichend genaue Prozesse und ausgetragene Stoffmengen zu erfassen, wie die Erfahrungen gezeigt haben.

Die Probenahme-Geräte waren Anfang der siebziger Jahre noch so groß, daß für ihre Unterbringung eine Baracke gebaut werden mußte. Damals mußten Probeflaschen mit einem Volumen von 2 l vorgehalten werden. Durch die Fortschritte auf dem Gebiet der Analytik hat sich das notwendige Volumen zum Teil auf wenige ml verringert. Die Geräte sind deshalb so weit verkleinert, daß sie in einer Truhe untergebracht werden können.

Das Abflußspektrum schwankt in kleinen Einzugsgebieten (A_{Eo} < 1 km^2) zwischen wenigen Litern und bis zu 1000 l/s. Die Tab. 4-6 macht deutlich, daß der Stofftransport infolge Abflußwellen möglichst mit hoher zeitlicher Auflösung erfaßt werden muß. Bis über 70% der Jahresfracht würde bei einigen Parametern verloren gehen, wenn nur mittels Stichproben der Stoffaustrag gemessen würde. Das heißt, zur Erfassung des oberirdischen Austrages müssen entsprechende Meßvorrichtungen eingesetzt werden.

4.5.3 Grundwasser

Im Zusammenhang mit der Tiefenverlagerung aus dem Wurzelraum bzw. mit der Grundwasserbelastung mit Nitrat werden in jüngerer Zeit auch bei Untersuchungen im landwirtschaftlichen Forschungsbereich als begleitende Untersuchungsmethoden Messungen am oberflächennahen Grundwasser, wenn es nahe dem Wurzelraum ansteht, mit Hilfe von einfach ausgeführten Meßstellen durchgeführt. Die Grundwasserbeschaffenheit ist meistens vertikal geschichtet. Grundsätzlich ist deshalb ein Ausbau anzustreben, der eine Aufnahme von differenzierten Konzentrationsprofilen über die Tiefe erlaubt. Dazu eignet sich die multi-level-Bauweise in Abb. 4-25 (a); weitergehende Erläuterungen dazu sind z.B. bei SNELTING (1979) und bei NLWA (1990) zusammengefaßt zu finden. Im Fall (a) werden die Proben durch Absaugen über die kleinen Filter gewonnen. Um ein Saugen zu ermöglichen, darf der Grundwasserflurabstand nicht 7 m überschreiten. Wenn der Flurabstand größer wird, muß mit mobilen oder stationär, auf der entsprechenden Meßtiefe installiertenTauchpumpen gearbeitet werden. Jede einzelne Meßtiefe kann aber auch durch eine eigene Meßstelle erfaßt werden, so daß Meßstellenbauweisen, wie in Abb. 4-25 (b) dargestellt, entstehen. Die Bauweise (b) ist gegenüber der Bauweise (a) erheblich teurer. Sie erlaubt aber eine Regeneration der Filter bei Ablagerungen. Der Meßstellentyp (c) soll die Erfassung eines zuflußgewichteten Mittelwertes über die Filterlänge ermöglichen. Er wird in NLWA (1990) und LAWA (1990) für Basis- und Trendmeßnetze empfohlen, bei denen in erster Linie ein gewogener Mittelwert über die Mächtigkeit des Grundwasserleiters gewonnen werden soll. Weitergehende Erläuterungen zu Ausbauarten, zum Ausbaumaterial, zu Arten und Anordnung von Meßnetzen ist bei NLWA (1990) erläutert.

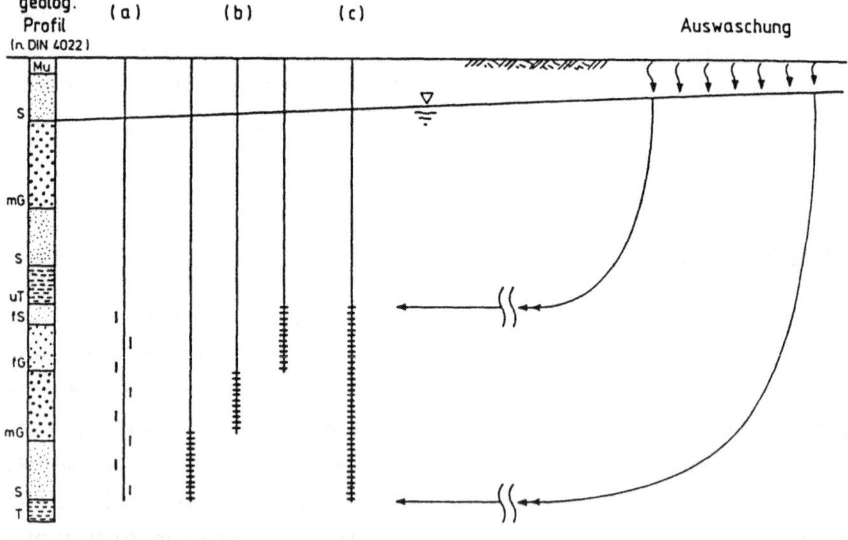

Abb. 4-25: Meßstellentypen zur Beobachtung der Beschaffenheit von Grundwasser

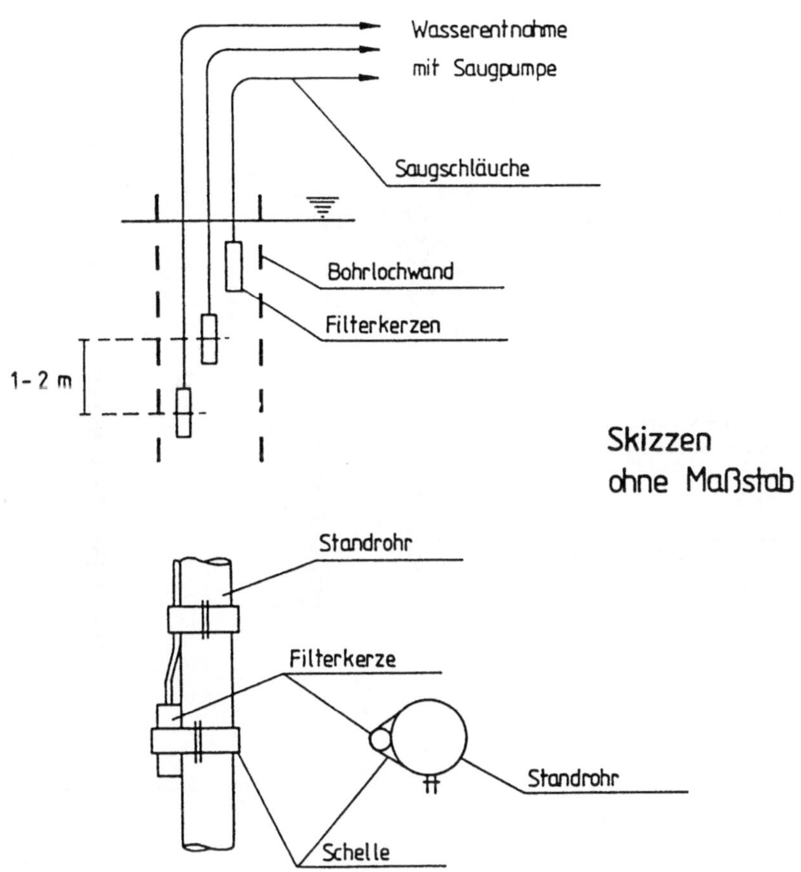

Abb. 4-25a: Bauweise einer Multi-Level-Meßstelle

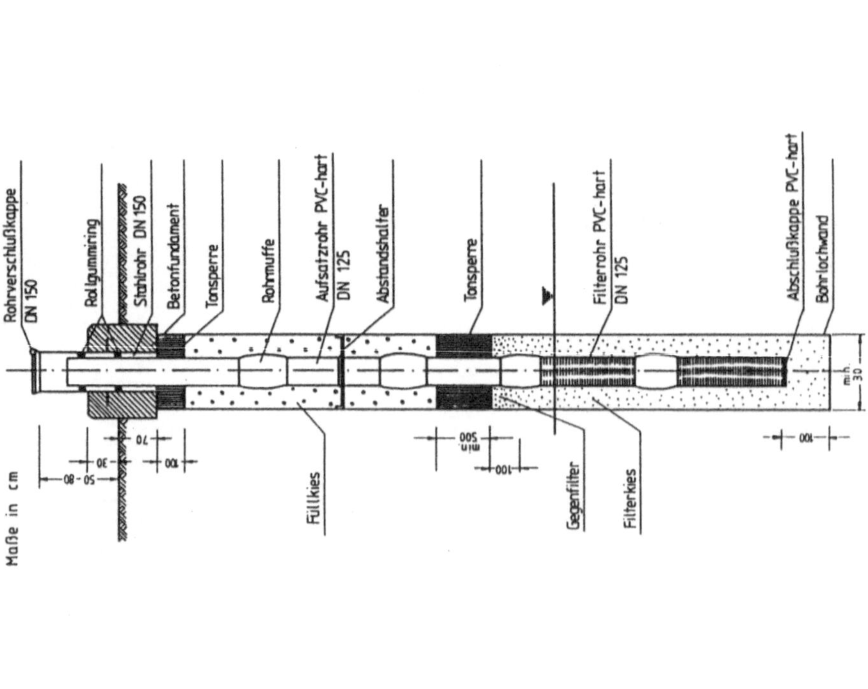

Abb. 4-25c: Bauweise einer durchgehend verfilterten Grundwassergütemeßstelle

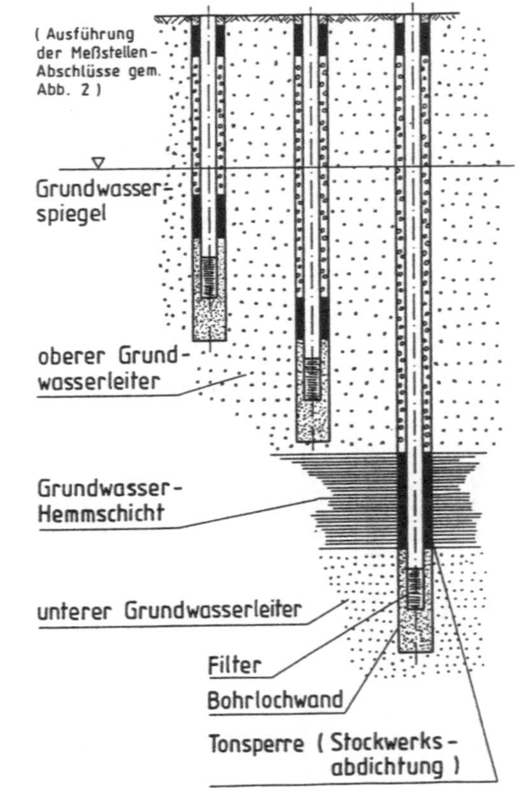

Abb. 4-25b: Bauweise einer Mehrfachmeßstelle

5 Stoffauswaschung aus dem Bodenkörper

Im Bereich der bodenkundlichen, forstlichen- und landwirtschaftlichen Forschung sind in den vergangenen dreißig Jahren eine Vielzahl von pflanzenbaulichen Versuchen bzw. Düngungsversuchen sowie Messungen direkt am System Pflanze-Boden durchgeführt worden. Von KOLENBRANDER (1981) wurde zum ersten Mal die Stickstoffauswaschung graphisch in Beziehung zur Stickstoffdüngung gesetzt, und zwar für die Kulturarten Acker und Grünland, für die Bodenartenhauptgruppen Sande und Lehme auf der Basis einer Grundwasserneubildungsrate von 300 mm/a; er stützte sich vorwiegend auf niederländische und angelsächsische Literatur. Weiter wurde das Thema Grundwasser/Trinkwasser - Bodennutzung u.a. in zwei Studien aus verschiedenen Blickwinkeln bearbeitet, die 1985 erschienen sind, DVWK (1985b), ROHMANN et al. (1985). Eine Zusammenfassung von Versuchsergebnissen zur Stickstoffauswaschung und zur Abschätzung der Stoffanlieferung an das Grundwasser wurde vom Autor gemeinsam mit Kollegen erstellt, WALTHER et al. (1985). Auszüge werden nachfolgend wiedergegeben. Umfangreiche Untersuchungen über den Nährstoffhaushalt von Waldsystemen wurden in der Vergangenheit von den Arbeitsgruppen um KREUTZER, ULRICH, BÜCKING durchgeführt. Der „natürliche Stickstoffeintrag" über die Atmosphäre wird bei ULRICH (1975) mit 2 bis 4 kg N/ha angegeben. In vielen Fällen war dieser Eintrag zusammen mit dem aus dem Waldhumus (z.B. Laubstreu) mobilisierten Stickstoff ausreichend, um den Pflanzenbedarf zu decken.

5.1 Auswaschung unter Wald

Bis vor wenigen Jahren galt die Stoffauswaschung der Böden unter Wald als „Hintergrund", der als Vergleich mit anderen anthropogen beeinflußten Daten der Stoffauswaschung herangezogen wurde. Waldstandorte sind bis heute bevorzugte Gebiete für die Trinkwassergewinnung. Daten zur Stickstoffauswaschung unter Wald mit dem Stand von 1985 sind in Tab. 5-1 zusammengefaßt. Abschnitt 3 machte aber deutlich, daß auf der Seite der Deposition beträchtliche Veränderungen stattgefunden haben. Nach Tab. 3-1 hat z. B. die NO_x-Emission in den vergangenen 30 Jahren um ca. 50% zugenommen. Weiter machte Tab. 3-5 deutlich, daß die Deposition unter Baumbeständen nahezu bei allen dort angegebenen Verbindungen im Mittel um den Faktor 2.0, zum Teil auch um den Faktor 3.0, höher als im Freiland liegt. Tab. 3-5 enthält für einige Waldstandorte, für Freiland- und Bestandsmeßstellen des Depositionsmeßnetzes des Landes Niedersachsen Depositionsraten von Stickstoff. Es wurde unter

Abschnitt 3 darauf hingewiesen, daß die Depositionsraten von Stickstoff in den Waldbeständen den Pflanzenbedarf oft weit überschreiten.

Die wichtigen Bilanzkomponenten des Systemes 'Wald' sind MATZNER et al. (1990) entnommen und in Tab. 5-2 zusammengefaßt. MATZNER et al. weisen darauf hin, daß die Messung der N-Flüsse mit den Bestandsniederschlägen (Kronentraufe) nur ein Mindestmaß der tatsächlichen N-Deposition der Waldgebiete darstellt, da die im Kronenraum deponierten, durch Blätter bzw. Nadeln assimilierten N-Verbindungen durch diese Messung nicht mit erfaßt werden. Die Tab. 5-2 enthält die langjährigen Eckdaten des N-Haushaltes für zwei Standorte im Solling (Weserbergland). Sie können als repräsentativ für Waldökosysteme auf versauertem Boden angesehen werden. Nach Tab. 5-2 liegt die N-Aufnahme durch Blätter und Nadeln zwischen 7 und 9 kg/ha · a. Nach MATZNER et al. können viele Waldökosysteme den über den Luftpfad eingetragenen Stickstoff noch zurückhalten. Für den Solling ist aber anscheinend die Überführung der deponierten Stickstoffmengen in organisch gebundenen Stickstoff (Immobilisierung) und die Festlegung in schwer zersetzbare Humusstoffe begrenzt und durch die bereits langanhaltenden Stickstoffeinträge weitgehend ausgeschöpft. Dies zeigt sich z.B. im Solling an erhöhten Nitratkonzentrationen in 1 m Bodentiefe, wie in Abb. 5-1 und Tab. 5-4 dargestellt wird. Es ist abzusehen, daß auch unter Waldbeständen an vielen Standorten mit erhöhter Nitratauswaschung zu rechnen sein wird.

Meßtechnik:

Die Messung der Auswaschung unter Waldbeständen ist meistens wegen der dünnen und steinigen Bodenauflage über dem Gestein und wegen der Verwurzelung des Bodens schwierig. Mit den in der Landbauforschung üblichen Lysimetern (Fläche 1 m^2, Tiefe 1 m) oder mit Röhrenlysimetern kann die Auswaschung nicht befriedigend erfaßt werden, aus Gründen, die unter Kap. 4.5 beschrieben wurden. Nährstoffgehalte im Sickerwasser unter Waldbeständen werden deshalb gemessen

(a) an Quelläufen, die die Fläche des zu untersuchenden Bestandes entwässern, siehe auch Kap. 4.5.2 ,
(b) durch Großlysimeter; z.B. bei St. Arnold/Münster, die mit verschiedenen Baumarten bestanden ist, SCHROEDER (1976) und
(c) durch Einbau keramischer Platten und Kerzen im Boden mit mehrfacher Wiederholung, verteilt über die Fläche eines Bestandes.

Literatur	Boden (DIN -Kurzzeichen)	$pH_{(KCl)}$ im obersten Teil des A_h	Bestand	Sickerwasser (mm/a)			N-Auswaschung/a kg N/ha			N-Auswaschung/a mg/l NO_3-N		
				min	max	$\bar{x}$	min	max	$\bar{x}$	min	max	$\bar{x}$
von KREUTZER (1983) zusammengefaßte Arbeiten (Messungen mit Saugkerzen und an kleinen Fließgewässern), BÜCKING	Sand (Podsol)	3,5	Kiefer, Fichte, Eiche						0,5		0,2	
BOYSEN, EVERS u. BÜCKING; HILL, KLETT u. KOPF KREUTZER u. HÜSER, MATZNER et al., STREBEL et al., WEIGER et al.,	Podsol Podsol-Braunerden Braunerde-Podsol versauerte Braunerde versauerte Parabraunerde	3,0-4,5	Kiefer, Fichte Buche, Eiche, Bergahorn				0,5	8		0,2	1,3	
	Braunerde-Podsol Braunerde, Parabraunerde, Terra fusca, Rendzina, Auen Rendzina	4,0-7,2	Kiefer, Fichte, Eiche, Buche, Bergahorn, Esche				3	20		1,3	4,5	
	Auen-Rendzina	7,0-7,5	Ulme, Esche, Grauerle, Pappel				10	40		4,5	11,3	
	Auen-Rendzina	7,0-7,5	Grauerle				25	60		11,3	22,6	
FOERSTER (1975)	Gley-Podsol (S)		Lärche, Fichte			235			9	0,77	7,0	4,0
SCHROEDER (1976)	(S)		Eiche, Buche	233	522	355	0,8	3,9	2,6	0,36	1,05	0,73
			Kiefer	77	388	198	0,7	3,7	2,1	0,54	1,01	1,55
STREBEL et al. (1982)	Gley-Podsol (grundwassernah, 0,8-1,8 m)		Kiefer			88				1		1
	Podsol (grundwasserfern >2 m)		Kiefer			215				9		4
BÜCKING et al. (1983)	Pseudogley	6,6	Fichte			478				5,1		1,06
	Parabraunerde		Buche				508	0,3	0,05			
MATZNER et al. (1982)	podsolige Braunerde	3,3	Fichte	400	600	500	17,8	28,7		0,01	22,3	1,8
		3,5	Buche	400	600	500	0,8	2,0		0,01	3,4	0,03
STAUFER et al. (1984)		5,2		1034	1211	1100	10,4	18,0	13,5	0,94	1,49	1,23

NO_3 (mg/l) = 4,43 . NO_3-N (mg/l); in der Spalte 6 und 7 sind unter „min, max" Jahresmittelwerte, unter „$\bar{x}$" Mehrjahresmittelwerte angegeben
Stand der Auswertung: 1985, aus WALTHER et al. (1985)

Tab. 5-1: Stickstoffauswaschung unter Wald bei verschiedenen Baumarten, Zusammenfassung von Meßwerten aus der Literatur, in WALTHER (1985)

	Buche (kg N/ha · a)	Fichte
Gesamtdeposition	ca. 42	ca. 52
• Aufnahme in das Blatt bzw. Nadel	ca. 7	ca. 9
• Fluß mit den Bestandsniederschlägen	35	43
• Bedarf des Bestandes für den jährlichen Zuwachs	12	10
• Fluß mit dem Streufall	51	46
• Output mit dem Sickerwasser	5	15
• Vorräte im oberirdischen Bestand	700	800
• Vorräte im Auflagenhumus	1270	2030
• Vorräte im Mineralboden	7400	5250

aus MATZNER et al. (1990), Buche, $\overline{x}$ über 1969-85; Fichte, $\overline{x}$ über 1977-85

Tab. 5-2: Langjährige Eckdaten des N-Haushaltes zweier Waldökosysteme im Solling (kg · ha^{-1} · a^{-1})

Meßstellen Nr.	Filtermitte (m u. GOK)	pH (-)	NO_3^- (mg/l)		Al^{3+} (mg/l)		n
			$\overline{x}$	max	$\overline{x}$	max	
231	11	4,6	48,2		0,46		3
352	9,5	4,2	34,4		2,8		3
400	5,5	4,1	3		4,9		1
402	7,5	4,3	8,5		4,5		2
452	6,0	4,2	23		8,4	15,8	3
465	6,0	4,1	10,6		11,0	21,8	3

GOK = Geländeoberkante, n = Anzahl der Meßwerte

Tab. 5-3: Oberflächennahes Grundwasser unter Wald, Wasserwerk Thülsfeld/ Weser-Ems, Niedersachsen

Untersuchungen zum Stoffhaushalt:
Waldstandorte sind gegenüber Ackerstandorten häufig auf ertragsärmeren Böden zu finden. Nur ca. 1% der Waldflächen Deutschlands werden mit Stickstoff gedüngt, überwiegend im Zusammenhang mit Neuanpflanzungen, KREUTZER (1983). Die von KREUTZER (1983) zusammengefaßten Daten in Tab. 5-1 zeigen die Abhängigkeit der Nitratkonzentration im Sickerwasser vom Boden-pH-Wert. Der größte Teil der Waldflächen in Deutschland gab nach Tab. 5-1 im Mittel noch weniger als 4,5 mg/l NO_3^--N bzw. weniger als 20 mg/l NO_3^- mit dem Sickerwasser ab.

Unter basischen Böden (Ulmen, Esche, Pappel) wurden bislang auch bis 50 mg/l NO_3^- gemessen. Die Bestände mit Ulmen, Erlen, Pappeln, Eschen sind allerdings flächenmäßig von geringer Bedeutung. Grauerlen binden mit Hilfe von Symbiontern 20 bis 30 kg Luftstickstoff/ha · a. Unter diesen Beständen können dann bis 100 mg/l NO_3^- im Sickerwasser auftreten, Tab. 5-1.

Einfluß der Baumarten und des Grundwasserflurabstandes:
Die Tab. 5-1 zeigt weiter, daß die Nitratkonzentration im Sickerwasser unter Fichten gegenüber unter Buchen leicht erhöht ist. Dies wird zum Teil auf die höhere Auskämmwirkung der Fichten (erhöhter N-Input in den Böden) zurückgeführt. Weiter spielt der Grundwasserflurabstand eine Rolle. Bei grundwassernahen Standorten hat sicher der mögliche Kapillaraufstieg und auch vermehrt auftretende anaerobe Zonen für die verminderte Stickstoffauswaschung Bedeutung.

Im Solling werden in ca. 1 m Bodentiefe unter Fichte inzwischen Werte bis 7,5 mg/l NO_3^-N und im Hils (Leinebergland) Werte bis 27 mg/l NO_3^-N bzw. 120 mg/l NO_3^- erreicht, MATZNER et al. (1990). Die Autoren weisen darauf hin, daß auch in tieferen Horizonten heute erhöhte Nitratfrachten auftreten.

Untersuchungen im Grundwasser-Einzugsgebiet des Wasserwerkes Thülsfeld/ Weser-Ems, zeigen unter Wald (Fichte) im Bereich der Wasserwerks-Brunnen im oberflächennahen Grundwasser zum Teil relativ hohe Nitratgehalte, Tab. 5-3. Dieses Gebiet weist einen hohen Viehbesatz auf. Auffällig sind auch die relativ niedrigen pH-Werte, die mit erhöhten Aluminiumwerten korrespondieren.

Die Arbeiten, die im Solling durchgeführt wurden, verdeutlichen, wie stark sich der gesamte Inhalt der Bodenlösung durch den anthropogen bedingten Stoffeintrag verändern kann, Abb. 5-1. Eine Autorengemeinschaft hat in DVWK (1990a) für verschiedene Waldökosysteme in Deutschland und einiger angren-

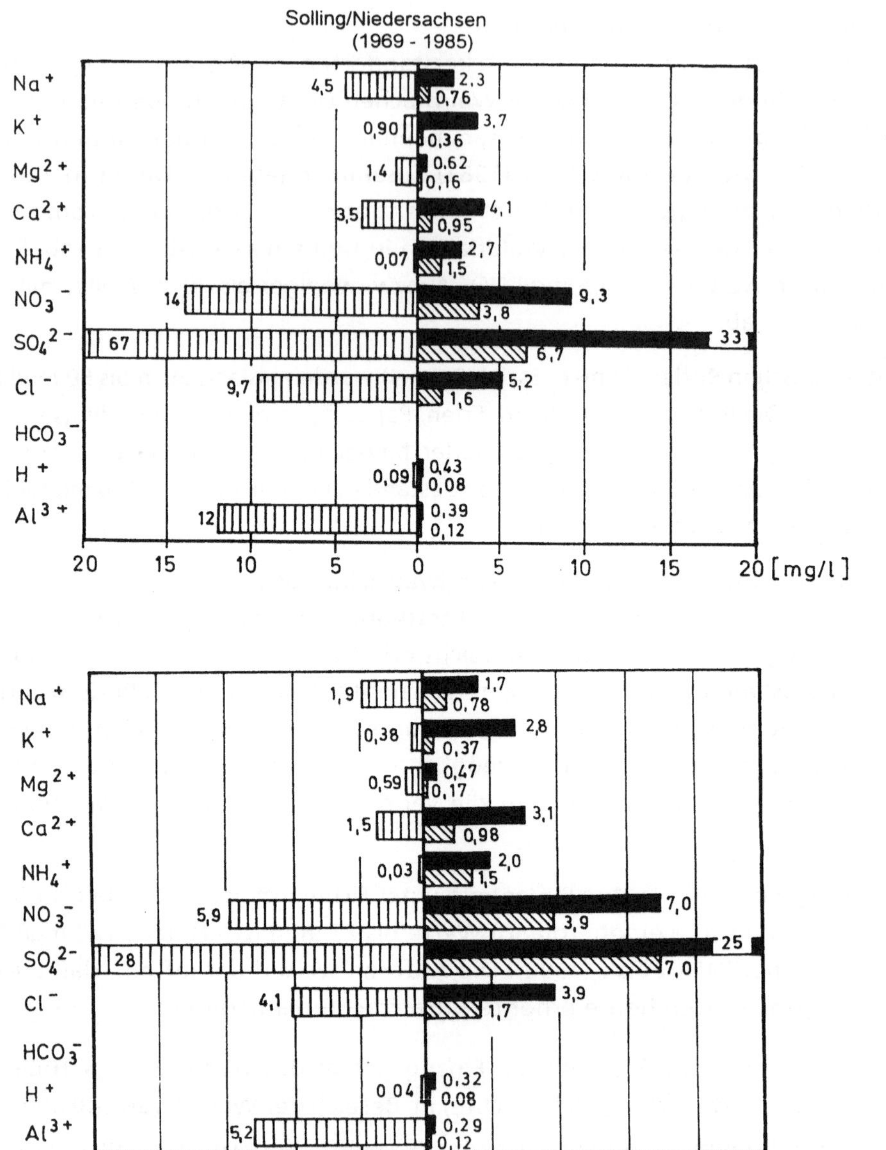

Abb. 5-1: Konzentration und Frachten des Ein- und Austrages von anorganischen Stoffen im Solling, DVWK (1990a)

Standort		Eintrag Laub	Mittelwerte Eintrag Nadelholz	Freiland	Austrag 1m Tiefe
Niedersachsen:					
- Lange Bramke	mg/l NO_3				
Harz (1981-82)	kg N/ha		43,0	37,0	8,0
- Lüneburger Heide	mg/l NO_3		5,8	3,7	0,3
(1980-85)	kg N/ha		36,0	30,0	1,1
- Spanbeck bei Göttingen	mg/l NO_3		19,0	4,6	63,0
(1982-85)	kg N/ha		56	27,5	40,0
- Harste bei Göttingen	mg/l NO_3		9,7	4,1	25,0
(1982-85)	kg N/ha		42,0	25,0	56,0
- Solling (1969-1985)	mg/l NO_3		9,3	3,8	14,0
	kg N/ha		70,0	39,0	7,0
- Solling (1969-1985)	mg/l NO_3	5,9		3,8	1,2
	kg N/ha	51,0		39,0	7,0
Bayern:					
- Fichtelgebirge	mg/l NO_3		2,2	1,1	3,7
(1984-86)	kg N/ha		11,0	9,0	14,0
Baden-Württemberg:					
- Schwarzwald	mg/l NO_3		3,6	1,8	3,6
Seebach (1986-87)	kg N/ha		67,0	43,0	62,0
- Schönbuch -					
Denzenberg bei	mg/l NO_3		3,2	2,0	1,7
Tübingen (1979-82)	kg N/ha		22,0	14,0	2,9

Tab. 5-4: Gegenüberstellung des Ein- und Austrages von Stickstoff bei verschiedenen Waldstandorten im Gebiet Deutschlands, aus DVWK (1990a)

zender Länder den Stoffeinträgen Stoffausträge aus dem Wurzelraum gegenübergestellt. Danach sind erhöhte Auswaschungen zu messen, die oft schon 50 mg/l NO_3^- überschreiten, wie Tab. 5-4 zeigt.

Zusammenfassend ist folgendes festzuhalten:
Forstliche, bodenbearbeitende Maßnahmen können zu hohen Stickstoffausträgen führen. Unter Fichtenneuanpflanzungen auf einer vorhergehenden Laubholzbestockung wurden im Sickerwasser bis 90 m/l NO_3^- gemessen (Saugkerzen, Tiefe 1.3-1.8m). Verursacht wurde diese durch den Abbau des hohen Humusgehaltes. Ähnliche Beobachtungen sind unter Eichen-/Buchenbeständen nach Bestandsausdünnungen (verstärkter Humusabbau, verringerter Pflanzenbedarf) gemacht worden. Die Nitratkonzentrationen im Sickerwasser erreichten dort 43 mg/l NO_3^-. Akkumulierte Stickstoffvorräte können durch Kalkungen (Anhebung des pH-Wertes) mobilisiert werden, die dann als erhöhte Nitratkonzentrationen im Sickerwasser erscheinen. Waldrodungen lassen erhebliche Stickstoffverluste des Ökosystems durch Auswaschungen erwarten, wenn nicht anschließend stickstoffziehende Bepflanzungen vorgenommen werden.

Bislang galt, daß bei Grundwasser-Einzugsgebieten mit Waldbeständen in der Regel ein nitratarmes Wasser erwartet werden konnte. Dies ist auch bis heute der Grund, daß zur Lösung von Problemen mit Nitrat in landwirtschaftlich genutzten Trinkwassergewinnungsgebieten die Aufforstung als eine Maßnahme empfohlen wird. Die vorstehenden Daten zeigen aber, daß in Forststandorten bei dem heutigen Niveau der Immissionen neben der Wassergefährdung durch Versauerung mit steigendem Nitratgehalt zu rechnen ist.

Ackerstandorte weisen im Pflughorizont (20-30 cm Bodentiefe) organisch gebundene Stickstoffgehalte von 3000 bis 14.000 kg N/ha auf, von denen nach Aufgabe des Ackerbaus z.B. die Hälfte in 4 Jahren in Nitrat umgewandelt werden kann. Von daher ist es nach Aufgabe des Ackerbaus notwendig, den Boden durch geeignete stickstoffentziehende Pflanzen zu „magern". Hierfür eignet sich zum Beispiel die Umwandlung des Ackerlandes in Grünland, wobei für einige Jahre das Gras gemäht und abgefahren werden muß. Hinzu kommt, daß bei einem Grünlandstandort die über die Atmosphäre eingetragenen Stoffmengen aufgrund der fehlenden Auskämmwirkung niedriger sind als bei Wald und damit die Versauerungsgefährdung nicht so hoch ist. Falls ein Trinkwassergewinnungsgebiet aufgeforstet werden soll, sind dafür einige geeignete Begleitmaßnahmen vorzusehen:

- Anbau und Abernten von Untersaaten – Kalkung der Böden in festem Zeitabstand,
- Ausrichtung der forstlichen Anpflanzungen an die Anforderungen der vorgenannten Maßnahmen, z.B. Anbau von Mischwald mit großräumigen Abständen, die eine Pflege des Bestandes erleichtert, u.U. durch Kalkungen.

5.2 Stickstoffauswaschung unter Acker und Grünland

Im Bereich des landwirtschaftlichen Versuchswesens sind seit Justus Liebig eine Vielzahl von Versuchen durchgeführt worden. Fragen des Pflanzenbaues, der Düngung standen im Vordergrund. Die Stickstoffauswaschung war hierbei zunächst nur als Bilanzgröße bzw. als Verlust, der bei der Düngungsbemessung berücksichtigt werden mußte, von Interesse. Vom Verfasser und Kollegen wurden Daten des landwirtschaftlichen Versuchswesens im Hinblick auf die Stickstoffauswaschung aus Böden untersucht, WALTHER et al. (1985,g). Für das Gebiet Gesamtdeutschland wurden 90 Arbeiten, aus dem europäischen Ausland (Österreich, Schweiz, Niederlande, England, Dänemark) 22 Arbeiten ausgewertet. Insgesamt wurden damit 64 verschiedene Versuchsstandorte erfaßt, davon 64 % Acker- und 36 % Grünlandflächen. In der Studie konnten neben zuvor schon erwähnten Auswertungen zu 'Wald' nachstehende Einflüsse auf die Höhe der Stickstoffauswaschung durch Daten mehr oder weniger gut abgesichert belegt werden:

- Schwarzbrache (Flächen, die im Versuch ganzjährig ohne Pflanzenbedekkung gehalten werden),
- Grünland verschiedener Nutzungsintensität,
- Acker mit unterschiedlichen Fruchtfolgesystemen und Düngungsstufen (Anbau nur einer Fruchtart in Folge, Getreide-Hackfrucht (Kartoffeln, Zuckerrüben) bzw. Mais in Folge, Feldfutterbau, Zwischenfruchtbau-Gründüngung),
- organische Düngung (Gülle, Klärschlamm) nach Zeit und Menge,
- Strohdüngung, Einarbeiten von Ernterückständen,
- Beregnung, Tiefpflügen,
- Boden-pH-Wert und C/N-Verhältnis im Boden.

Nachfolgend werden Ergebnisse für Grünland- und Ackernutzung (Fruchtfolge Getreide-Hackfrucht) wiedergegeben.

5.2.1 Grünland

Unter „Grünland" werden hier Flächen verstanden, die über lange Jahre ohne zwischenzeitlichen Umbruch bewirtschaftet werden. Grünlandstandorte finden sich einmal auf den weniger ertragreichen Böden im Vorland der Bergregion, in den Bergregionen selbst sowie auf den grundwassernahen Standorten Norddeutschlands auf Geest- (Sand), Marsch- und Moorböden. Lößböden sind gewöhnlich aufgrund ihrer Fruchtbarkeit bevorzugte Ackerstandorte und werden nur in Hanglagen als Grünlandstandorte genutzt. Grünlandstandorte werden genutzt als:

- Wiese (zwei und mehr Schnitte pro Jahr),
- Weide mit Viehbesatz,
- Mähweide = Kombination von Wiese und Weide.

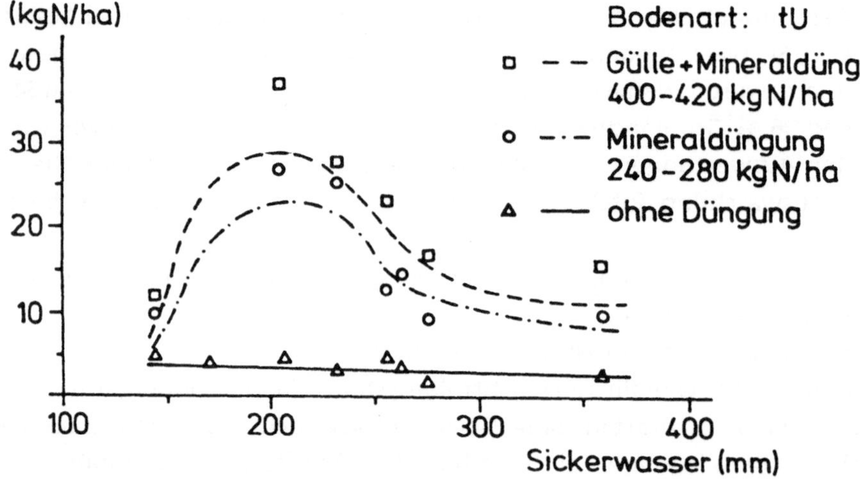

aus NEUHAUS (1983)

Abb. 5-2: Nitrat-N-Fracht und Sickerwasser bei Grünland auf Brackmarsch-Böden

Ergebnisse:

Die Versuchsergebnisse der Literatur sind in Tab. 5-5 für die Bodenartenhauptgruppen Sande und Lehme mit der Angabe von Spannweiten für Konzentrationen und Grundwasserneubildungsraten zusammengefaßt. Die Düngungsgaben oberhalb 500 kg N/ha in den Tab. 5-5 und 5-6 waren in den überwiegenden Fällen Gülle oder Klärschlamm. Es ist hier besonders darauf hinzuweisen, daß die oberen Werte der Düngungsangaben im Rahmen der Versuche zu sehen und keine Gaben sind, die dem Pflanzenbedarf entsprechen. Bei den Literaturangaben zu den Grünlandversuchen fehlen Angaben zum Grundwasserflurabstand. Es ist aber anzunehmen, daß es sich bei den Grünlandstandorten, zumindest im nordwestdeutschen Raum, um grundwassernahe Standorte handelt.

Beziehung der Auswaschung zum Sickerwasser:
In der Literatur werden relativ wenig Daten (Jahreswerte) angegeben, die eine Ableitung einer Beziehung der Stickstoffauswaschung, Konzentration und Fracht auf der einen Seite und Sickerwasserrate bzw. Grundwasserneubildung auf der anderen Seite erlauben. Bei ungedüngtem Grünland verändert sich die ausgewaschene Stickstoffmenge nur relativ geringfügig mit steigendem Sickerwasser, Abb. 5-2, NEUHAUS (1985). Dies bedeutet, daß bei nahezu konstant bleibender Fracht mit zunehmender Sickerwassermenge die Konzentration abnimmt, also die Bodenlösung zunehmend verdünnt wird. Diese Fracht kann als bodenbürtiger Stickstoffaustrag unter Grünland bei Sand-, Lehm- und Marschböden angenommen werden.

Die Abb. 5-2 und weitere Versuchsergebnisse, die bei WALTHER et al. (1985) dargestellt sind, deuten auf einen mehr oder weniger starken nichtlinearen Zusammenhang zwischen Fracht und Sickerwassermenge bei gedüngtem Grünland hin. Bei gedüngtem Grünland steigt schon bei geringen Sickerwassermengen die Nitratauswaschung (Fracht) verhältnismäßig stark bis zu einem Optimum an, das wahrscheinlich vom jeweiligen Bodennutzungssystem abhängig ist. Der Rückgang der Fracht nach Erreichen des Optimums ist wahrscheinlich durch verminderte N-Mineralisation und/oder durch Denitrifikation bei zunehmender Bodenfeuchte zu erklären.

In Deutschland im Küstenbereich können als Grundwasserneubildungsraten bis 400 mm/a und in den Mittelgebirgslagen bis 600 mm/a erreicht werden. In den großen Tälern und Ebenen der Flüsse sind Neubildungsraten zwischen 100 und 300 mm/a anzutreffen. Bei den Versuchen (Acker und Grünland) lagen die meisten Neubildungsraten zwischen 200 und 300 mm/a. Die Versuche decken damit weitgehend die Situation ab, die im Mittel in weiten Bereichen Deutschlands anzutreffen ist.

Boden-arten-haupt-gruppe	N-Eintrag bzw. Düngung kg N/ha·a	Konzen-tration mg/l N	Grundwasser-neubildungs-rate mm/a	Anzahl der Versuche
Sande	0	1,6-7,0	167-238	6
Lehme		$\bar{x}$ = 3,0		
Sande	200-750	1,1-52,8	136-614	15
Lehme	150-1368	1,1-28,0	222-480	8

mg/l NO_3^- = 4,43 · mg/l N

Tab. 5-5: Ergebnisse der Versuche mit Grünlandnutzung, Spannweiten der eingesetzten Nährstoffe, der Stickstoffauswaschung (Konzentrationen) und Grundwasserneubildungsrate

Boden-arten-haupt-gruppe	N-Eintrag bzw. Düngung kg N/ha · a	Konzen-tration mg/l N	Grundwasser-neubildungs-rate mm/a	Anzahl der Versuche
Nullversuche:				
Sande	0	3,8-25,4	107-614	6
Lehme	0	1,2-33,4	142-405	8
Sande	bis 6000	bis 383,4	107-614	41
Lehme	bis 1490	bis 106,4	94-486	43

Tab. 5-6: Ergebnisse der Versuche mit dem Fruchtfolgesystem Getreide - Hackfrucht, Spannweiten der eingesetzten Nährstoffe, der Stickstoffauswaschung (Konzentration) und Grundwasserneubildungsrate

Im Bereich der landwirtschaftlichen Forschung und Praxis werden die Komponenten der Stickstoffbilanz und somit die Auswaschung aus dem Wurzelraum in der Regel als Fracht F_i angegeben. Die Verknüpfung mit der Konzentration c_i und der Grundwasserneubildung s_i macht nachstehende Gleichung deutlich; der Faktor 100 erfaßt dabei die Umrechnung der Dimensionen:

(5-1) F_i (kg N/ha) = c_i (mg/l N) · s_i (l/m²)/100

i = Nutzungstyp (z.B. Grünland oder Acker)

Um die Frachten, die in den Versuchen (Acker und Grünland) bei unterschiedlichen Neubildungsraten gewonnen wurden, miteinander vergleichen zu können, wurden sie jeweils über die Konzentration gemäß Gleichung (5-1) auf 200 mm/a bezogen. Die Frachten wurden weiter in Beziehung zur Düngungshöhe des gleichen Versuchsjahres gesetzt, Gleichung (5-2) bis (5-5). Die Abb. 5-3 und 5-4 geben damit die Tendenz wieder, mit der sich im Mittel über alle Versuche die Stickstoffauswaschung (Fracht und Konzentration) aus dem Wurzelraum mit der Düngung verändert. Die aus dem Wurzelraum ausgetretenen Stickstoffmengen sind für Pflanzenwurzeln nicht mehr erreichbar und unterliegen der Tiefenverlagerung zum Grundwasser.

Unter Grünland bei Sand- und Lehmboden ist die Auswaschung (Fracht) nach Abb. 5-3 bis zu einer Düngung um 200 kg N/ha · a weitgehend unabhängig von der Düngungshöhe. Die Konzentration liegt unter 4 mg/l N und entspricht im Mittel dem Konzentrationsbereich, der in der Regel unter Fichten- und Buchenbeständen, unter neutralen bis sauren Böden ermittelt werden kann, wenn in der jüngeren Vergangenheit keine Veränderungen am Bestand vorgenommen wurden. Der Kurvenverlauf in Abb. 5-3, der durch Meßwertpaare ausreichend abgedeckt ist, wurde ausgezogen bzw. strichpunktiert dargestellt. Die Gleichung 5-3 für die Bodenartenhauptgruppe Lehme ist aufgrund der wenigen vorliegenden Meßwertpaare unsicher, worauf auch der niedrige Korrelationskoeffizient hindeutet. Nach den vorliegenden Versuchsergebnissen unterscheiden sich die Konzentrationen innerhalb einer Bodenartenhauptgruppe zwischen den einzelnen Bodenarten, wie sandiger Lehm, schluffiger Lehm, nicht wesentlich. Das heißt, es kann bei vorgegebenem Düngungsniveau innerhalb einer Bodenartenhauptgruppe in erster Näherung von einer Konzentration ausgegangen werden. Die Grundwasserneubildungsrate ist dagegen wesentlich stärker von der Bodenart abhängig. Mit Hilfe der Konzentration, die für 200 mm

Grundwasserneubildung aus den Gleichungen 5-3 bis 5-6 und über Gleichung 5-1 ermittelt wird, kann dann die Fracht für verschiedene bodenspezifische Grundwasserneubildungsraten geschätzt werden:

(5-2) $F_i = (F_{200} \cdot 100/200) \cdot s_i$

Die hier dargestellten Diagramme und Gleichungen gelten für nachstehende Bedingungen:

- Bodentiefe 0,8 bis 1,8 m (entspricht weitgehend der Unterkante des Wurzelraumes),
- bei Grünland grundwassernahe Standorte, bei Acker grundwasserferne Standorte (Flurabstand größer 1,8 m),
- keine Berücksichtigung des Bodenvorrates an gelöstem Stickstoff bei der Düngungsbemessung, d.h. keine N_{min}-Bestimmung,
- längerfristig gleichbleibende Stickstoffumsatzleistung der Böden (Humusgehalt, C/N-Verhältnis),
- längerfristig keine Änderung der Nutzungsart (5 Jahre und mehr), z.B. kein Wechsel von Grünland zu Ackerkulturen oder von Wald zu Ackerkulturen usw.

Die Datenbasis der Diagramme enthält nachfolgende Streuungsursachen, die im nachhinein nicht mehr zu eliminieren waren:

- spezifische Fehler der Meßmethoden, z.B. Lysimeter im Vergleich zur gedränten Versuchsfläche,
- unterschiedliche Probenahmetiefen,
- unterschiedliche Bodenbearbeitung, z.B. Pflugtiefe,
- unterschiedliche Boden-pH-Werte,
- Zusammenfassung differenzierter Bodeneigenschaften in jeweils einer Bodenartenhauptgruppe, wie Sande bzw. Lehme,
- unterschiedliche Standorteigenschaften wie Klima, Grundwasserflurabstand,
- verschiedene Stickstoffumsatzleistung der Böden.

Eine Gruppenbildung der Daten, z.B. nach Meßmethoden oder nach Boden-pH-Werten, um die Streuung bei der Zusammenfassung der Daten in Diagrammen bzw. Gleichungen zu vermindern, war bei dem vorliegenden, relativ begrenzten Datenumfang nicht möglich. Eine weitergehende Beschreibung der Grundlagen, die zur Ableitung der Diagramme geführt haben, kann WALTHER et al. (1985) entnommen werden.

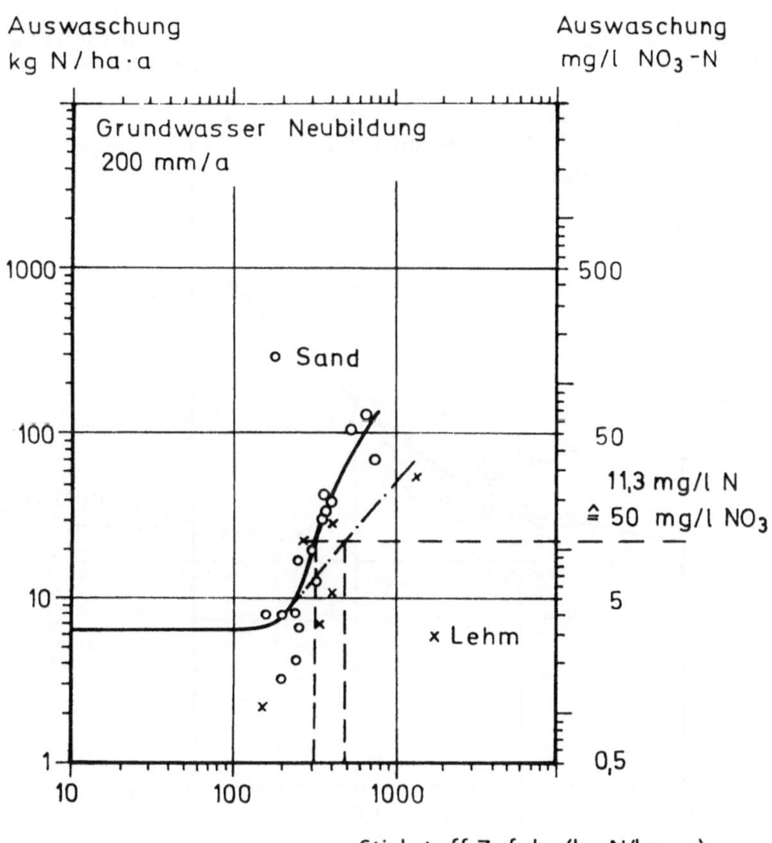

Bodenartenhauptgruppe Sande

Gültigkeitsbereich der Funktion: N-Zufuhr, z.B. Düngung 210-750 (kg N/ha · a)

(5-3) F (kg N/ha · a) = -53.48 + 0.259 · Stickstoff-Zufuhr (kg N/ha · a)

Korrelation r = 0,95 Anz. der Wertepaare n = 16

Standardabweichung der Schätzung $s_{y \cdot x}$ = ± 10.2 (kg N/ha · a)

Bodenartenhauptgruppe Lehme

Gültigkeitsbereich der Funktion: N-Zufuhr, z.B. Düngung 210-1370 (kg N/ha · a)

(5-4) F = -2.92 + 0.054 · Stickstoff-Zufuhr r = 0.33, n = 7, $s_{y \cdot x}$ = ± 8.7

Bodenartenhauptgruppen Sande und Lehme, Grundwasserneubildungsrate von 200 mm/a.

Abb. 5-3: Stickstoffauswaschung unter Grünland

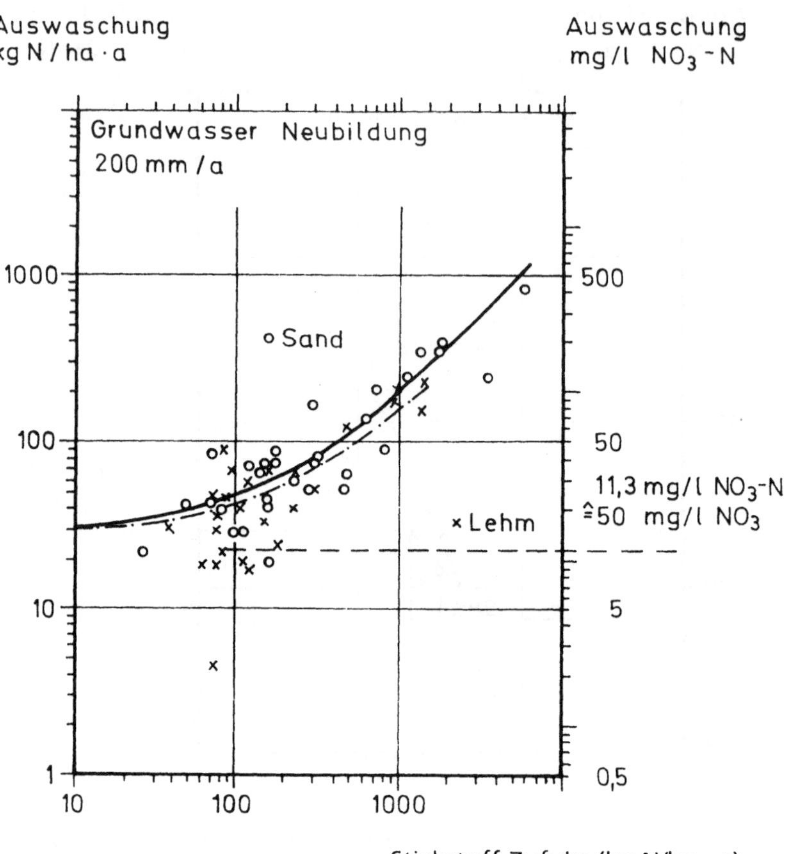

Bodenartenhauptgruppen Sande und Lehme, Grundwasserneubildungsrate von 200 mm/a.

Vertretbarer Gültigkeitsbereich der Funktionen:
jeweils N-Zufuhr, z.B. Düngung 0-1500 (kg N/ha ·a)

Bodenartenhauptgruppe Sande

(5-5) $F = 29.00 + 0.174 \cdot \text{Stickstoff-Zufuhr}$ $r = 0.93$, $n = 36$, $s_{y \cdot x} = \pm 33.8$

Bodenartenhauptgruppe Lehme

(5-6) $F = 28.02 + 0.119 \cdot \text{Stickstoff-Zufuhr}$ $r = 0.90$, $n = 39$, $s_{y \cdot x} = \pm 21.3$

Abb. 5-4: Stickstoffauswaschung unter Acker, Fruchtfolge Getreide - Hackfrucht

5.2.2 Ackernutzung, besonders Fruchtfolge Hackfrucht-Getreide

Als Hackfrucht traten bei den Versuchen überwiegend Zuckerrüben auf, vereinzelt aber auch Kartoffeln und Mais. Die Spannweiten der vorgefundenen Meßwerte sind in Tab. 5-6 zusammengefaßt. Die extremen Gaben waren Gülle und Klärschlamm, jeweils angegeben als Gesamtstickstoff. Der Stickstoffanteil, der im ersten Jahr der Anwendung pflanzenwirksam wird, konnte aus den Literaturstellen nicht mehr ermittelt werden. Der pflanzenwirksame Teil kann an sich nur mit einer mineralischen Stickstoffdüngung verglichen werden. Aus diesem Grund wurde der Gültigkeitsbereich der Funktionen (5-4) und (5-5) bei einem N-Eintrag einer Düngung von 1500 kg N/ha · a begrenzt.

Abb. 5-4 zeigt als Zusammenfassung der Versuchsergebnisse „Acker", daß die Stickstoffauswaschung hier im Gegensatz zum Grünland, ausgehend von der Düngung „Null" mit der Düngung zunimmt. Allerdings sind die Streuungen um die Ausgleichsfunktionen relativ groß, wie die Standardabweichungen der Schätzungen zeigen. Nach Abb. 5-4 unterscheidet sich die Nitratkonzentration unterhalb des Wurzelraumes eines Lehmbodens nicht wesentlich von der eines Sandbodens. Da aber die Grundwasserneubildungsrate bei einem Lehmboden häufig niedriger als bei Sand ist, fällt in der Praxis auch die Stickstofffracht bei Lehm geringer als bei Sand aus.

5.2.3 Diskussion der Versuchergebnisse, die unter Grünland und Acker gewonnen wurden

Die ökonomisch optimale Stickstoffdüngung bei Grünland liegt zur Zeit bei 150 kg N/(ha · a). In der Praxis werden auch Werte bis 450 kg N/ha eingesetzt. Bei Nitratproblemen in Grundwasser-Einzugsgebieten wird die Dauergrünlandnutzung oft als eine der möglichen Lösungen des Problems gesehen. Abb. 5-3 zeigt, daß auch Grünland differenziert betrachtet und nach der Intensität der Nutzung gefragt werden muß.

Das Düngungsniveau bei der Fruchtfolge Getreide-Hackfrucht liegt zur Zeit meistens zwischen 120 und 200 kg N/(ha · a). Wie schon zuvor erwähnt, wurde bei den Versuchen „Acker" bei der Düngerbemessung der im Boden vorhandene mineralisierte Stickstoff (N_{min}) nicht berücksichtigt. Dies heißt, daß nach Abb. 5-4 unter der Fruchtfolge Getreide-Hackfrucht ohne eine verbesserte Düngungsbemessung ein Wert von 50 mg/l NO^-_3 im Mittel nicht unterschritten werden kann. Würde man in einem Jahr nicht düngen (Nulldüngung), aber Früchte anbauen, dann läge die mittlere Konzentration immerhin bei 60 mg/l NO_3. Ein einmaliger Verzicht auf eine Düngung bringt danach noch keine Entlastung des Grundwassers.

5.3 Auswaschung weiterer gelöster Stoffe, zusammenfassende Betrachtung

Die Hauptnährelemente N, P, K, Na, Ca, Mg, S und Cl unterliegen, wie unter Abschnitt 4 schon erwähnt, einem Kreislauf, und gelangen über den Luftpfad und Dünger in die Ökosysteme. Die übrigen zuvor genannten Stoffe gelangen als Düngerbegleiter in die Böden, werden wie Magnesium direkt als Dünger oder wie Calcium zur Stabilisierung des Bodenmilieus zugeführt. Natrium, Schwefel, Chlorid, Calcium, Magnesium sind ebenso in starkem Maß Bestandteile der Minerale des Bodens und des Grundwasserleiters. Stoff-Frachten dieser Elemente, die im Grundwasser oder im Fließgewässer ermittelt wurden, spiegeln deshalb die örtliche, geologische Situation wider. Generalisierende Angaben von Konzentrationen und Frachten in Abhängigkeit von der Bodennutzung, wie dies für Stickstoff in den drei vorhergehenden Kapiteln gezeigt wurde, sind bei den hier genannten Elementen schwer möglich. Ähnlich wie für die Standorte im Solling werden von ALBERTSEN et al. (1980), zit. in MATTHESS (1990), und GRUHN (1986), zit. in MATTHESS (1988), für den Segeberger Forst in Schleswig-Holstein für die verschiedenen Ebenen der Ökosysteme, wie Deposition, Boden, ungesättigte Zone, Grundwasser für die vorgenannten Elemente und Metalle Massenflüsse genannt, so daß sehr gut verfolgt werden kann, in welchem der durchflossenen Kompartimente eine Stoffmobilisierung bzw. Festlegung stattgefunden hat. Solche Unterlagen für Ackerland und Grünlandstandorte stehen dem Verfasser nicht zur Verfügung. Umfassende Datenangaben für die kleinen Fließgewässer im Harzvorland, graphisch und tabellarisch aufbereitet, z.B. Dauerlinien vorgenannter Elemente, können bei WALTHER (1979) und WALTHER et al. (1980) nachgelesen werden. Meßergebnisse zu diesen Elementen, Konzentrationen und Frachten, die am Fließgewässer gewonnen wurden, sind auch zu finden in: EINSELE (Hrsg, 1986), SÜSSMANN (1980), SCHULTE-WÜLWER-LEIDIG (1985), GÖTTLICHER GÖBEL (1987).

Als Zusammenfassung werden in Tab. 5-7 für die Minimumstoffe der Pflanzenernährung Stickstoff, Phosphor, Kalium Stofffrachten und Stoffverhältnisse angegeben, einmal für den Stoffeintrag und zum anderen für den Stoffaustrag. Im oberen Teil der Tabelle ist die Nährstoffzufuhr anorganischer und organischer Dünger zusammengestellt. Die Zusammensetzung häuslichen Abwassers zeigt die 1. Zeile der Tabelle. Das Nährstoffverhältnis entspricht weitgehend dem der Dünger.

Im unteren Teil der Tabelle sind für die Kulturarten Wald und Acker Konzentrationen für N, P, K angegeben, die unterhalb des Wurzelraumes im Bodenkörper und an Dränausläufen gemessen werden können. Weiter enthält die Tabelle Daten, die in flachen Grundwasserleitern vom Verfasser gemessen worden sind. Es ist festzustellen, daß die Phosphor-Auswaschung aus mineralischen Böden sehr niedrig ist. Die Auswaschung von Stickstoff verhält sich zu der von Kalium bei mineralischen Böden wie 100:28 bis 56. Dieses Verhältnis N:K auf der Seite der Bodenauswaschung entspricht in etwa dem Verhältnis N:K auf der Seite der Nährstoffzufuhr auf die Böden mit mineralischen und organischen Düngern, wie die Tabelle zeigt, wenn der obere Teil mit dem unteren verglichen wird. Diese Situation kann sich in landwirtschaftlich genutzten Gebieten bis in das Grundwasser fortpflanzen, wie dies an der Tabelle im unteren Teil deutlich wird. Es handelt sich hier um einen Grundwasserkörper, der im oberen Teil sauerstoffreich ist. In Grundwasserkörpern mit reduzierendem Milieu (O_2-Gehalt < 5 mg/l) verschieben sich die Verhältnisse, da die Nitrat-Konzentration gegen Null gehen kann. Hierauf wird später noch einmal eingegangen werden.

Aufgrund der eigenen Untersuchungen und der Ergebnisse aus der Literatur läßt sich folgende generalisierende Aussage machen:
Die geochemisch bedingte Hintergrundkonzentration von Phosphor in Fließgewässern und im Grundwasser unter mineralischen Böden liegt im Bereich weniger µg/l. Unter naturnahen Bedingungen tritt Stickstoff vorwiegend als Nitrat auf; die Konzentration von Ammonium liegt gewöhnlich unter 0,5 mg/l. Die Nitrat-Hintergrundkonzentration dürfte weit unter 4 mg/l NO_3-N (17 mg/l NO^-_3) liegen, wie sie unter Baumbeständen oder Grünland zu messen ist, die nicht wesentlich durch luftgetragene Säuren belastet sind. Für Kalium wie auch für Chlorid, Sulfat, Natrium, Calcium, Magnesium lassen sich keine allgemeingültigen Hintergrund-Konzentrationen angeben, da sie ortsspezifisch vom Vorrat des durchflossenen Gesteins geprägt werden. Trotzdem besteht für Kalium in gleicher Weise wie bei Stickstoff eine Abhängigkeit der Konzentration im Gewässer von der Kulturart, die allerdings von dem geologisch bedingten Gebietsvorrat überlagert wird, so daß nicht für jede Landschaft die Wirkung des Kulturartenverhältnisses eindeutig erkennbar ist.

Zeilen-Nr.	Stoffquelle	Stoffmenge N	P	K	Stoffverhältnis N	: P	: K
1	**Nährstoffzufuhr**						
	- häusl. Abwasser	mg/l:					
	KA-Zulauf	85	15	39	100	: 17	: 46
Literatur	FAUSTZAHLEN (1983)						
2	- Düngungsempfehlung	kg/ha					
	zu Körnermais:	120 - 200	20 - 40	84 - 118	100	: 17 - 20	: 59 - 70
	- Gülle, 10 % TS	kg/m³:					
	Schwein	8	1,3	2,1	100	: 16	: 26
	Rind	4,6	0,5	2,4	100	: 11	: 52
- zusammengefaßt:					100	: 11 - 20	: 26 - 70
		$\bar{x}$ (mg/l) NH_4-N + NO_3-N + org. N	PO_4-P	K	N	: P	: K
Literatur	BÜTTNER et al. (1986)						
3	**Auswaschung**						
	Wald, Böden stark versauert						
	- Wingst 1983-84	6,25	0	1,78	100	: 0	: 28
	- Westerberg 1983-84	20,58	0	5,96	100	: 0	: 46
Literatur	WALTHER (1979)						
4	**Acker**						
	- Lößlehm, Raum Wolfenbüttel	7,3	0,08	2,8			
	Hackfrucht Getreide,	÷		÷	100	: 0	: 38
	Düngung übliches Niveau	13,0		4,9			
	- Hochmoor	bis 20	bis 8				
Literatur	eigene Untersuchungen						
5	Stoffgehalte Grundwasser						
	Porengrundwasserleiter,						
	überwiegend Sand						
	- Raum Rotenburg						
	- O_2-Gehalt > 2 mg/l:	25		12			43
	Filtertiefe 12 - 20 m	÷	>0,02	÷	100	: 0	: ÷
	unter Gelände	29		13			48
	- Raum Verden						
	- O_2-Gehalt >2 mg/l	0,3	>0,02	1,9			
	Filtertiefe 12 - 24 m	÷	÷	÷	K	> N	>> P
		1,4	0,05	7,8			

Tab. 5-7: Konzentrationen von Stickstoff, Phosphor, Kalium und Stoffverhältnisse im Dünger und in Gewässern

6 Stoffeintrag in kleine Fließgewässer land- und forstwirtschaftlich genutzter Einzugsgebiete

6.1 Entwicklung der Forschung, Methodik und Aussagekraft der Untersuchungsergebnisse

Auf die allgemeine Entwicklung der Forschung im Zusammenhang mit Problemen der Gewässereutrophierung und des Stoffexportes der Landschaft wurde unter Kap. 2.3 eingegangen. Es wurde dort auch darauf hingewiesen, daß zu Anfang der siebziger Jahre die Meßtätigkeit sich sehr stark auf rein land- und forstwirtschaftlich genutzte Einzugsgebiete konzentrierte. In Abb. 6-1 und Tab. 6-1 sind für den Bereich der alten Bundesrepublik diese Einzugsgebiete zusammengestellt. Die Lage der Gebiete ist oft nicht exakt zu bestimmen, da in den Publikationen selten Koordinaten angegeben wurden oder selten ein Bezug zu topographischen Karten hergestellt wird. Es sind hier nur Gebiete mit mineralischen Böden berücksichtigt worden, da sie gegenüber organogenen Böden (Mooren) flächenmäßig von größerer Bedeutung sind. Es darf davon ausgegangen werden, daß die Wasserläufe in diesen Gebieten frei von Abwassereinflüssen sind bzw. während der Untersuchungsphase waren.

Ziele der Untersuchungen:

- Am Anfang aller Untersuchungen steht jeweils die Frage nach dem Einfluß der Nutzung auf die Gewässer und nach dem Stoffexport der Landschaft im Raum.
- Im Bereich der Forstwirtschaft sollten Messungen an Wasserläufen u.a. Auskunft über die Nährstoffversorgung der Waldstandorte sowie über die Wirkung von forstlichen Maßnahmen wie Bestandsdüngungen geben.

Seit den siebziger Jahren stehen weiter folgende Fragen im Vordergrund:

Welche Prozesse steuern den Austrag? Welche Beziehungen bestehen zwischen den Gebietseigenschaften und Teilkomponenten des Stoffaustrages, und wieweit lassen sich die Beziehungen numerisch formulieren?

- Wie erfolgt der Stofftransport infolge von Abflußwellen in rein forst- und landwirtschaftlich genutzten Gebieten?
- Welche Anteile der Stofffrachten entstehen an der jeweiligen Jahresfracht infolge der Abflußwellen?
- Vom Verfasser wird für reine Ackerbaugebiete und von VERWORN (1977) für

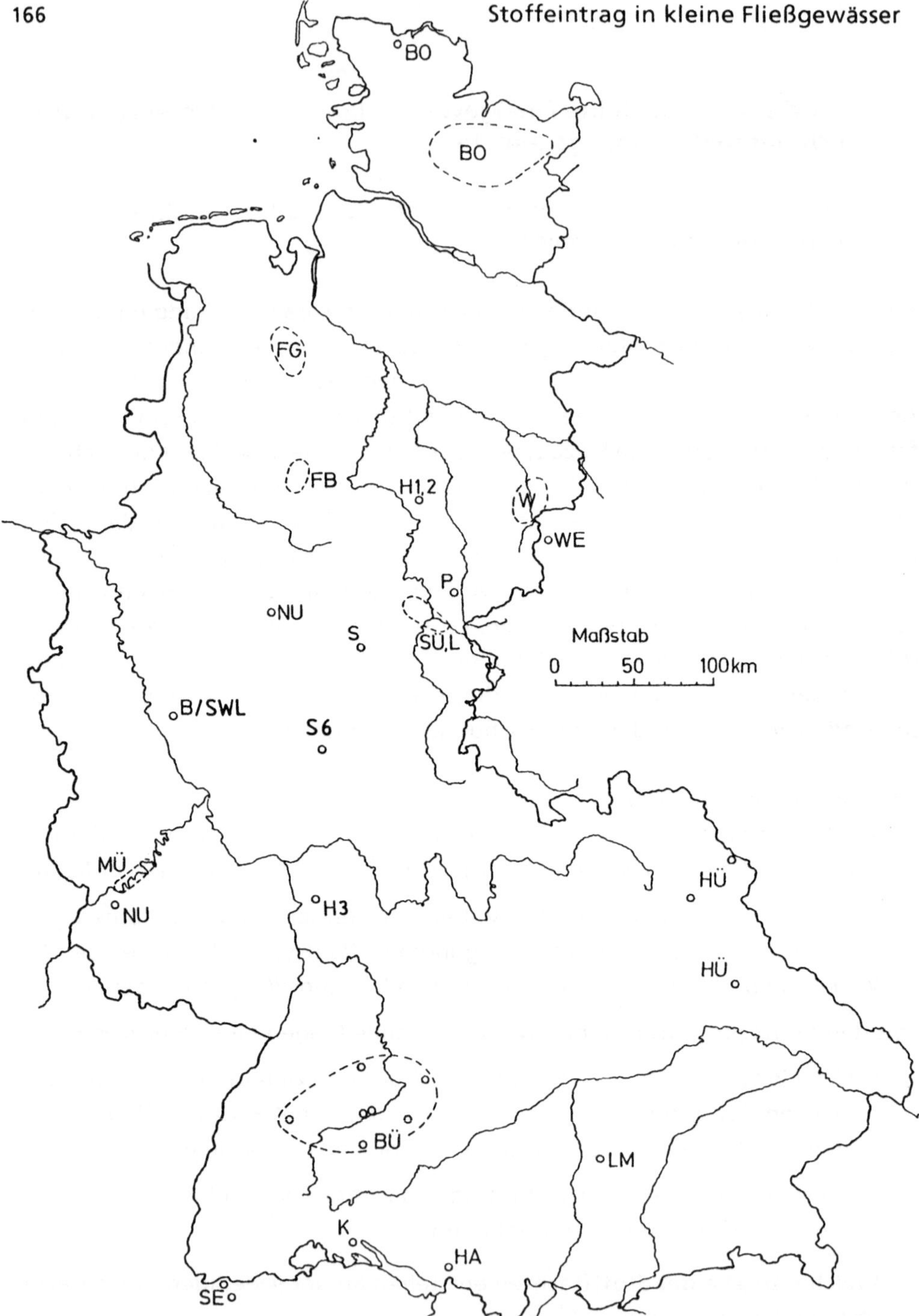

Abb. 6-1: Lage der untersuchten land- und forstwirtschaftlich genutzten Einzugsgebiete im Bereich Westdeutschlands

Verfasser	Geogr. Lage d. Meßgebiete	Untersuchungs-zeitraum	Kennung
SÜCHTIG 1(1953)	- Nordhessen, Südniedersachsen	1950-51	SÜ
HÖLL (1953)	- Weserbergland	1950-51	H1, H2
	- Rheinrandberge b. Darmstadt		H3
KLETT (1965)	- Bereich Stockacher Aach, Bodensee	1961-62	K1-K3
BERNHARDT, et al. (1969)	- Rhein: Schiefergebirge, Wahnbachtal	1965-67	B
WEGNER (1971)	- Ostharz, Rappbodetal	1967-68	WE1-WE2
BÜCKING (1975)	- Keuperbergland bei Stuttgart	1972-73	BÜ1, BÜ2,
	- Schwäbische Alp		BÜ3, BÜ4
BÜCKING (1977)	- Nordschwarzwald, Schurwald	1972-76	BÜ5
HÜSER (1975)	- Oberpfalz, Bayern	1975	HÜ1, HÜ2
NUSCH (1975)	- Talsperrenzuflüsse Rheinl.-Pfalz,		
	Nordrhein-Westfalen	1970-74	NU1-NU2
LEHNHARDT et al. (1983)	- Nordhessen, Kaufunger Wald,	1973-75	L1, L2
	Rheinhardswald	1973, 1975	L3
PREUSS (1977)	- Raum Göttingen	1973-75	P
BOYSEN (1977)	- östl. Schleswig-Holstein	1973-76	BO1-BO3
WALTHER (1979),	- Lößzone, nördl. Harzvorland	1974-79	W
LAMMEL (1990)		1981-88	
SÜSSMANN (1980),	- Ederseegebiet,	1976-82	S1-S5 (S1-S3)
WOHLRAB et al. (1983)	Raum Gießen (Krofdorfer Forst)	1978-81	S6 (S4)
FOERSTER/NEUMANN (1981)	- Geest, Raum Oldenburg	1974-77	FG7-FG13
	- Bergland, Raum Osnabrück		FB16-FB20
HAUFFE (1982)	- Bereich Argen, Bodensee	1978-79	HA1-HA3
MÜLLER (1982)	- Mosel, Raum Wittlich, Bernkastel	1978-79	MÜ1-MÜ2
SEILER (1983)	- Bereich Baseler Tafeljura	1979-80	SE1-SE2
HIRMER (1984)	- tertiäres Hügelland, LK. Fürstenfeldbruck	1979-82	LM1-LM3
SCHULTE-WÜLWER-LEIDIG (1985)	- Bergisches Land, Wahnbachtalsperrenregion	1981-83	SWL1-SWL3
GÖTTLICHER-GÖBEL (1987)	- Ederseegebiet (Saubach)	1981-83	S5
	Ederseegebiet (Vogelgraben)	1983	S4
PETER (1988)	- Bergisches Land, Wahnbachtalsperrenregion	1984-85	SWL1-SWL3

Die Kennung zeigt die Lage der Gebiete auf der Karte an.
Die Angaben in ( ) beziehen sich auf die Tabelle bei WALTHER (1985 a)

Tab. 6-1: Verzeichnis der rein land- und forstwirtschaftlich genutzten Untersuchungsgebiete, Autoren und Untersuchungszeitraum

Gebiete mit Siedlungseinfluß der Austrag von Stoffen in Wellen zum ersten Mal mit Hilfe des Unit-Hydrographs in Beziehung zum Niederschlag gesetzt.

- In den neueren Arbeiten ab ca. 1980 werden Zusammenhänge zwischen Gewässergüteparametern und Abfluß bzw. zwischen Güteparametern untereinander mit Hilfe der Korrelations-/Regressionsrechnung herausgearbeitet.

- Stoffkonzentrationen und -frachten, die im Fließgewässer bestimmt werden, sind das Ergebnis der vielschichtigen Prozesse, die auf den zeitlich langen unter- und oberirdischen Fließwegen im Einzugsgebiet bis zum Meßpunkt ablaufen. In der Hydrologie kann das unterschiedliche Abflußverhalten verschiedener Einzugsgebiete durch Gebietskennwerte wie Formfaktor und Gewässernetzdichte vergleichend umschrieben werden, CHOW (1964). Da der Stoffaustrag vom Abflußgeschehen abhängig ist und hier zwangsläufig enge Beziehungen bestehen, liegt es nahe, mit den Daten des Stoffaustrages verschiedener Gebiete in gleicher Weise zu verfahren. Dieser Weg wird zum ersten Mal vom Verfasser beschritten. Bei den älteren Daten aus der Literatur ist dieser Weg kaum anwendbar, da häufig Angaben zu den wichtigsten Gebietseigenschaften bzw. Einflußgrößen fehlen, entweder weil ihre Bedeutung noch nicht bekannt oder weil sie nicht zu erfassen waren. Alle austragssteuernden Einflüsse sind in den Daten des älteren Schrifttums in Summe enthalten. Das Austragsgeschehen selbst, die Ursache-Wirkungs-Ketten, werden meistens nur phänomenologisch abgehandelt und beurteilt.

- Die Entwicklung von deterministischen Stoffumsatz- und Export-Modellen hat erst vor wenigen Jahren begonnen. Die Literatur läßt deshalb bis heute meistens nur einen Vergleich von Zahlenbereichen zu. Eine Ableitung der Stoffabgabe der Landschaft aus Daten des Wasserhaushaltes und aus Daten, die Gebietseigenschaften umschreiben, ist nur in wenigen Fällen versucht worden. In dem folgenden Kapitel soll deshalb gezeigt werden, daß sehr wohl einfache Faktoren, welche Gebietseigenschaften umschreiben, zur Erklärung von Daten des Stoffaustrages herangezogen werden können.

Nachfolgend werden Daten der Literatur zum Stickstoff- und Phosphoraustrag vergleichend zusammengestellt. In die Auswertung sind einbezogen: 14 Waldgebiete, 2 reine Grünlandgebiete und 26 Gebiete mit gemischter Nutzung (Acker/ Grünland/ Wald). Sie sind in Tab. 6-5 mit Angabe der mittleren Konzentrationen von Stickstoff und Phosphor und den Anteilen Acker, Grünland, Wald an der Fläche des Einzugsgebietes zusammengestellt.

Variable	aus WALTHER (1980) v	n	x_{min}	x_{max}	$\bar{x}$	aus LAMMEL et al. (1990) $\bar{x}$
Q	231	1145	0,90	215,30	6,26	
LF	15	1192	335,00	1220,00	863,00	
pH		1192	6,2	8,5	7,7	
CO_3	279	1100	0,00	45,00	2,79	
HCO_3	15	1186	150,00	554,00	278,60	262
Cl	22	1153	30,00	232,00	85,89	89
SO_4	19	1157	73,00	481,00	185,76	150
NO_3-N	45	1177	0,00	30,00	9,70	10,0
NH_4-N	145	486	0,00	4,00	0,20	0,11
K	174	913	0,60	91,00	3,55	1,49
Na	62	913	7,50	238,00	18,13	12,8
Ca	16	1156	62,00	462,00	181,83	174
Mg	22	1187	5,80	42,00	14,54	12,3
ges. P	575	296	0,00	120,00	1,30	
PO_4-P	113	1153	0,00	0,70	0,08	0,11
TS	800	1196	0,20	44134,0	409,20	
COD	328	681	0	3010	48	
COD-F	100	542	0	190	14	
TOC	70	555	0	145	16	
TOC-F	63	522	0	42	12	
BSB_5	250	604	0	177	7	
BSB_5-F	204	476	0	105	3	

Dimensionen: pH-Wert (-)
LF = elektrische Leitfähigkeit (µS/cm),
Q = Abfluß (l/s), alle übrigen Konzentrationen sind in mg/l angegeben
v = Variationskoeffizient (%)
$\bar{x}$ = arithm. Mittel
n = Anzahl der Meßpunkte

COD-F usw. bedeutet Bestimmung nach Filtration der Probe

Tab. 6-2: Parameter einzelner Meßwerte der Wasserinhaltsstoffe und der Abflüsse, Gebiet (N)

Variable	Gebiete	max	Variable	Gebiete	max
	(S)	117,3		(S)	93,4
A (mm)	(A)	64,5	Na	(A)	24,8
	(N)	174,8	(kg/ha)	(N)	25,6
	(S)	358,1		(S)	308,0
HCO_3(kg/ha)	(A)	158,0	Ca	(A)	137,9
	(N)	488,5	(kg/ha)	(N)	354,2
	(S)	283,9		(S)	31,2
Cl (kg/ha)	(A)	104,3	Mg	(A)	21,2
	(N)	186,4	(kg/ha)	(N)	25,2
	(S)	377,2		(S)	0,23
SO_4 (kg/ha)	(A)	160,0	ges.P	(A)	0,03
	(N)	326,3	(kg/ha)	(N)	0,43
	(S)	25,4		(S)	0,13
NO_3-N (kg/ha)	(A)	11,0	PO_4-P	(A)	0,03
	(N)	29,0	(kg/ha)	(N)	0,11
	(S)	0,17		(S)	29,1
NH_4-N (kg/ha)	(A)	0,04	TS	(A)	11,3
	(N)	0,15	(kg/ha)	(N)	229,3
	(S)	4,9		(S)	24,1
K (kg/ha)	(A)	1,9	CSB	(A)	9,6
	(N)	4,2	(kg/ha)	(N)	31,5
	(S)	8,0		(S)	2,4
TOC (kg/ha)	(A)	2,5	BSB_5	(A)	1,6
	(N)	12,9	(kg/ha)	(N)	5,2

aus WALTHER (1974, 1980)

Tab. 6-3: Einzugsgebiet (S), (A), (N) größte, über 3 Jahre ermittelte Jahresfrachten der Parameter der Wasserbeschaffenheit

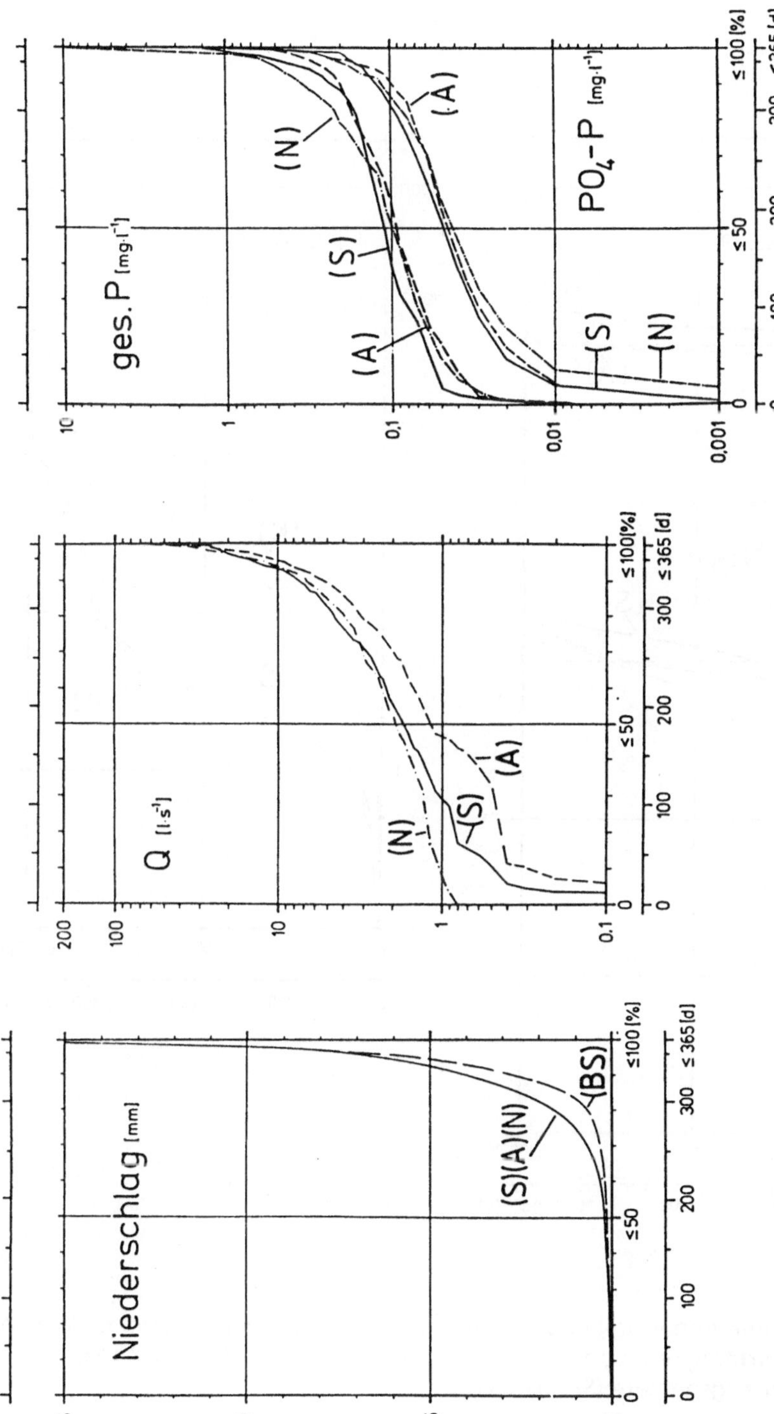

Abb. 6-2: Summenhäufigkeit der Tagesmittelwerte (Dauerlinie) des Niederschlages, des Abflusses, von P und PO_4-P, Einzugsgebiete (S), (A), (N)

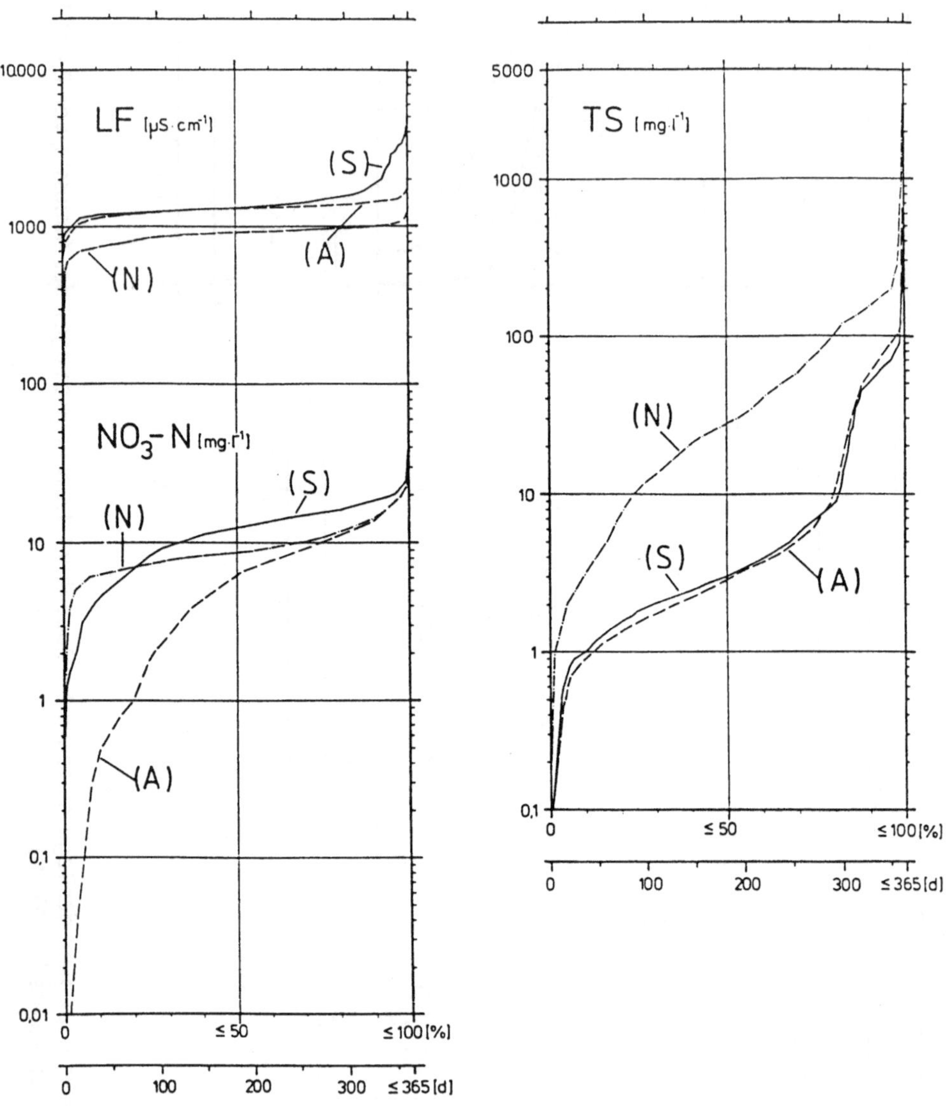

Abb. 6-3: Summenhäufigkeit der Tagesmittelwerte (Dauerlinie) der elektrischen Leitfähigkeit, von Nitrat-Stickstoff und der Trockensubstanz, Einzugsgebiete (S), (A), (N)

In der älteren Literatur werden für Daten der Wasserbeschaffenheit häufig nur Spannweiten und arithmetische Mittel angegeben. Die meisten Beschaffenheitsdaten haben aber schiefe Verteilungen, besonders die Verteilungen der Parameter, deren Verhalten stark durch Niederschlagsereignisse beeinflußt wird, wie Trockensubstanz oder Phosphor, WALTHER (1979). Hier beschreibt dann der Modalwert bzw. der Median die Verteilung besser als das arithmetische Mittel. Auch in der Praxis der Gewässergüteüberwachung haben die Erfahrungen aus der Hydrologie, bei der Darstellung des Abflusses bevorzugt den Median und Dauerlinien anzugeben, noch bis heute keinen Eingang gefunden. Die Tabelle 6-2 enthält als Beispiel für ein Meßgebiet im Harzvorland Parameter der statistischen Verteilung von Daten der Wasserbeschaffenheit, die am Ausgang die Gebiete im Fließgewässer ermitteln. In den Abb. 6-2 und 6-3 sind beispielhaft die Summenhäufigkeiten der Tagesmittelwerte (Dauerlinien) des Niederschlages, des Abflusses, von Phosphor, der Trockensubstanz, der elektrischen Leitfähigkeit und von Nitrat dargestellt.

Die Parameter chemischer und biochemischer Sauerstoffbedarf erfassen summerisch schwer bzw. leicht abbaubare organische Verbindungen des Bodens und des Grabensediments. An Tab. 6-2 ist zu erkennen, daß relativ hohe Einzelwerte auftreten können. Sie entstehen als Folge der Flächen- und Gerinneerosionen bei Niederschlagsereignissen. Es ist ausreichend, wenn statt der Parameter CSB und BSB_5, Kohlenstoff gesamt (TOC) und Kohlenstoff gelöst (TOC-F bzw. DOC) gemessen wird, weil dadurch

(a) der Prozeß des Transportes organischer Stoffe genauso gut wiedergegeben wird und
(b) ein echter Stoffparameter gemessen wird, der in chemische Berechnungen einbezogen werden kann.

Bei Gebieten mit mineralischen Böden mit ackerbaulicher Nutzung betragen in der Bodenlösung und in den Fließgewässern die Konzentrationen von Ammonium und Nitrit gewöhnlich weniger als 10 % der Nitratkonzentrationen. Alle Betrachtungen zum Stickstoffhaushalt können sich deshalb meistens auf Nitrat beschränken. Abb. 6-4 zeigt für das Gebiet (N)

- die Jahresmittelwerte der Nitratkonzentrationen,
- die Summen der Abflüsse der einzelnen Jahre und
- die Summe der Jahresfrachten an Stickstoff, die das Gebiet oberirdisch verlassen.

Die Jahresmittelwerte schwanken über 16 Jahre nur zwischen 8 und 18 mg/l NO^{-}_{3}-N, die Jahressummen der Abflüsse aber zwischen 73 und 400 mm. Hieran wird schon deutlich, daß die aus einem Einzugsgebiet transportierten Stickstoffmengen sich nahezu proportional zum Abfluß verhalten, die ausgetragenen Stoffmengen, insbesondere gelöste Bestandteile wie Stickstoff, von der Variation des Abflusses über das Jahr abhängen. Auf die Beziehungen zwischen Konzentration, Fracht und Abfluß wird weiter unten noch eingegangen werden. Zur Übersicht sind aber in Tab. 6-3 für die wichtigsten Wasserinhaltsstoffe von drei Gebieten (S), (A) und (N) im Harzvorland die größten aufgetretenen Jahresfrachten eingetragen. Die kleinste Jahresfracht kann in trockenen Jahren wenig über Null liegen. Die Werte wurden deshalb in der Tabelle nicht angeführt.

Stoffbilanzen von Einzugsgebieten können als Modell 0. Ordnung eines Stofftransportmodells angesehen werden. Sie ermöglichen Aussagen über die Herkunft und den Verbleib von Stoffen, und sie erlauben eventuell Aussagen über Stoffumsatzprozesse. Solche Aussagen sind aber nur dann einigermaßen sicher möglich, wenn alle ein- und ausgehenden Teil-Stoffströme eines Parameters weitgehend vollständig erfaßt worden sind. Hier liegt die große Schwierigkeit. Allein der Erfassung des Eintrages über anorganische und organische Düngung bereitet große Schwierigkeiten.

Die Chloridbilanz ist für zwei Gebiete im Harzvorland in Tab. 6-4 auszugsweise wiedergegeben. Außerdem enthält die Tabelle die Restglieder der Schwefel- und Phosphorbilanzen. In den untersuchten Einzugsgebieten stehen unter den Böden marine Sedimente an. Es wird am negativen Restglied der Chlorid- und Schwefelbilanz deutlich, daß über das oberirdische Gewässer aus den marinen Sedimenten mehr ausgetragen wird, als über den Luftpfad, über Düngung hineingelangt. Es wird weiter deutlich, daß dieser Anteil in den einzelnen Jahren zwangsläufig mit der Jahressumme des Abflusses variiert. Das Restglied der Phosphorbilanz ist positiv und signalisiert damit, daß auf Grund der guten Festlegung von Phosphor im Boden, bis auf einen Fall, eine Akkumulation stattfindet.

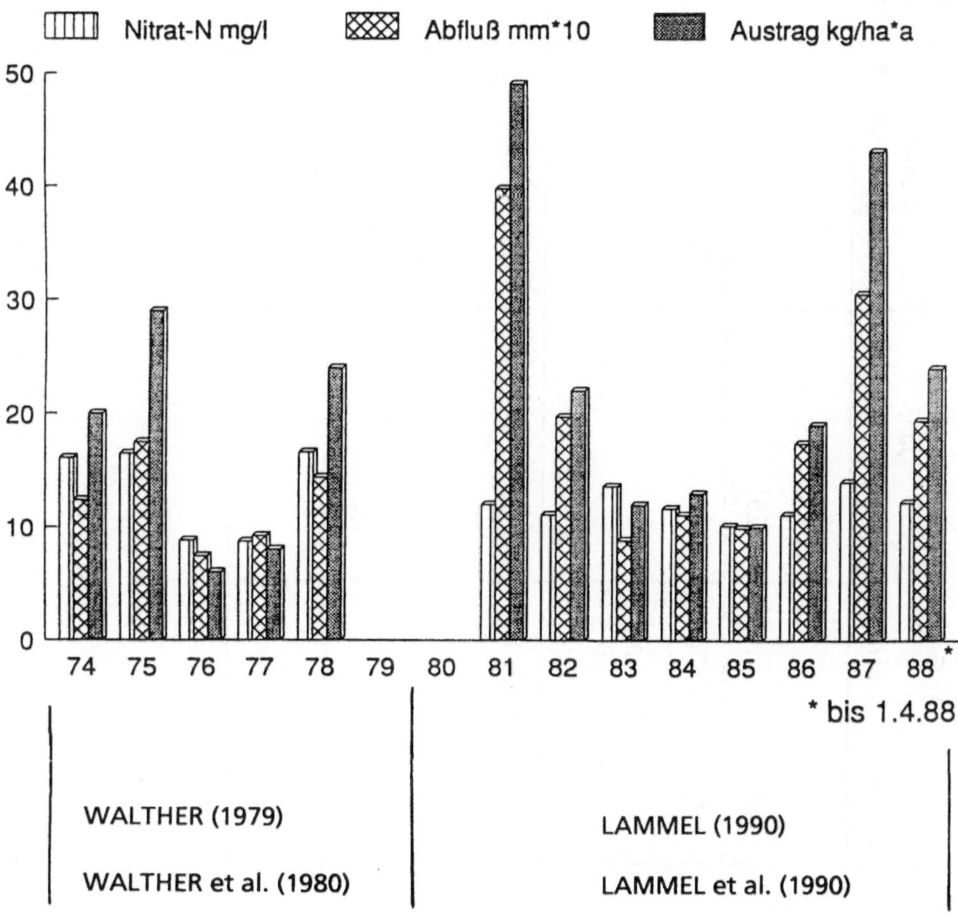

Abb. 6-4: Einzugsgebiet (N), Abfluß, Nitratkonzentration und -fracht

Chlorid:	Gebiet (S) 1. Jahr Eintrag	Austrag	2. Jahr Eintrag	Austrag	Gebiet (N) 3. Jahr Eintrag	Austrag	4. Jahr Eintrag	Austrag
- Anorg. Düngung	76		102		157		4	
- organische Düngung								
- Niederschlag	29		29		29		29	
- Eintrag	105		131		186		33	
- Pflanzenentzug		0		0		0		0
- Austrag (oberird.)		370		175		196		121
- Austrag (unterird.)								
- Austrag		370		175		196		121
- Rest = Eintr.- Austr.	-265		44		-10		-88	
Schwefel: Rest = Eintr. - Austr.	-111		-58		-67		-49	
Phosphor: Rest = Eintr. - Austr.	+7		+19		+7		-16	

Tab. 6-4: Chloridbilanz Gebiet (S), Gebiet (N) und Restglieder der Schwefel- und Phosphorbilanz beider Gebiete

Kennung	Kulturarten Acker, Grünl./ Wald (%)	Jahresmittel NO$_3$-N (mg/l) min	max	Jahressummen Fracht (kg N/ha) min	max	Abfluß (mm) min	max	arithm. Mittel ges.P (mg/l)	Max ges.P (mg/l)
Gebiete mit WALD:									
SÜ	0/0/100	0,6	2,7	1,4	4,0	200	250		
H1		0,2	0,6						
H2		4,2							
H3		0,7							
K1		0,4	1,1	0,8	1,9	172	200		
WE1		0,4	1,0						
BÜ1		0,6	3,3						
BÜ5		0,5	0,9	1,9	5,2				
HÜ1		0,7							
HÜ2		0,06	0,1						
FG9		0,6	0,7	0,4	0,9	32	65		
HA2		1,0	2,2	7,3	17,0	595	1053		
MÜ2		3,4	3,8	6,5					
SWL1		2,0		8,7	11,7	458	564	0,02	0,16
Gebiete mit GRÜNLAND:									
WE2	0/100/0	0,2							
HA3		0,4	2,2	4,5	19,7	770	1205		
Gebiete im zunehmenden Anteil an ACKERFLÄCHEN:									
L1	0/3/93 (96)	0,9	1,0	1,7	1,8	170	196		
SWL2	2/91/7	1,7	2,3	20,1	26,2	560	684	0,03	6,35
L2	5/5/87 (92)	1,9	2,0	4,4	6,6	215	346		
S1 (S3)	7/12/78 (90)	1,9	3,0	0,2	3,3	12	90		
HA1	3/73/18 (91)	4,7		1,91					
SE1	10/12/78 (90)	3,5	3,6	1,4	1,8	614	768		
S6 (S4)	13/9/26 + 49 % Ödland (87)	1,7	2,3	6,2	10,4	231	366		
LM1	15/0/85 (85)	5,3	6,2	4,5	7,1	61	132	0,1	3,48
S2	22/29/47 (76)	3,9	6,6	1,3	7,9	22	121		
B	20/35/43 (76)	1,4	1,5	8,0	15,0				
SWL3	24/59/17	3,2	4,2	34,3	54,1	531	686	0,05	1,03

Die Gebietskennung in ( ) entspricht der Bezeichnung bei WALTHER (1985 a). Dort sind auch Angaben zur Gebietsfläche, zu den Bodenarten und Gesteinen, zu finden.

Bei den Kulturartenverhältnissen entspricht die Differenz zu 100 % dem Flächenanteil von Wegen und Gräben; der in Klammern gesetzte Wert entspricht der Summe Wald- plus Grünlandanteil.
* n.b. = nicht bekannt

Tab. 6-5: Nitrat-, Phosphat- und Gesamtphosphorkonzentrationen in Abhängigkeit vom Verhältnis der Kulturarten sowie Jahressummen von Stickstoff-Frachten und Abflüssen

Kennung (Erläuterung s. vorhergehende Seite)	**Kulturarten** Acker, Grünl./ Wald (%)	**Jahresmittel** NO_3-N (mg/l) min	max	**Jahressummen** Fracht (kg N/ha) min	max	Abfluß (mm) min	max	**arithm. Mittel** ges.P (mg/l)	**Max** ges.P (mg/l)
Gebiete im zunehmenden Anteil an ACKERFLÄCHEN:									
SE2	23/74/3 (77)	1,4	2,2	3,0	3,4	461	523		
S3	35/54/0	2,1	4,3						
FB17, 20	33/16/51 (67)	3,5	4,9	9,3	25,8	125	470		
FG8, 10, 12	46/37/18 (55)	2,3	6,8	4,0	21,2	105	404		
S4, S5 (S1)	52/38/5 (43)	3,0	6,5	2,4	18,0	61	230	0,09	3,43
FG7, 13	60/23/18 (41)	7,6	10,3	1,7	37,4	4	354		
L3	67/10/23 (33)	4,0		3,7		90			
K3	70/30/0 (30)	2,5	3,7						
FB 15, 16	69/3/26 (29)	6,5	11,9	6,3	27,0	47	228		
LM3	67/16/13 (29)	7,4		31,5		427			
LM2	72/8/16 (24)	6,5	7,4	25,9	45,4	357	626	0,15	4,2
K2	100/0/0 (0)	5,1	7,7						
W	100/0/0	4,5	15,5	1,9	29,0	16	175	0,2 0,7	0,9 22,7
Gebiete ohne Trennung der Kulturarten Acker + Grünland bzw. ohne Angaben zur Kulturart:									
NU1	A + G/W: 2/98	0,7		3,9					
NU2	30/70	0,7	1,6	4,4	8,9				
BÜ2	23-38/62-77	0,8							
BÜ3	0-8/92-100	0,8	1,4						
P	60/40	4,7		1,9					
BO1		2,9	20,9						
BO2		0,0	36,3						
MÜ1		6,1	7,0						

Forts. Tab. 6-5 Nitrat-, Phosphat- und Gesamtphosphorkonzentrationen in Abhängigkeit vom Verhältnis der Kulturarten sowie Jahressummen von Stickstoff-Frachten und Abflüssen

6.2 Stickstoffeintrag in Fließgewässer verschiedener Einzugsgebiete

Zuvor wurde darauf hingewiesen, daß der Eintrag von Stickstoff und Phosphor in Gewässern überwiegend den Einfluß der Bodennutzung wiederspiegelt, während alle übrigen Stoffe in der abfließenden Lösung wesentlich stärker von Lösungsvorgängen im durchflossenen, anstehenden Boden und Gestein beeinflußt werden. Aus diesem Grund soll nachfolgend nur der diffuse Eintrag von Stickstoff und Phosphor in Fließgewässern verschiedener Gebiete vergleichend betrachtet werden. Die entsprechenden Untersuchungsgebiete sind in Tab. 6-1 und Abb. 6-1 dargestellt. Tab. 6-5 enthält eine Auswertungen für Stickstoff, ergänzt um Angaben für Phosphor. Nach dem heutigen Stand der Kenntnisse hängt die Stickstoffmenge, die in einem durch Abwasser unbelasteten Fließgewässer zu messen ist, unter anderem von folgenden Einflußfaktoren ab:

- Kulturarten im Einzugsgebiet (Art der Pflanzendecke wie Wald, Grünland, Acker),
- Bodeneigenschaften; von besonderem Interesse sind die Eigenschaften, welche die Stickstoffumsatzleistung umschreiben, siehe Kap. 4.3.1.1.

Von großer Bedeutung ist die Länge des Fließweges, den Stickstoff nach Verlassen des Wurzelraumes über den lateralen Weg oder über den Grundwasserleiter bis zum Fließgewässer zurücklegen muß, da auf diesem Weg noch ein Aufbrauch durch Organismen oder ein Abbau infolge Denitrifikation erfolgen kann. In der Regel sind solche Informationen schwer zu beschaffen, und sie liegen deshalb in der Literatur selten vor.

Weitere Einflußfaktoren sind die Gebietsmorphologie und -hydrologie, umschrieben durch Summenparameter wie

- Gefälle,
- Anteil gedränter Flächen,
- Gewässernetzdichte,
- Form des Gebietes (Formfaktor),
- Eintiefung der Gräben in das Gelände,
- Variationen der Glieder der Wasserbilanz während des Beobachtungszeitraumes, wie Niederschlag, Abfluß und Grundwasserneubildung,
- Art und Dichte der Probenahme und Länge der Meßreihen.

Je nach Gewicht dieser Faktoren unterscheiden sich Konzentrationen und Frachten verschiedener Gebiete. Vor allem in der älteren Literatur fehlen häufig Angaben zu den wichtigsten Gebietseigenschaften bzw. Einflußgrößen. Will man Literaturwerte miteinander vergleichen oder sogar Beziehungen zwischen Gebietseigenschaften und dem Stoffaustrag auf numerischem Wege herstellen, dann ist dies ohne Kenntnis der Gebietscharakteristika und der Witterungsverhältnisse, die während der Meßperiode angetroffen wurde, nicht sinnvoll möglich. Auf die Wirkungsrichtung der einzelnen Einflußfaktoren soll nachstehend kurz eingegangen werden, soweit dies direkt möglich ist.

6.2.1 Einfluß der Pflanzendecke und der Kulturart

Die Pflanzendecke beeinflußt bei sonst gleichen äußeren Bedingungen wie z. B. Bodenart und Klima maßgeblich die Höhe der Stickstofführung im Gewässer. Aus diesem Grund werden im Fachschrifttum die Meßdaten häufig den Kulturverhältnissen zugeordnet. In gleicher Weise wird in Tab. 6-5 verfahren. Um den Umfang der Tabelle zu begrenzen, sind verschiedene Einzugsgebiete eines Autors, die ähnliche Kulturarten-Verhältnisse aufweisen, zusammengefaßt wiedergegeben worden und die Ergebnisse verschiedener Autoren in nachstehender Reihenfolge geordnet: Wald - Grünland - zunehmender Ackeranteil im Gebiet (Spalte 2). Die Verknüpfung zur Tab. 6-1 und Abb. 6-1 stellt die Kennung in Spalte 1 her. Die folgenden Spalten der Tabelle enthalten:

(a) die Spannweiten der Jahresmittelwerte der Nitratkonzentrationen, die Jahresmittelwerte der Phosphat- und der Gesamt-Phosphor-Konzentrationen,
(b) Spannweiten der Jahressummen der flächenbezogenen Stickstoff-Frachten (kg N/ha) und
(c) Spannweiten der Jahressummen der flächenbezogenen Abflüsse (mm), soweit Angaben dazu vorlagen.

So umfaßt z. B. die Angabe der Spannweite 0,6 bis 2,7 mg/l NO_3-N bei SÜCHTIG (1953) 13 Jahresmittelwerte. Von FOERSTER et al. (1981) wurden z. B. an den 2 Einzugsgebieten Nr. 17 und Nr. 20 (Osnabrücker Bergland, Kennung FB 17, 20) Messungen über drei Jahre durchgeführt. Unter den Spannweiten sind damit jeweils 6 Jahresmittelwerte bzw. Jahressummen zusammengefaßt. In analoger Weise sind die Daten der übrigen Autoren behandelt worden. Um Tab. 6-5 noch lesbar zu halten, ist bei den Mittelwerten auf die Nennung der Standardabweichung und der Anzahl der Meßwerte, die der Berechnung zu Grunde liegen, verzichtet worden.

Die Tab. 6-5 und Abb. 6-5 zeigt, daß das mittlere Konzentrationsniveau von Nitrat im Fließgewässer von reinen Wald-/Grünlandgebieten mit steigendem Anteil an Ackerflächen im Einzugsgebiet zunimmt. Eine ähnliche Tendenz ist an den Stickstoff-Frachten zu erkennen. Unter dem Begriff „Pflanzendecke bzw. Kulturart" ist gleichzeitig das Niveau der eingesetzten Düngung eingeschlossen. In der Literatur fehlen dazu meistens die Angaben. In den vergangenen vierzig Jahren ist die Nährstoffzufuhr bei Ackerstandorten beträchtlich angestiegen. Daraus ist abzuleiten, daß die jüngeren Angaben zu Nitrat-Konzentrationen auch bei sonst gleichen Kulturartenverhältnissen im Fließgewässer höher liegen müßten als die, die in den fünfziger Jahren gemessen wurden.

6.2.2 Beziehung zwischen Stickstoff-Fracht im Fließgewässer und dem Kulturartenverhältnis im Einzugsgebiet

Für verschiedene Teileinzugsgebiete einer Region kann der Zusammenhang zwischen Kulturart und Stickstoff im Gewässer anhand von Regressionsfunktionen, wie Gleichung (6-1) zeigt, deutlich gemacht werden. Die Gleichung wurde aus Daten der Arbeit von SÜSSMANN (1980) vom Verfasser ermittelt, und sie gibt die mittlere Fracht in Abhängigkeit vom Ackeranteil A(%) und Grünlandanteil G(%) im Einzugsgebiet an.

(6-1) $\text{kg N/ha und Jahr} = 0.44 + 0.149 \cdot A(\%) + 0.023 \cdot G(\%)$

$s_{y \cdot x} = 0.53 \text{ kg N/ha}; \ r^2 = 0.99$

Die Kulturartenverhältnisse der in die Berechnung einbezogenen Gebiete sind aus nachstehender Tafel zu entnehmen:

Gebiete	A_{Eo} (ha)	Kulturarten A/G/W (%)
- Vogelgraben	125	56/39/1
- Sachsengraben	95	39/54/0
- Saubach	72	60/24/13
- Erleborn	76	22/29/47
- Hühnenburggraben	109	7/12/78

A_{Eo} = Fläche Einzugsgebiet
A = Acker-, G = Grünland-, W = Waldanteil im Einzugsgebiet

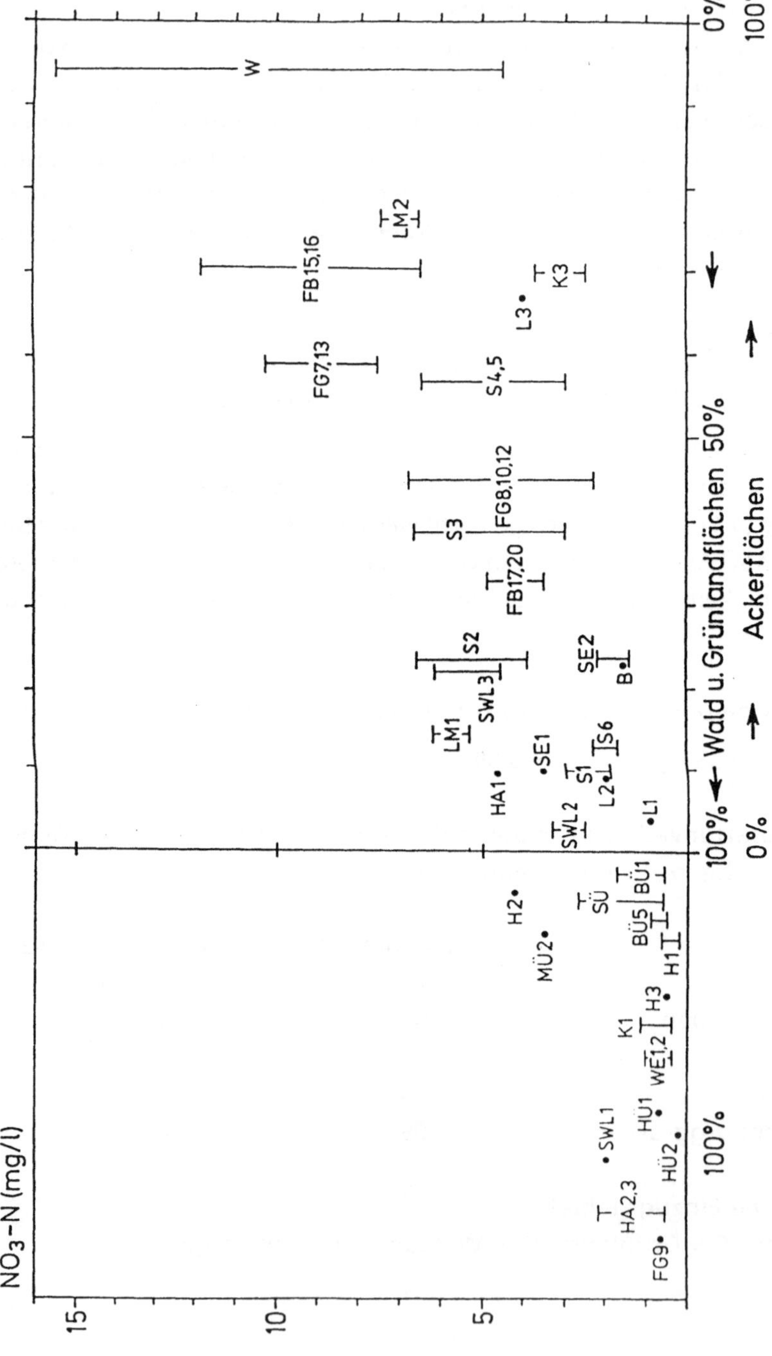

Abb. 6-5: Spannweiten der Jahresmittelwerte von Nitrat-Stickstoff-Konzentrationen in Abhängigkeit vom Kulturartenverhältnis in kleinen Fließgewässern

Für den Vogelgraben wurde über die 5 Meßjahre eine mittlere Fracht von 9.4 kg N/ha bestimmt; nach Gleichung (6-1) ergeben sich 9.7 kg N/ha. Es wird also eine gute Übereinstimmung gefunden. Bei einem Ackeranteil von A = 100 % und einem Grünlandanteil G = 0 % beträgt die mittlere Fracht im Oberflächenwasser 15.4 kg N/ha, und bei G = 100 % und A = 0 % würde sie sich auf 2.8 kg N/ha reduzieren.

Solche einfachen Ansätze erlauben für eine Region schon eine erste Abschätzung der Veränderung der Stickstoff-Fracht, wenn ein Kulturartenwechsel vorgenommen wird. Für die Ermittlung solcher Ansätze sind allerdings Messungen an mehreren, eindeutig definierten Teileinzugsgebieten notwendig (Mindestumfang der Daten: 5 Wertepaare, z. B. 5 Gebiete mit jeweils einem Meßjahr), um die Methode der Ausgleichsrechnung anwenden zu können, siehe auch Tab. 6-8.

6.3 Einfluß der Art und Dichte der Probenahme sowie Bedeutung der Länge der Meßreihen bzw. der Variation des Wasserhaushaltes

Die Meßreihen der Literatur wurden meistens durch vierzehntägige oder monatliche Stichproben gewonnen. Infolge von kurzfristigen Auswaschungsschüben entstehen zeitlich langgezogene Wellen gelöster Stoffe mit hohen Konzentrationen im Oberflächenwasser, die durch Stichproben nur unzureichend erfaßt werden. Aus diesem Grund ist der Vergleich älterer und jüngerer Daten ohne genauere Kenntnis der eingesetzten Probenahmehäufigkeit und -technik problematisch. LAMMEL (1990) hat sich intensiver mit dem Einfluß der Probenahmehäufigkeit auf Jahresfrachten auseinandergesetzt. Er bestätigt den vom Verfasser in WALTHER (1979) empfohlenen Kompromiß, in niederschlagsfreien Perioden mittels wöchentlicher Stichprobe und bei Niederschlagsereignissen in den Abflußwellen ereignisabhängig in kurzen Zeitabständen zu beproben.

Die Nachlieferung von Ammonium und Nitrat an die Bodenlösung aus der organischen Substanz und die Höhe der Auswaschung in einem Gebiet sind, wie zuvor schon erwähnt, unter anderem abhängig von den Temperatur-, den Niederschlags- bzw. Abflußverhältnissen in verschiedenen Jahren. In der Vergangenheit wurden viele Untersuchungen im Rahmen von Dissertationen über den Zeitraum von ein bis zwei Jahren durchgeführt. Solche kurzen Meßreihen repräsentieren damit nur einen Ausschnitt aus dem möglichen Zahlenspektrum, das in verschiedenen Jahren in ein und demselben Gebiet gemessen werden kann. Auch dieser Umstand erschwert den Vergleich verschiedener Literaturergebnisse. Die Periodik der klimatischen Wasserbilanz überspannt im langjährigen Mittel einen Zeitraum von 5 bis 10 Jahren. Über die gleiche Zeitspanne müßten Messungen zur Auswaschung durchgeführt werden, um die Abhängigkeit der Auswaschung von der Wetterlage verschiedener Jahre zu erfassen. Nur mit längeren Meßreihen können auf numerischem Weg gesicherte Zusammenhänge zwischen den Größen des Wasserhaushaltes und dem Stickstofftransport ermittelt werden. Die längsten Meßreihen wurden bislang aufgezeichnet von SÜSSMANN (1980), WOHLRAB et al. (1983) (6 Meßjahre), WALTHER (1979), WALTHER et al. (1980) (5 Meßjahre) und von FOERSTER et al. (1981) (3 Meßjahre), LAMMEL (1990) (6 Meßjahre).

6.4 Beziehung zwischen dem Austrag gelöster Stoffe, dargestellt an Nitrat, und den Eigenschaften verschiedener Einzugsgebiete

Unter Kap. 6.1 und 6.2 wurden die wichtigsten Kennwerte genannt, die hydrologische und morphologische Gebietseigenschaften umschreiben. Es wurde unter Kap. 6.1 darauf hingewiesen, daß mit Hilfe solcher Kennwerte auch zum Teil das Austragungsverhalten verschiedener Gebiete im Hinblick auf Stoffe erklärt werden kann. Bei der Auswahl der drei Gebiete (S), (A), (N) im Harzvorland waren bewußt Gebiete mit gleicher Bodennutzung ausgewählt worden, um zu vermeiden, daß der Einfluß der Kulturart den Einfluß der verschiedenen physikalischen Gebietseigenschaften überdeckt. Dieser Einfluß könnte deshalb besonders intensiv an diesen drei Gebieten studiert werden.

Gedränte Flächen kappen Spitzen der Grundwasserstände und führen die neugebildete Grundwassermenge einschließlich gelöster Stoffe über die Dräns zum Vorfluter ab. In der älteren Literatur werden keine Angaben zum Anteil gedränter Flächen im Gebiet gemacht. Nach dem Verfasser beschreibt erst HIRMER (1984) die von ihm untersuchten Gebiete umfassend mit Kennwerten. Die Arbeiten von SÜSSMANN (1980), WOHLRAB et al. (1983), GÖTTLICHER-GÖBEL (1987) werden an den gleichen Gebieten durchgeführt. Dadurch werden Gebietswerte Zug um Zug von Bearbeiter zu Bearbeiter ergänzt. Auch die Untersuchungen von SCHULTE-WÜLMER-LEIDIG und PETER ergänzen sich in dieser Form.

Nach Tab. 6-6 steigen die mittleren Jahresabflußhöhen in reinen Ackerbaugebieten mit dem Anteil gedränter Flächen und mit der Grabnetzdichte und damit auch die mittlere Jahressumme der Stickstoff-Fracht. Zu ähnlichen Aussagen kam schon VOLLENWEIDER (1970). Die häufigste Nitratkonzentration (Modalwert $\mathring{x}$) spiegelt besonders die Konzentrationsverhältnisse in niederschlagsfreien Perioden wider. Er fällt im Gebiet (A) wegen des geringen Anteils gedränter Flächen sehr niedrig aus, da anscheinend die Gräben dann im wesentlichen nur noch mit Sickerwasser aus dem nächsten Bereich der Vorfluter gespeist werden, Tab. 6-6. Durch die Konzentrationsstöße infolge Regenereignissen wird dann im Gebiet (A) das arithmetische Mittel weit über den Modalwert angehoben. Bei den Gebieten von SÜSSMANN (1980), WOHLRAB et al. (1983) und GÖTTLICHER-GÖBEL (1987) ist nach Tab. 6-6 die Beziehung zu Gebietswerten nicht mehr eindeutig, da sie vom Kulturarteneinfluß überdeckt wird. Ähnlich sind die Beziehungen zu Gebietskennwerten bei HIRMER (1984) und PETER (1988) zu bewerten.

Es kann zusammengefaßt werden:
Bei verschiedenen Gebieten mit gleichen äußeren Bedingungen (Klima, Fruchtanbau) unterscheiden sich die abgegebenen gelösten Stoffmengen

(a) durch physikalische Gebietseigenschaften wie Bodenart, Dränanteil und Vorfluterdichte, von denen die Abflußhöhe und auch die zeitliche Variation der Konzentrationen geprägt werden, und
(b) durch den Mineralaufbau der Bodendecke und des nahe der Oberfläche anstehenden geologischen Untergrunds.

Die längerfristig ausgewaschene Stoffmenge und die Belastung der nächstfolgenden Vorfluter ist umso größer, je stärker ein Gebiet mit Entwässerungseinrichtungen (Dräns, Grabenausbau) ausgerüstet ist. Davon dürfte dann auch die physikalisch-chemische Verwitterung von Gestein und Böden nicht unbeeinflußt bleiben.

6.5 Beziehung von Konzentrationen und Frachten gelöster Stoffe zum Abfluß

Einfache numerische Beziehungen zwischen Konzentrationen oder Frachten auf der einen Seite und dem transportierenden Medium Sickerwasser oder Abfluß auf der anderen Seite ergeben einmal eine komprimierte Darstellung von Meßwerten und erlauben zum anderen unter Umständen eine Abschätzung des Austrages allein über die Abfluß- und Sickerwassermessung, ohne erneut Laboranalysen durchführen zu müssen. Erst in den letzten Jahren werden

		WALTHER (1979) Gebiete (A), (S), (N)			SÜSSMANN (1980), WOHLRAB et al. (1983), GÖTTLICHER-GÖBEL (1987) Gebiete				
		(A)	(S)	(N)	Hünenburg-graben	Erle-born	Vogel-graben	Sachsen-graben	Saubach
- Anteil Ackerflächen	(%)	100,0	100,0	100,0	7,0	22,0	56,0	39,0	60,0
- Anteil gedränter Flächen	(%)	24,0	97,0	74,0	-	-	10,0	-	25,0
- Grabendichte (ständig)	(km/km^2)	2,0	2,7	3,7	0,8	1,1	1,4	1,5	2,2
- Grabendichte (zeitweilig)	(km/km^2)				3,1	0,4	2,1	3,1	1,5
(NO_3-N) $\mathring{x}$	(mg/l)	0,35	14,8	8,2					
(NO_3-N) $\bar{x}$	(mg/l)	7,3	9,6	13,1	2,4	5,4	5,4	4,5	5,2
Abfluß	(mm/a)	32,6	95,2	116,0	41,7	69,0	144,8	142,0	149,8
Fracht	(kg N/ha · a)	4,4	15,6	15,9	1,3	4,0	9,4	7,5	10,2

$\mathring{x}$ = Modalwert

$\bar{x}$ = Arithm. Mittelwert

Tab. 6-6: Beziehung zwischen Gebietskennwerten und Stickstoffaustausch

Bemühungen unternommen, solche Zusammenhänge zwischen diffuser Belastung und Abfluß mit Hilfe einfacher mathematischer Methoden aufzuzeigen.

Die Beziehung zwischen der Konzentration c_k (mg/l) gelöster Stoffe, die vorwiegend aus der Bodenlösung in das Fließgewässer gelangt sind, und dem Abfluß (l/s), läßt sich nach Untersuchungen des Verfassers entsprechend dem Typ Ia in Abb. 6-6 mit der Gleichung (6-2) darstellen. Diese Gleichung läßt sich in jedem Fall für die Nitrat-Abfluß-Beziehung anwenden. Sie wird durch spätere Arbeiten bestätigt, z. B. SÜSSMANN (1980), HAUFFE (1982).

(6-2) $c_k\ (mg/l) = b_{0k} + b_{1k} \cdot Q^{0.5}\ (l/s) + b_{2k} \cdot Q\ (l/s)$ mit b_{0k}, $b_{1k} > 0$ und $b_{2k} < 0$

Die Gleichung vom Typ II a wurde vom Verfasser für die Parameter Na, Cl, Mg, SO_4 im Gebiet (S) ermittelt, welches durch einen Salzstock beeinflußt ist. Im Fall II a wird die Stoffabgabe aus dem Bodenbereich anscheinend durch einen stärkeren kontinuierlichen Stoffbeitrag aus dem oberflächennah anstehenden Gestein überlagert, der bei steigendem Abfluß durch Verdünnung zurückgeht. Die Konzentrationsabnahme bei zunehmendem Abfluß ist, außer bei Na und Cl in (S), relativ gering. Durch die Überlagerung der verschiedenen Stoffquellen entstehen Mischfunktionen, die sich mit den Gleichungen (6-3) und (6-4) umschreiben lassen.

(6-3) $c_k = b_{0k} \cdot Q^{b1k}$; $-1.0 < b_{1k} < 0.0$

(6-4) $c_k = b_0 + b_{1k} \cdot Q^{0.5} + b_{2k} \cdot Q$; $b_{1k} < 0.0$ und meistens $b_{2k} < 0.0$

Die Mischfunktion im Fall I a und II a erfassen damit jeweils

(a) in Summe zwei Teilprozesse des Austrages, den in niederschlagsfreien Perioden und den bei Niederschlags-Ereignissen,

(b) zwei Stoffquellen, den Bodenbereich und den geologischen Untergrund bzw. den Übergangsbereich Boden-Gestein.

Der Fall I a ist für die überwiegenden Fälle des diffusen Eintrages gelöster Stoffe die maßgebende Funktion. Die Konzentration nimmt über das Maximum hinaus mit weiter steigendem Abfluß wieder ab. Die Vorhersageeigenschaften dieser Gleichung sind wegen der großen verbleibenden Reststreuung oft nicht befriedigend. Die Beziehung zwischen Fracht und Abfluß ist meistens scheinbar straffer, da die Fracht den Abfluß selbst enthält (Autokorrelation). Aus diesen Gründen wird zum Schätzen der Stoffausträge gern diese Beziehung genutzt. Multipliziert man beide Seiten der Gleichung (6-2) mit dem Abfluß Q (l/s), erhält

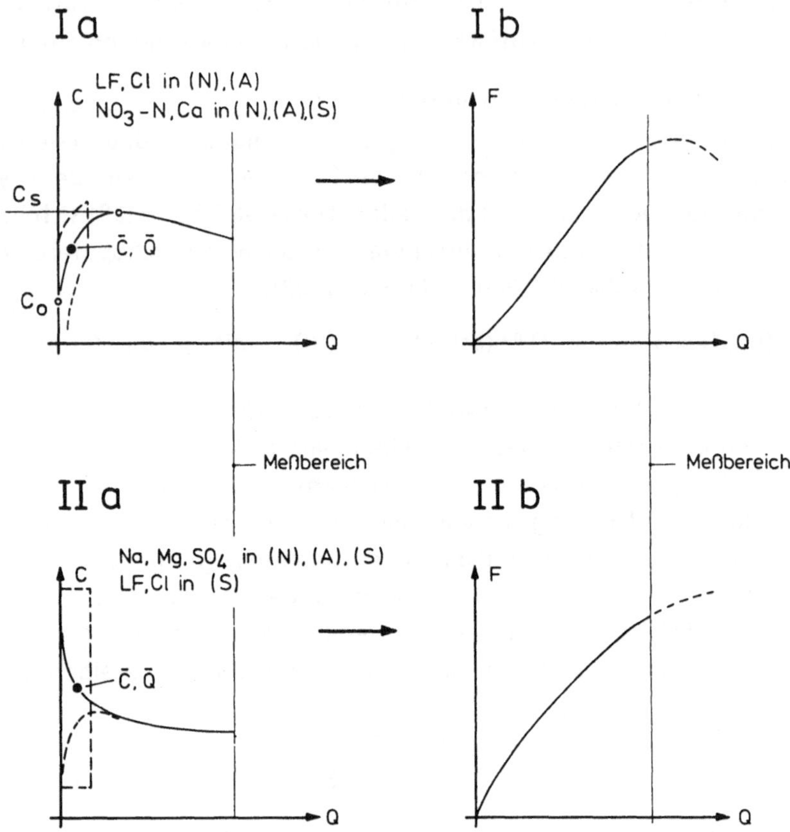

Abb. 6-6: Allgemeine Beziehungen der Konzentrationen und Frachten zum Abfluß

Stationen Variable	(S)	(A) Korrelation r mit dem Abfluß A	(N)
F-NO_3-N	0,92	0,97	0,88
F-Cl	0,97	0,98	0,98
F-SO_4	0,98	0,99	0,98
F-HCO_3	n.b.	n.b.	n.b.
F-Ca	0,98	0,99	0,97
F-Mg	0,99	0,99	0,98
F-Na	0,90	0,99	0,91

Tab. 6-7: Korrelation der Monatsfrachten-Summen der Lösungsbestandteile mit den Monatssummen des Abflusses

man eine nichtlineare Funktion, Fall I b in Abb. 6-6. Die Zunahme der Fracht wird bis zum Erreichen eines Maximums schwächer und fällt danach mit weiter steigendem Abfluß wieder ab. Dieser theoretische Verlauf wird bei Stickstoff durch die Untersuchungen von VÖMEL (1974) und NEUHAUS (1983) gestützt und mit der Zunahme der Denitrifikationsverluste begründet, die mit steigendem Bodenwassergehalt auftreten, siehe Abb. 5-2.

Die bislang durch Meßwerte belegten Frachten-Abfluß-Beziehungen lassen sich hinreichend genau durch lineare Funktionen, Gleichung (6-5), annähern. Dies gilt auch für Konzentration-Abfluß-Beziehungen gemäß Fall II a, welches durch die hohen Korrelations-Koeffizienten in Tab. 6-7 bestätigt wird. Dies gilt auch für die Beziehung zwischen Abfluß- und Frachtensummen, z. B. für die Zeiteinheiten Δt_i = Monate oder Jahre.

(6-5) $F_k \text{ (kg/ha)} = \sum_{i=i}^{n} c_k \cdot Q \cdot \Delta t_i = b_{0k} + b_{1k} \cdot A \text{ (mm)}$

oder

F_k = Fracht des Stoffes k; Δt_i = Zeitintervall; i = Nr. des Zeitintervalls

Die Gleichungskoeffizienten empirischer Beziehungen wie Gleichung (6-5) haben nur Gültigkeit für das Gebiet, in dem die Daten gewonnen wurden. Grundsätzlich sollte aber bei zukünftigen Untersuchungen Wert auf die Bestimmung solcher Funktionen gelegt werden, da mit ihrer Hilfe leicht ein Vergleich des Austragsverhaltens verschiedener Landschaftsausschnitte ermöglicht wird. In erster Näherung müßte eine Frachten-Abfluß-Beziehung auf der Basis von Monatsfrachten innerhalb eines Meßjahres zu erhalten sein.

In der Praxis besteht häufig bei Problemen an Oberflächengewässern die Notwendigkeit, Stoffquellen abzuschätzen, ohne daß Zeit für die Durchführung eines Meßprogrammes vorhanden ist. Für Bilanzierungen können als erster Anhalt neuere Daten (ab 1970) der Tab. 6-5 herangezogen werden, unter Berücksichtigung der Kulturartenverhältnisse und Bodenarten. Daten, die mit Lysimetern bzw. Saugkerzen gewonnen werden, sind für Bilanzierungen in Einzugsgebieten von Oberflächengewässern ungeeignet, da die so gewonnenen Auswaschungsangaben höher liegen als die Stickstoffmengen, die letztendlich nach der Untergrundpassage das Oberflächengewässer erreichen.

Vom Verfasser wurden für Frachten- und Abflußsummen der einzelnen Meßjahre der in Tabelle 6-8 zusammengestellten Literaturstellen und Einzugsgebiete Funktionen entsprechend Gleichung (6-5) ermittelt. Das weite Spektrum der möglichen

Literaturstelle	Kennung Tab. 6-1	Bemerkung	Regressionskoeffizient b_0	Korr. b_1	Anz. d. Werte r	n	Mittlere Flächenanteile % Acker/Grünland/Wald
WALTHER (1979, 1980)	W	3 Wasserläufe (Salzdahlum, Achim, Neuenkirchen; Lößböden)	-0,170	0,150	0,92	155	100/0/0
FOERSTER	FG7, 13	2 Wasserläufe (Geest, Sand)	0,412	0,095	0,99	6	60/23/18
et al. (1981)	FG8, FG10, FG12	3 Wasserläufe (Geest, Sand)	-3,674	0,065	0,93	8	46/37/18
	FB16+ FB15	2 Wasserläufe (Bergland, sand. Schluff)	0,314	0,117	0,99	6	69/3/26
	FB17 + FB20	2 Wasserläufe (Bergland, sand. Schluff)	1,149	0,052	0,99	5	33/16/51
SÜSSMANN (1980)	S1	Vogelgraben, Sachsengraben, Saubach (Lehmböden)	-2,514	0,078	0,93	16	52/38/5
WOHLRAB et al. (1983)	S2	Erleborn (Lehmböden)	-0,073	0,059	0,95	6	16/28/53
	S3	Hühnenburggr. (Lehmböden)	-0,396	0,040	0,99	6	6/11/80
HIRMER (1984)	LM2	Röhrendorfer Bach, Oberndorfer Bach (überwiegend Lehmböden)	3,836	0,063	0,96	6	72/8/16

Tab. 6-8: Numerische Beziehungen zwischen Stickstoff-Frachten und Abflußsummen pro Jahr

Jahresfrachten und die Abhängigkeit zum Abfluß zeigen die Abb. 6-7 und 6-8. Die Tab. 6-8 enthält die Gleichungen mit ihren Koeffizienten, die den Vergleich des Austragsverhaltens der verschiedenen Einzugsgebiete erleichtern sollen. Sie sind nicht als Schätzfunktionen gedacht, da in den meisten Fällen die Anzahl der Basiswerte zu gering ist. Die Untersuchungsgebiete der einzelnen Autoren, die ähnliche Kulturartenverhältnisse aufweisen, wurden zusammengefaßt. Die einzelnen Gebiete sind in den Abb. 6-7 und 6-8 jeweils durch unterschiedliche Symbole kenntlich gemacht. Die Summe des mittleren prozentualen Anteils der Grünland- und Waldflächen der zusammengefaßten Gebiete ist an den Geraden in den Bildern abzulesen. Mit Hilfe der Kennung in den Bildern, z. B. „FB15, 16", kann wiederum die zugehörige Literaturstelle in Tab. 6-1 aufgesucht werden. Für die bislang in der Literatur vorliegende Dauer von Meßreihen kann der theoretische Verlauf der Abfluß-Frachten-Beziehung meistens hinreichend genau durch eine lineare Funktion angenähert werden. Eine Extrapolation über den für ein Einzugsgebiet bekannten Bereich der Meßwerte hinaus ist aus den zuvor genannten Gründen mit Vorsicht zu behandeln. Nach Abb. 6-7, linke Seite, und Tab. 6-8 lassen sich für drei Lößgebiete Monats- und Jahresfrachten (Meßzeitraum 1974 bis 1979) ausreichend genau mit einer gemeinsamen Gleichung erfassen. Die quergestrichenen Symbole in dem Bild repräsentieren Frachtensummen der Monate April bis Juni, die als Folge von Starkregen entstanden sind. Solche Ereignisse können allerdings nicht mehr durch einfache Funktionen abgedeckt werden.

Das Steigungsmaß b1 in Tab. 6-8, multipliziert mit 100, kann als mittlere gebietsspezifische Stickstoffkonzentration (mg N/l) interpretiert werden, mit der der Abfluß beladen den jeweiligen Meßpunkt im Oberflächenwasser erreicht. Es ist an den Abbildungen sowie an Tab. 6-8 zu erkennen, daß innerhalb einer Region Gebiete mit ähnlichen Böden und Kulturartenverhältnissen auf der Basis von Frachten-Abfluß-Beziehungen bzw. gebietsspezifischer Konzentrationen in Gruppen zusammengefaßt betrachtet werden können. Da die Beziehung zwischen Fracht und Abfluß relativ straff ist, prägen alle Faktoren, die das Abflußgeschehen in einem Einzugsgebiet beeinflussen, letztendlich auch die Stickstoffmengen, die aus einem Gebiet ausgetragen werden. Nach den Abbildungen und der Tabelle sind die Unterschiede bei den Frachten verschiedener Gebiete, aber bei sonst ähnlichem Steigungsmaß, dann wesentlich von hydrologischen Gebietseigenschaften und von den regional vorherrschenden Niederschlagsverhältnissen abhängig. Weiter ist zu sehen, daß mit zunehmendem Grünland- bzw. Waldanteil im Gebiet die Funktionen flacher werden, die Abflußhöhe und die Werte der Stickstofffrachten, die insgesamt auftreten können, abnehmen.

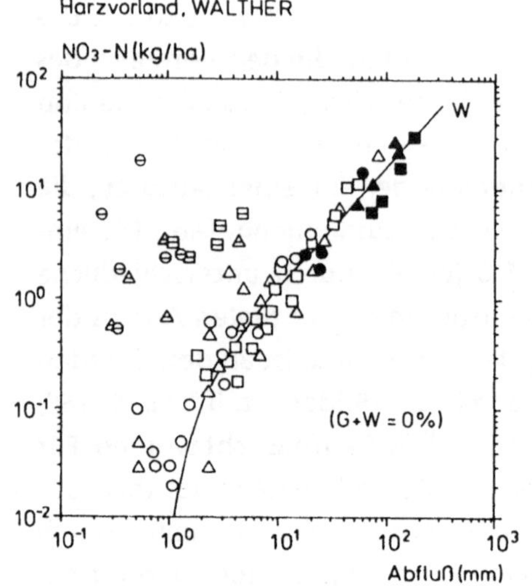

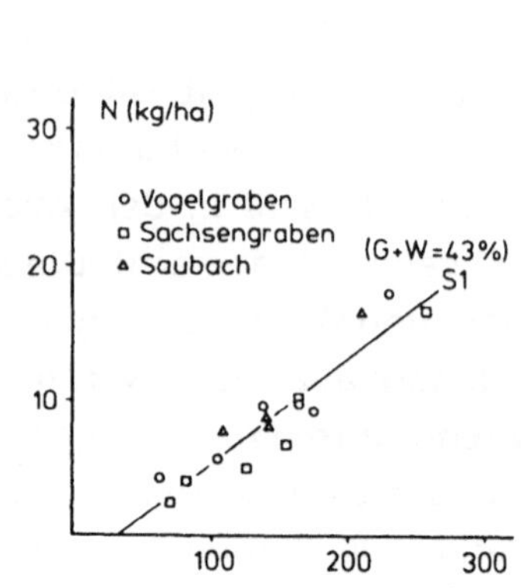

	Monats-fracht	Jahres-fracht	Monatsfracht Apr.-Juni 78
Neuenkirchen	□	■	⊟
Achim	○	●	⊖
Salzdahlum	△	▲	⩟

Abb. 6-7: Beziehung zwischen Stickstoff-Frachten und Abflüssen, 3 Gebiete Harzvorland, 3 Gebiete im Bereich Edersee

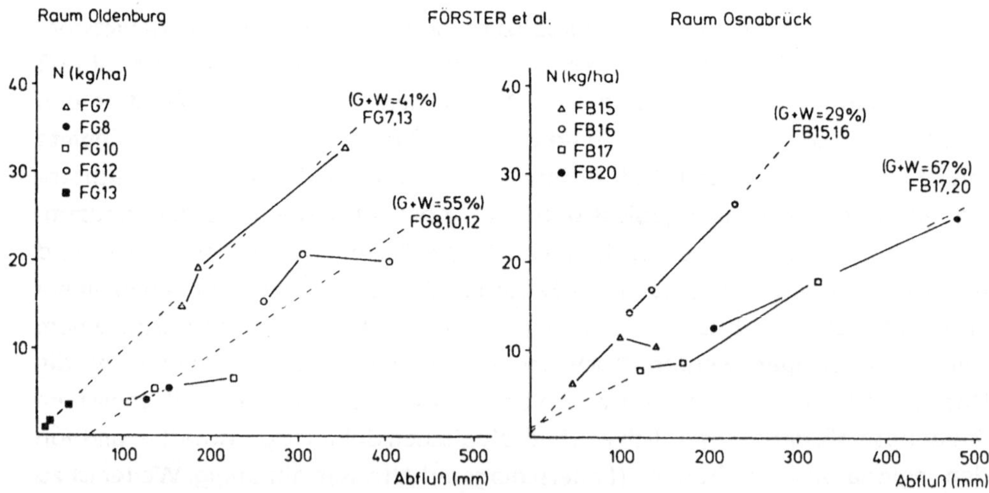

Abb. 6-8: Beziehung zwischen Stickstoff-Frachten und Abfluß, Einzugsgebiete im Raum Osnabrück/Oldenburg

6.6 Phosphor-Eintrag in Fließgewässer verschiedener Einzugsgebiete

In den zuvorliegenden Kapiteln waren die Einflußfaktoren diskutiert worden, die die Konzentration von Phosphor im Fließgewässer beeinflussen. Zusammengefaßt sind dies

- alle Einflüsse, die unter dem Begriff Kulturart zusammengefaßt werden, wie
  - Art der Pflanzendecke,
  - die Phosphor-Zufuhr über Düngung,
  - Weidennutzung und Viehtritt,
- alle Einflußgrößen der Erosion wie
  - Neigung der Flächen im Gebiet,
  - Gefälle der Vorfluter bzw.,
- Einflußgrößen, die die Abflußhöhe beeinflussen wie
  - Grabendichte

  und die
  - Bodenart, z. B. die Kornzusammensetzung, die Aggregatstruktur.

Die Phosphor-Konzentration kann bei dem niedrigen Konzentrationsniveau, welches in der Regel zu messen ist, schon bei gleicher Kulturart, aber bei verschiedenen Einzugsgebieten, in weitem Bereich schwanken. Phosphor tritt in vier Hauptfraktionen auf, wobei Orthophosphat und der an Bodenteilchen gebundene Phosphor (partikulärer ges. P) in den diffus belasteten Fließgewässern überwiegt. Deshalb wurde in der Vergangenheit hier bevorzugt o-PO_4-P und ges. P ermittelt und der partikulär gebundene Phosphor aus der Differenz beider ermittelt. In dem Untersuchungsprogramm SCHULTE-WÜLMER-LEIDIG (1985) wurde darüber hinaus hydrolisierbarer Phosphor bestimmt, der überwiegend gelöste organische Phosphorverbindungen erfaßt. Die Tab. 6-9 zeigt, daß der Anteil dieser Komponente an ges. P nur zwischen 10 und 15 % liegt und deshalb mit der Bestimmung von o-PO_4-P und ges. P die wichtigsten Anteile erfaßt werden.

Gebiet:	SWL1		SWL2		SWL3	
	µg/l	%	µg/l	%	µg/l	%
o-PO_4-P	8,3	42,6	12,8	33,1	8,7	18,1
part. geb. P		42,6		55,0		72,1
hydrol. P		14,8		11,9		9,8
gesamt P	19,5	100,0	38,7	100,0	48,1	100,0

Tab. 6-9: Anteil verschiedener Phosphorkonzentrationen am Jahresmittelwert (wöchentliche Stichprobe) von ges. P

Abb. 6-3 zeigte die statistischen Verteilungen für o-PO_4-P und ges. P, die den gesamten Austragsprozeß widerspiegeln, wie er in den drei Untersuchungsgebieten im Harzvorland auftrat. Betrachtet man in Tab. 6-10 die arithmetischen Mittelwerte der Konzentration ges. P (Spalte 7) der Gebiete W (A), W (S) und W (N), dann spiegeln die Mittelwerte die Erosionsanfälligkeit der Gebiete wider, hier ausgedrückt durch das Gefälle, siehe auch Abb. 6-9. Unter den Jahresmittelwerten in der Tabelle sind die Mediane der Verteilungen in Klammern gesetzt. Sie werden im wesentlichen durch den Phosphortransport in niederschlagsfreien Perioden geprägt. Sie sind deshalb in den drei Gebieten nahezu gleich groß. Dies gilt auch für die am häufigsten gemessenen Werte (Modalwert), die um 0.07 mg/l liegen. Die Untersuchungen der Literatur, die zeitlich vor denen des Verfassers liegen, wurden ohne Probenahmegeräte mit wöchentlichen Stichproben durchgeführt. Die Jahresmittelwerte dieser Literaturdaten enthalten deshalb keine Einflüsse infolge Hochwasserwellen. Die Jahresfrachten fallen deshalb auch zu klein aus.

HIRMER (1984) und die Autoren, die danach den Phosphortransport in Wellen untersuchen, trennen die Daten in je ein Kollektiv „wöchentliche Probenahme" und in „Hochwasserwellen" und berechnen dafür getrennte Jahresmittel; eine gemeinsame Verteilung mit den Angaben Mittelwert, Median und Dichte der Phosphorkonzentrationen eines Gebietes, welche beide Prozesse „Trockenwetter" und „Hochwasser" erfaßt, wird nicht ermittelt. Damit ist der Vergleich jüngerer Untersuchungen erschwert.

Nach Tab. 6-10 überschreitet die mittlere Konzentration an ges. P in bewaldeten Gebieten nicht den Wert 0.02 mg/l. Dieser Bereich wäre ausreichend, um nach VOLLENWEIDER (1970) ein Gewässer im mesotrophen Zustand zu halten. In der Tendenz steigen die Konzentrationen von o-PO_4-P und ges. P mit dem Ackeranteil im Einzugsgebiet, wie dies Tab. 6-10 in den Spalten 6 bis 8 andeutet. Die Gegenüberstellung der Varianten LM 2 und LM 3 von HIRMER (1984) zeigt aber auch, daß das Einzugsgebiet mit dem größeren Ackeranteil LM 2 die niedrigere mittlere Gesamt-Phosphor-Konzentration aufweist, aber die höchste Maximalkonzentration. Hier ist von Bedeutung, ob im Einzugsgebiet teilweise Grünland oder Waldbereiche am Gewässer liegen, die als „Erosionsbremse" wirken und nur bei extremen Abflüssen überspült werden. Wenn in einem Datenvergleich zusätzlich die unmittelbar an das Gewässer angrenzende Nutzung einbezogen wird, erklärt sich zum Teil auch das unterschiedliche Konzentrationsniveau zwischen den von HIRMER, WALTHER und den von SCHULTE-WÜLMER-LEIDIG

lfd. Nr.	Autor	Gebiets-kennung in Abb. und Tab.	Kulturarten-verhältnis Acker/Grün-land/Wald (%)	Nutzung direkt am Gewässer	Konzentration gel. P (mg/l) $\overline{x}$ Jahres-mittel	ges. P (mg/l) $\overline{x}$ Jahres-mittel	$\overline{x}$ in Wellen	c max in Wellen
1	2	3	4	5	6	7	8	
1	Wald- und Hochgebirgslagen, WALTHER (1979)		0/0/100	n.b.	Sp - 0,02	bis 0,05	-	-
2	Autoren, siehe Tab. 6-1	SWL1[1])	0/0/100	Wald	0,008	0,02	-	(0,16) 0,06
3		SWL2	2/91/7	Grünland	0,012	0,04	0,133	(6,35) 0,345
4		LM1	15/0/85	Wald/Acker	0,038	0,102	1,082	3,48
5		SWL3	24/59/17	bewaldete Böschung	0,009	0,05	0,165	(1,85) 0,315
6		S5	60/25/13	Grünland/Acker/Wald		0,09	0,259	3,43
7		LM3	67/16/13	Acker/Grünl./Wald	0,061	0,146	0,895	4,2
8		LM2	72/1/19	Acker	0,016	0,051	0,663	23,5
9		W(A)[2])	100/0/0	Acker	0,08	0,18 (0,10)	-	0,85
10		W(S)[2])	100/0/0	Acker	0,08	0,36 (0,11)	-	6,85
11		W(N)[2])	100/0/0	Acker	0,08	0,73 (0,10)	-	22,70

[1]) Hier wurden von den Autoren SCHULTE-WÜLMER-LEIDIG (1985) und PETER (1988) die Hochwasserwellen nicht in die Ermittlung der Jahresfracht einbezogen, welches eine erhebliche Unterschätzung der Jahresfracht zur Folge hat.

- Die Werte in ( ) bei SWL1 und bei SWL3 wurden von PETER (1988) ermittelt.
- Bis auf WALTHER (1979) berechnen alle hier angeführten Autoren $\overline{x}$ für gel. P und ges. P
  a) für wöchentliche Stichproben ohne Wellen (Jahresmittel) und
  b) $\overline{x}$ nur für Wellen.

[2]) Die Werte in ( ) bei W(A), W(S), W(N) entsprechen dem Median.

Tab. 6-10: Konzentrationen von o-PO_4-P und ges. P und Kulturartenverhältnisse verschiedener Einzugsgebiete

untersuchten Gewässern. Die Extremwerte werden besonders in den Gebieten gefunden, in denen die Acker-Nutzung bis an den Gewässerrand reicht.

Die Konzentrationen von gelöstem Phosphor liegen in den Gebieten mit hohem Anteil an Ackerbau im Extremfall um das Achtzigfache über den Waldwerten; die Konzentrationen von Gesamt-Phosphor verschieben sich, bedingt durch Erosion, gegenüber den Waldwerten um zwei, in jedem Fall um eine Zehnerpotenz. Eine direkte Beziehung der Phosphorkonzentrationen zur Kulturart läßt sich schon aufgrund der unterschiedlichen statistischen Behandlung der Daten bei den verschiedenen Autoren nicht so eindeutig wie bei Nitrat herstellen. Deshalb wurde vom Verfasser in Abb. 6-10 der größte Frachtenquotient gegen den Anteil der Ackernutzung im Einzugsgebiet aufgetragen. Danach steigt die Konzentration in der Tendenz mit dem Ackeranteil.

Die Frachten für o-PO_4-P und ges. P sowie der Frachtenquotient sind in Tab. 6-11 zusammengestellt. Lediglich die Jahresfrachtensummen bei WALTHER (W(A), W(S), W(N)), HIRMER (LM1, LM2, LM3), GÖTTLICHER-GÖBEL (S4, S5) geben den tatsächlichen Phosphortransport aus dem Einzugsgebiet wieder, da nur hier die Phosphor-Daten der Abflußwellen in die Frachtenberechnung einbezogen sind. Der größte Frachtenquotient ergibt sich aus Gleichung (6-7).

(6-7) größter Frachtenquotient (mg/l) = höchste Jahresfracht (kg/ha) · 100/zugehörige Abflußsumme (l/m^2)

Der Frachtenquotient entspricht einer mit dem Abfluß gewichteten Phosphorkonzentration, der auf der einen Seite alle Teilprozesse, bei Trockenwetter und bei Niederschlag, enthält, auf der anderen Seite aber auch Einflüsse, die die Erosion und das Abflußgeschehen steuern.

Die Tabelle 6-10 zeigt, daß die Jahresmittel der Phosphorkonzentrationen in den ackerbaulich genutzten Gebieten relativ dicht beieinander liegen. Eine große Bedeutung für die Höhe der Fracht kommt deshalb dem zeitlichen Ablauf des Abflusses und der Jahresabflußhöhe zu. Bei vergleichsweise geringen Gesamtphosphat-Konzentrationen in den Untersuchungsgewässern von SCHULTE-WÜLMER-LEIDIG (S5) können infolge der hohen Abflüsse, bis 684 mm/Jahr, Frachten erreicht werden, die bis an die der Gebiete mit hohem Ackeranteil heranreichen bzw. sie sogar übertreffen, Tab. 6-11. Die Frachtensummen bei LM 2 und LM 3 erreichen aufgrund der hohen Jahresabflüsse, bis 626 mm/Jahr, die

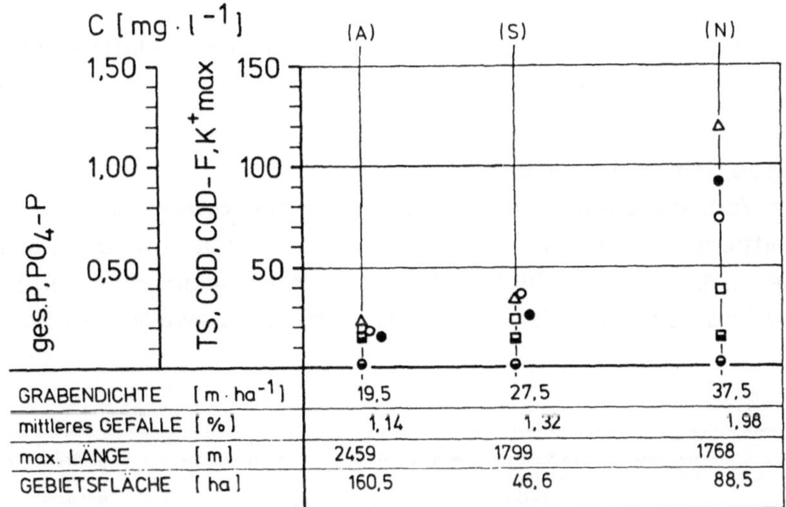

Abb. 6-9: Beziehung zwischen Gebietskennwerten und dem Austrag von Phosphor, Kalium, organischen Stoffen und Feststoffen in den Gebieten W (A), W (S), W (N)

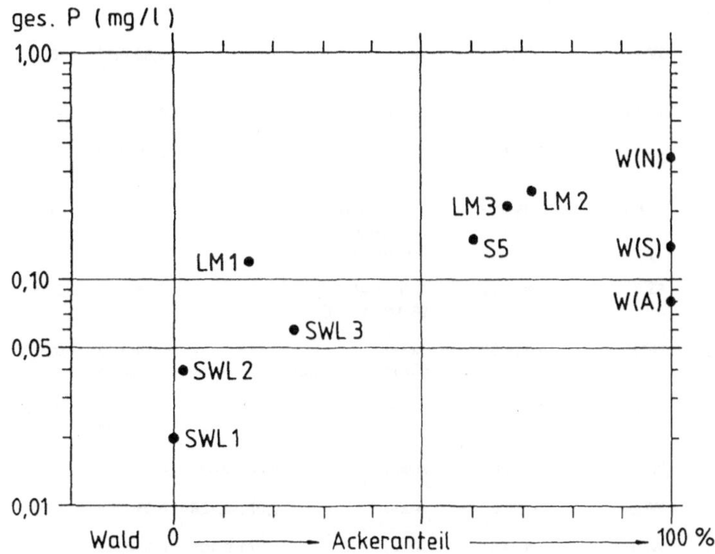

Abb. 6-10: Beziehung zwischen ges. P (mg/l) (größter Frachtenquotient) und dem Anteil ackerbaulicher Nutzung im Einzugsgebiet

höchsten Werte, die bislang in Deutschland in solchen diffus belasteten Fließgewässern gewonnen wurden.

Beziehung zu Gebietseigenschaften:
In den vom Verfasser untersuchten Gebieten stieg die Konzentration von ges. P mit dem mittleren Gefälle des Hauptentwässerungszuges und mit der Gewässernetzdichte an, Abb. 6-9. Hier hinter stehen die mit der Geländeneigung zunehmende Erosionsauswirkung der Abflüsse; je dichter das Gewässernetz ist, desto

lfd. Nr.	Autor	Gebietskennung in Abb. 6-1 und Tab. 6-1	Kulturartenverhältnis Acker/Grünland/Wald (%)	Nutzung direkt am Gewässer	Jahressumme Fracht, gel. P (kg/ha)	Fracht, ges. P	größter Frachtenquotient ges. P (mg/l)	mittlerer Frachtenquotient
1	2	3	4	5	6	7	8	9
1	Wald- und Hochgebirgslagen: 6 Autoren bei WALTHER (1979)		0/0/100 bzw. Hochgebirgswiesen	n.b.	0,01-0,02	0,03-0,12		
2	Acker-Grünland-Standorte: 8 Autoren bei WALTHER (1979)		n.b.		bis 0,02	0,01-1,1		
3	Autoren, siehe Tab. 6-1	SWL1[1])	0/0/100	Wald	0,008	0,08-0,11	(0,020)	
4		SWL2	2/91/7	Grünland	0,013	0,21-0,45	(0,040)	
5		LM1	15/0/85	Wald (Acker)	0,042	0,10-0,14 $\bar{x}$ =0,13	0,120	
6		SWL3	24/59/17	meist breite verwaldete Böschung	0,009	0,33-0,40	(0,060)	
7		S5	60/25/13	Grünland (Acker, Wald)		0,28	0,150	0,115
8		LM3	67/16/13	Acker (Grünland, Wald)	0,436	0,74-1,12 $\bar{x}$ =0,95	0,210	0,102
9		LM2	72/1/19	Acker	0,235	0,64-1,34 $\bar{x}$ =0,98	0,240	0,190
10		W(A)	100/0/0	Acker	0,007-0,03	0,02-0,03	0,080	
11		W(S)	100/0/0	Acker	0,021-0,126	0,05-0,23	0,140	
12		W(N)	100/0/0	Acker	0,031-0,106	0,08-0,43	0,350	

Tab. 6-11: Frachten von o-PO_4-P und ges. P und Kulturartenverhältnisse verschiedener Einzugsgebiete

höher ist die Wahrscheinlichkeit des oberirdischen Eintrages von Phosphor. Tab. 6-12 enthält für die zuvor schon genannten neueren Arbeiten eine Gegenüberstellung von Gefälle und Phosphorkonzentration. Eine eindeutige Beziehung ist nicht mehr herzustellen, da sie unter anderem überlagert wird von den Einflüssen der Bodennutzung und der Uferbepflanzung.

Beziehung zwischen Konzentration, Fracht und Abfluß, Möglichkeiten zum Schätzen von Jahresfrachten:

Vom Verfasser wurde zwischen den Konzentrationen von o-PO_4-P, ges. P, Trockensubstanz auf der einen Seite und dem Abfluß eines Meßjahres auf der anderen Seite keine Beziehung gefunden, die sich statistisch absichern ließe. Der Pearson-Korrelations-Koeffizient überschritt in keinem Fall 0.65. Zu einem ähnlichen Ergebnis kam z. B. SCHULTE-WÜLMER-LEIDIG (1985). Auch die Beziehung der Frachtensummen von o-PO_4-P, ges. P, TS zur Abflußsumme A eines Jahres ist nicht ausreichend straff genug, so daß eine Frachtenschätzung nicht mit einer einzigen Gleichung möglich ist. Aus den Untersuchungen des Verfassers, Kap. 4.2, bestätigt durch nachfolgende Arbeiten wie HIRMER (1984), wurde deutlich, daß die Jahressummen der vorgenannten Parameter zu wesentlichen

Gebiets-kennung	Mittl. Gefälle des Hauptentw.-grabens %	P ges. (mg/l) $\bar{x}$ Jahres-mittel	P ges. (mg/l) $\bar{x}$ in Wellen	P ges. (mg/l) c max in Wellen	größter Frachten-quotient (mg/l)
LM3	0,9	0,146	0,895	4,2	0,210
W(A)	1,14	0,18	-	0,85	0,080
W(S)	1,32	0,36	-	6,85	0,140
LM2	1,45	0,051	0,663	23,5	0,240
W(N)	1,98	0,73	-	22,70	0,350
LM1	2,12	0,102	1,082	3,48	0,120
S4[1]	2,8	0,127	0,26	-	-
S5[1]	3,2	0,090	0,259	3,43	0,150
SWL2	5,9	0,040	0,133	6,35	0,04
SWL3	5,9	0,050	0,165	1,85	0,06
SWL1	7,8	0,020	-	0,16	0,02

1) Die Werte für S4 und S5 wurden von GÖTTLICHER-GÖBEL ermittelt.

Tab. 6-12: Phosphor-Konzentrationen und mittleres Gefälle des Entwässerungssystems

Anteilen innerhalb weniger Stunden entstehen können. Eine Schätzung wäre nur möglich, wenn
(a) für beide Teilprozesse getrennte Schätzgleichungen ermittelt werden oder
(b) wenn der Gesamtprozeß modelliert werden würde.

6.7 Der Austrag von Metallen und der Vergleich mit dem Eintrag über die Atmosphäre

Unter Kapitel 3.5.2 war die Bedeutung von Metallen für die Belastung von Ökosystemen behandelt worden. In Kapitel 4.2.4 wurden die Metalle im Zusammenhang mit dem Stofftransport in Wellen behandelt. Metalle werden, wie alle anderen Stoffe auch, in der ständig im Fließgewässer transportierten Suspension als Folge der Gerinneerosion in niederschlagsfreien Perioden bevorzugt an Feststoffen angelagert, mitgenommen. In Abflußwellen werden sie verstärkt mit Feststoffen aus dem Einzugsgebiet transportiert. An Tab. 4-4 wurde dies an den hohen Korrelations-Koeffizienten zwischen Feststoffen und Metallen deutlich. Gleichung (4-6) erlaubte für das Einzugsgebiet (N) eine Abschätzung der Metallkonzentration über die Konzentration der Trockensubstanz.

Neben der Erfassung der Deposition wurden im Gebiet (N) die in Abb. 6-11 dargestellten Meßpunkte am Fließgewässer beprobt, WALTHER et al. (1985). Der Beobachtungszeitraum war mit 445 mm Niederschlag, entspricht 70 % des langjährigen Mittels, relativ niederschlagsarm. Während dieser Zeit konnten nur sieben Niederschlags-Abfluß-Ereignisse aufgezeichnet werden. Tab. 6-14 enthält Ergebnisse der Beprobung des Bodens über Tiefenschritte von 20 cm des Sediments an drei Punkten gemäß Abb. 6-11 sowie Metallgehalte von drei Vergleichs-Böden aus der Literatur.

Die Elemente Al, Fe und Mn sind Bestandteile der Tonminerale, so daß sie im Boden und damit auch in den Sedimenten in hohen Konzentrationen auftreten. Die Elemente, die wahrscheinlich bevorzugt über die Atmosphäre eingetragen werden, wie Cd, Pb und auch Zn, zeigen im obersten Horizont gegenüber den darunterliegenden erhöhte Konzentrationen. Als Quelle für erhöhte Cd-Werte kann auch die Phosphatdüngung in Frage kommen. Weiter ist an der Tabelle festzustellen, daß die Konzentration der meisten Elemente im Sediment im Fließgewässer auf dem Weg von der Probenahmestelle S 2 über S 3 zu S 1 aufkonzentriert wird, d. h. im Ursprungsgebiet wird das Ausgangs-Sediment gemagert und auf dem Fließweg angereichert. Die Stoffgehalte in den Böden anderer Standorte liegen nach Tab. 6-14 in gleicher Größenordnung wie die im Gebiet (N).

In Tab. 6-15 sind für das Gebiet (N) Konzentrationen, Jahresmittelwerte mit Variationskoeffizient, für die Deposition, den Dränauslauf und für die Meßstelle G 1 im Fließgewässer am Ausgang des Gebietes zusammengestellt. Daran angeschlossen sind einige Ergebnisse der Literatur, die am Sickerwasser, im Grundwasser und Fließgewässer gewonnen wurden. Es ist folgendes festzustellen:

- Die Konzentrationen der nassen Depositionen sind bei den meisten Parametern höher als im Fließgewässer am Meßpunkt G 1.
- Die Konzentrationen an diesem Meßpunkt liegen meistens höher als die Werte, die am Dränauslauf zu messen waren, eine Tendenz die schon bei den Stoffgehalten im Sediment zu beobachten war. Es folgt demnach auch eine Aufkonzentration auf dem Fließweg.
- Die Konzentrationen, die für den Dränauslauf ermittelt wurden, überschreiten oft die Werte der Literatur, die am Grundwasser in Bayern und an Quellen im Neckar-Einzugsgebiet sowie im Sickerwasser im Solling ermittelt wurden. Hier dürfte der höhere Hintergrundgehalt der Ton- und Schluff-Fraktion im Gebiet (N) von Bedeutung sein.
- Es wird an den Variationskoeffizienten deutlich, daß die Konzentrationen am Dränauslauf und am Ausgang des Gebietes sehr große Streuungen aufweisen, bedingt durch den Erosionsprozess, die weit über den Streuungen liegen, die z. B. im Sickerwasser unter Baumbeständen zu messen sind.
- Die Zusammenhänge zwischen dem Feststoff- und Metalltransport werden noch einmal an dem hohen Anteil der sieben Metall-Abflußwellen an der Jahresfracht in Spalte 5 der Tab. 6-16 deutlich. Dies entspricht damit den Verhältnissen, die z.B. bei Phosphor zu beobachten sind, Tab. 4-6.
- Die Tab. 6-16 zeigt an den Jahresfrachten des Stoffein- und -austrages, daß der Eintrag über die Atmosphäre in das Einzugsgebiet häufig erheblich über dem Austrag aus dem Gebiet am Meßpunkt G 1 liegt, z. B. bei Cd, Ni, Pb, Zn. Das heißt, diese Elemente akkumulieren im Oberboden. Hierauf deuteten auch die Konzentrationsprofile in Tab. 6-14 schon hin. Die Metalle werden bei den hier im Löß vorliegenden pH-Werten nahe dem Neutralbereich festgelegt bleiben.
- In Tab. 6-16 sind auch Frachten angegeben, die im Sollingprojekt
  (a) direkt unter der Humusauflage und
  (b) im Sickerwasser in 80 cm Tiefe gemessen wurden.

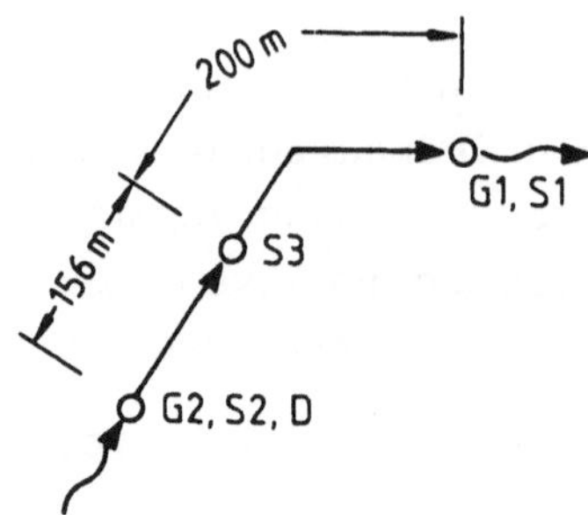

G : Probenahme am Fließgewässer
G1 : Gebietsausgang
G2 : im Inneren des Gebietes
S : Sediment-Entnahme
D : Dränauslauf

Abb. 6-11: Probenahmestellen im Gebiet (N)

	01.07.83 - 30.06.84 $\overline{x}$
- elektr. Leitf. (μS/cm)	1149,0
- pH (-)	7,7
- Trockensubs. (mg/l)	51,2
- CSB (mg/l O_2)	20,8
- TOC (mg/l org. C)	10,6

Tab. 6-13: Gebiet (N), Summenparameter der abfließenden Lösung, am Ausgang des Gebietes gemessen (G1)

mg/kg	aus MAYER (1981)			Gebiet Neuenkirchen Boden Tiefe in cm →					Sediment Fließweg →		
	(1)	(2)	(3)	0-20 H1	20-40 H2	40-60 H3	60-80 H4	80-100 H5	S2	S3	S1
Al	-	-	-	75 000	70 000	66 000	62 000	58 000	49 000	45 000	49 000
B	-	-	-	59	43	55	72	43	52	51	55
Cd	0,063	-	1,1	0,57	0,40	0,13	0,11	0,11	0,41	0,66	0,63
Co	15	4	14	7,2	5,8	6,7	5,6	6,0	5,8	6,1	7,5
Cr	70	-	-	13	13	14	15	14	14	14	16
Cu	35	20	12	0,095	0,077	0,087	0,062	0,076	0,065	0,076	0,096
Fe	23 000	-	18 900	18 800	15 000	17 200	17 000	16 000	11 600	12 600	14 800
Mn	560	1 306	217	531	459	470	390	413	538	666	695
Ni	22	-	-	0,11	0,099	0,084	0,077	0,11	8,12	7,25	6,33
Pb	13	-	25	58	44	18	13	12	48	53	61
Zn	75	83	41	92	71	51	48	48	75	88	127

(1) C-Löß, Niedergandern bei Göttingen, kalkhaltig
(2) Parabraunerde, Südwestdeutschland, BvC-Horizont, kalkhaltig
(3) Schwarzerde, Aseler Wald bei Hildesheim, AC-Horizont

Tab. 6-14: Anorganische Spurenstoffe im Boden und Sediment in mg/kg Boden

	Gebiet (N)												
	nasse Deposition (Dep)	Dränauslauf (D)	Meßstelle Graben (G 1)					Udluft & Quentin (1982)	Lodemann & Bukenberg (1973)	Sickerwasser unter Humusauflage $\overline{x}$ (1974-79)		Sickerwasser in 80 cm Tiefe $\overline{x}$ (1974-79)	
			$\overline{x}$	min	max	v	n			Buche	Fichte	Buche	Fichte
	mg/l	mg/l	mg/l	(mg/l)	(mg/l)	(%)		1)	2)	4)		4)	
Al	1,02 (126)	0,05 (174)	0,048	0	0,15	102	14	0,09					
B	0,0133 (89,5)	0,0774 (28,9)	0,0660	0,043	0,164	37	26						
Cd	0,00632 (144)	0,00046 (102)	0,00348	0	0,0794	431	27	0,0005	< 0,0001	0,0024	0,0028	0,0028 (42,9)	0,0062 (40,3)
Co	0,00198 (148)	0,00032 (271,8)	0,00052	0	0,0057	250	26			0,0013	0,003	0,011 (10,9)	0,048 (28,6)
Cr	0,0145 (101)	0,0129 (55,4)	0,0168	0,0025	0,120	140	28	0,0016	0,003	0,0032	0,0026	0,0012 (83,3)	0,0013 (84,6)
Cu	0,0161 (105)	0,00153 (201)	0,0021	0	0,028	280	26	0,015	0,004	0,024	0,022	0,018 (55,6)	0,026 (23,1)
Fe	1,56 (117)	0,49 (182)	1,87	0	19,2	202	28			0,311	0,263	0,0035 (34,3)	0,037 (27,0)
Hg	0	0	0,000014	0	0,00013	264	18	0,0002	n.n.				
Mn	0,099 (93)	0,01 (500)	0,03	0	0,46	300	28			2,031	1,442	1,000 (11,0)	2,620 (33,6)
Ni	0,003 (230)	0	0	0	0	-	26	0,0053	0,0013	0,0041	0,0047	0,0036 (22,2)	0,015 (46,7)
Pb	0,0291 (42,6)	0,00395 (118,5)	0,00716	0	0,0452	142	28	0,0015	0,0005	0,043	0,025	0,0041 (98,0)	0,0031 (41,9)
Zn	0,255 (47,1	0,153 (55,6)	0,138	0	0,46	93	28	0,048	0,007	0,278	0,456	0,191 (6,2)	0,560 (39,3)

G1: Meßstelle Graben am Ausgang des Einzugsgebietes
v(%): Variationskoeffizient
( ) Variationskoeffizient in Spalte 1 und 2 sowie 13 und 14

1): Werte aus ca. 600 Grundwasseranalysen aus Bayern
2): 240 Quellwässer des Neckareinzugsgebietes
Beide Quellen werden aus Gegenmantel /1984/ zitiert
4): MAYER (1981), Solling

Tab. 6-15: Konzentrationen (mg/l) anorganischer Spurenstoffe verschiedener Meßpunkte im Gebiet (N) und an anderen Standorten in Deutschland

	Gebiet (N) [1]				MAYER (1981) Sickerwasser unter Humusauflage (1974-1979)		Sickerwasser in 80 cm Tiefe (1974-1979)	
	spez. Eintrag g/ha	spez. Austrag g/ha	Diff. g/ha (%)	Anteil der Wellen an der Jahresfracht %	Buche (g/ha)	Fichte (g/ha)	Buche (g/ha)	Fichte (g/ha
Al		23200		99,8				
B	59,2	79,60	- 20,4 (26)	33,1				
Cd	28,1	3,11	+ 24,9 (801)	9,6	17,5	20,0	16,5	26,2
Co	8,4	4,00 (110)	+ 4,4	39,4	9,5	9,3	64,0	415,0
Cr	64,5	21,2 0	+ 43,3 (203,3)	36,3	23,4	18,5	7,1	5,5
Cu	71,6	1,74	+ 69,9 (402)	2,6	175,0	157,0	106,0	110,0
Fe	6940	8540,00	- 1600,0 (19)	82,3	2270,0	1875,0	206,0	157,0
Hg		0,0113						
Mn	44,1	355,00	+ 86,0 (24)	93,1	14480,0	10280,0	5900,0	11100,0
Ni	13,4	3,01	+ 10,4 (346)	100,0	29,9	33,5	21,0	66,0
Pb	129,0	34,7 0	+ 94,3 (272)	83,3	314,0	178,0	24 ,0	13,0
Zn	1130,0	172,00	+ 958,0 (557)	35,2	2029,0	3251,0	1125,0	2360,0
pH		7,70			3,9		> 4,1	

[1]) A_{E0} = 89,9 ha, 7 Wellen in der Zeit vom 27.05.84 bis 23.06.84

Tab. 6-16: Massenflüsse anorganischer Stoffe im Gebiet (N) und Vergleich mit Ergebnissen aus der Literatur

Die pH-Werte liegen dort um 4. Es wird an der Tabelle deutlich, daß infolge der Versauerung im Solling im Vergleich zu dem ackerbaulich genutzten Lößgebiet (N) extrem hohe Frachten, vor allem auch bei wichtigen bodenbürtigen Baumnährstoffen wie Mn auftreten.

- Der Vergleich der Daten des Gebietes (N) mit denen aus dem Solling verdeutlicht noch einmal, daß das chemische Boden-Milieu und hydraulische Faktoren, die den Transport (Erosion) beeinflussen, ausschlaggebend für die ausgetragenen Metall-Mengen sind.

6.8 Chlorierte Kohlenwasserstoffe, Verbleib, Austrag und Vergleich mit dem Eintrag über die Atmosphäre

Wie auch schon bei den anorganischen Stoffen, so wurden auch die organischen Stoffe unter dem Abschnitt „Deposition" (Kap. 3.5.3) und unter dem Abschnitt „Erosion" (Kap. 4.2.4) behandelt. Tab. 3-1 zeigte, daß die Emission organischer Stoffe seit Jahrzehnten etwa in gleicher Größenordnung wie die von NO_x und SO_2 liegt. Unter Kap. 3.5.3 wurde auch darauf hingewiesen, daß relativ wenig Forschungsergebnisse über den Verbleib dieser Verbindungen in sonst wenig belasteten Ökosystemen vorliegen. Nach Kap. 3.5.3 spiegelt sich unter Forstbeständen die Auskämmwirkung der Baumbestände in erhöhten Konzentrationen der organischen Spurenstoffe im Regenwasser und Bodensickerwasser wider. Demgegenüber war die Deposition dieser Verbindungen im Ackerbaugebiet Neuenkirchen nicht ausgeprägt hoch. Unter diesem Kapitel soll der Verbleib dieser Stoffe in den Böden, im Sediment, im Fließgewässer und im oberflächennahen Grundwasser an Beispielen zusammenfassend dargestellt werden.

Nach Tab. 3-17 betrug im Bundesgebiet die mittlere Depositions-Jahresfracht des AOX 40 g/ha · a Cl_2 und die größte 100 g/ha · a. Bei einer mittleren Grundwasserneubildung von 250 l/m² würde die mittlere Konzentration im Bodensickerwasser bei 16 µg/l und im Extremfall bei 40 µg/l liegen. RENNER et al. (1990) hatten im Bodensickerwasser bei Standorten in Hessen unter Fichten 39 bis 140 µg/l und im Freiland im Sickerwasser 37-250 µg/l gemessen. Die Werte im Grundwasser lagen dort zwischen 2 und 47 µg/l. Die Differenz der Konzentrationen im Bodensickerwasser und Grundwasser läßt einen Abbau der Verbindungen oder auch teilweise eine Festlegung in der ungesättigten Zone vermuten.

Nach der Tab. 6-17 liegt für Grundwassermeßstellen im Gebiet (B) im Harzvorland die Mehrzahl der Meßwerte unter 50 µg/l. Im oberflächennahen Grundwasser treten bevorzugt erhöhte Konzentrationen auf. Die Tabelle zeigt an, daß in den Grundwässern anscheinend eine relativ niedrige Grundlast mit chlorierten Verbindungen vorhanden ist. Wie sich dies auf einzelne Verbindungen verteilt, sollen die nachfolgend dargestellten Untersuchungsergebnisse zeigen.

Tab. 6-18 und Tab. 6-20 enthalten Konzentrationen der CKW oberhalb der Nachweisgrenzen, die im Gebiet (N) im Sickerwasser und Fließgewässer und im Gebiet (B) im Grundwasser ermittelt wurden. Als Vergleich zum Fließgewässer (N) sind noch Daten der Elbe angegeben, die zwischen Schnackenburg und der Elbmündung in der fließenden Welle gemessen wurden.

Leicht flüchtige CKW wurden nach Kenntnis des Verfassers im Gebiet (N) nicht eingesetzt. Von den 22 leicht flüchtigen CKW, die unter Kap. 3.5.3 genannt wurden, traten Trichlormethan (Chloroform), Tetrachlormethan (Tetrachlorkohlenstoff), 1.1.1-Trichlorethan, Trichlorethen (Tri) und Tetrachlorethen (Per) mindestens einmal an jedem Meßpunkt im Einzugsgebiet Neuenkirchen auf, also die Substanzen, die häufig im Zusammenhang mit Schadensfällen anzutreffen sind. Im Wasser wurden vereinzelt noch Penta- und Hexachlorethan nachgewiesen (Konzentration, s. Tab. 6-18). Die Konzentrationen in den Wasserproben des Meßgebietes sind im Vergleich zur Elbe zum Teil recht hoch.

Im Boden wurden sieben Verbindungen oberhalb der Nachweisgrenze gefunden, darunter die zuvor genannten Problemstoffe, Abb. 6-12. Im Sediment wurden zusätzlich Dichlormethan und Hexachlorethan gefunden, Tab. 6-19. Das vollständig aufchlorierte Tetrachlormethan bzw. Tetrachlorkohlenstoff (Nr. 3 in Abb. 6-12) gilt als schwer abbaubar und darf seit 1977 nur noch für den Bedarf chemischer Laboratorien produziert werden. Die Konzentration im Boden ist relativ hoch. Möglicherweise tritt hier Tetrachlormethan als Abbauprodukt des Tetrachlorethens auf (Nr. 4 in Abb. 6-12), welches in erheblich niedrigeren Konzentrationen im Boden gemessen wird. Nach der Abbildung nehmen beide Verbindungen unterhalb des Pflughorizontes stark ab. Die übrigen fünf Substanzen zeigen über die Tiefe keine eindeutig erkennbare Tendenz. Im Sediment werden nach Tab. 6-19 nur einige Substanzen angereichert; die Anreicherungskoeffizienten liegen dann größer eins.

Entnahmetiefe (m)	AOX (µg/l)				
	< 10	10 - < 25	25 - < 50	> 50	Σ
< 10	4	10	3	2	19
10 - < 25	1	4	1	0	6
25 - < 50	3	2	6	0	11
> 50	0	0	0	0	0
	8	16	10	2	36

Börßum, Entnahmetiefe 4-50 m u. Gelände; die Untersuchungen wurden an 9 Grundwassermeßstellen und an einem Kiesteich durchgeführt.

Tab.6-17: Konzentrationsklassen des AOX im Grundwasser des Gebietes Börßum, bezogen auf die Tiefen zwischen 4 und 50 m, und Anzahl der Meßwerte

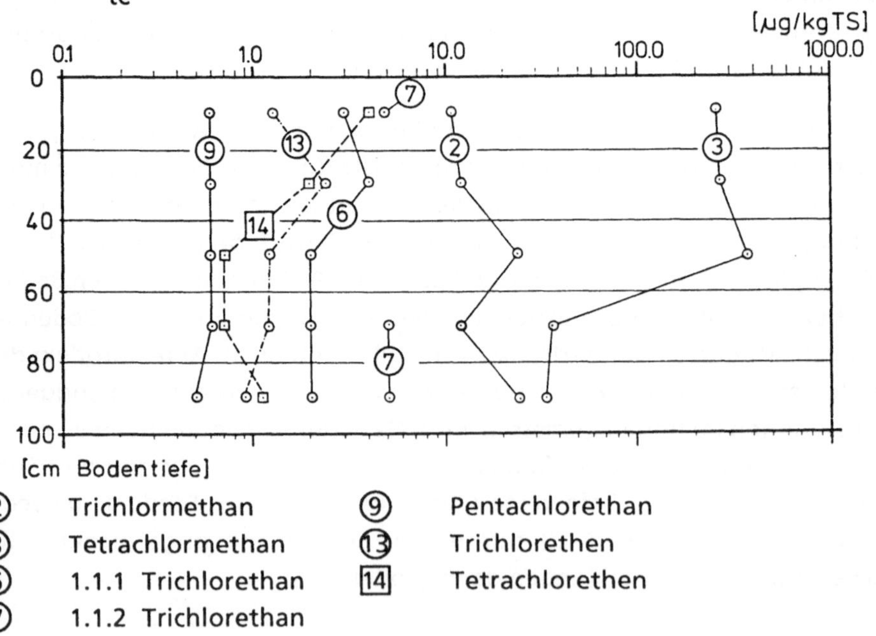

Abb. 6-12: Tiefenverteilung leicht flüchtiger CKW im Boden, Gebiet (N)

Meßwertbereich (µg/l)	Gebiet (B) [1] Grundwasser			Gebiet (N) [3] Sickerwasser [2] µg/l				Gebiet (N) [3] Fließgewässer µg/l				lfd. Nr. in Abb. 6-12	Elbe b. Schnackenburg [3] Fließgewässer µg/l			
	Anzahl Messungen < Nachweis-grenze	max Konz. µg/l bis	Anzahl Messungen insgesamt	min	$\bar{x}$	(n)	max	min	$\bar{x}$	(n)	min		min	$\bar{x}$	(n)	max
Dichlormethan	38	-	(38)													
Trichlormethan				0,3	0,3	(2)	0,3	0,2	0,4	(4)	0,9	2	<0,001	0,3		9,2
1,1,1-Trichlorethan	10	2,0	(38)	0,03	0,3	(3)	0,44	0,07	0,1	(3)	0,16	6	<0,001	0,04		0,24
Tetrachlormethan	—	0,9	(32)	0,3	1,7	(4)	2	0,3	3,5	(6)	10,00	3	<0,001	0,25		6,4
1,2-Dichlorethan	38	—	(38)													
Chloroform	18	1,0	(38)													
Trichlorethylen	13	1,0	(38)													
1,2-Dichlorpropan	38	—	(38)													
Perchloretylen	10	0,1	(38)													
1,1,2-Trichlorethan	38	—	(38)													
1,1,1,2-Tetrachlorethan	38	—	(38)													
1,2,3-Trichlorpropan	38	—	(38)													
Monobromdichlormethan	—	0,05	(4)													
Monochlordibromethan	—	0,07	(1)													
Pentachlorethan				0,2		(1)			0,01	(1)		9				
Hexachlorethan				0,005		(1)						10				
Trichlorethen				0,9	0,9	(3)	0,9	0,07	0,81	(5)	3	13	<0,001	0,75		8,6
Tetrachlorethen				0,02	0,21	(3)	0,6	1,01	1,02	(5)	3	14	<0,001	0,7		5,9

[1] (B), Entnahmetiefe 4-50 m u. Gelände; die Untersuchung wurde an 9 Grundwassermeßstellen und an einem Kiesteich durchgeführt.
[2] (N), Entnahmetiefe 2 m u. Gelände, am Sickerwasser wurden 4, am Fließgewässer wurden 6 Untersuchungen durchgeführt.
[3] Die Substanzen, die nicht aufgeführt sind, lagen unter der Nachweisgrenze, (n) = Anzahl d. Meßwerte über der Nachweisgrenze

Tab. 6-18: Konzentrationen leicht flüchtiger Chlorkohlenwasserstoffe im Gebiet (N) und im Gebiet (B)

	Dichlormethan				Trichlormethan (Chloroform)				Tetrachlormethan (Tetrachlorkohlenstoff)			
	min	$\bar{x}$	n	max	min	$\bar{x}$	n	max	min	$\bar{x}$	n	max
Boden (µg/kg TS) 0-20 cm Tiefe						11	(1)			260	(1)	
Sediment (µg/kg TS)	140	176	(3)	250	9	27	(10)	90	5	92	(11)	490
Anreicherungs-Koeffizient (-)						2,5				< 1		

	1,1,1-Trichlorethan				1,1,2-Trichlorethan				Pentachlorethan			
	min	$\bar{x}$	n	max	min	$\bar{x}$	n	max	min	$\bar{x}$	n	max
Boden (µg/kg TS) 0-20 cm Tiefe		3	(1)			5	(1)			0,6	(1)	
Sediment (µg/kg TS)	0,4	8,7	(8)	15					0,2	0,5	(6)	0,7
Anreicherungs-Koeffizient (-)		2,9								1		

	Hexachlorethan				Trichlorethen				Tetrachlorethen			
	min	$\bar{x}$	n	max	min	$\bar{x}$	n	max	min	$\bar{x}$	n	max
Boden (µg/kg TS) 0-20 cm Tiefe						13	(1)			4	(1)	
Sediment (µg/kg TS)		0,4	(1)			26,4	(1)			3	(1)	
Anreicherungs-Koeffizient (-)						4,9				< 1		

Leerfelder bedeuten: Meßwerte unterhalb der Nachweisgrenze; n: Anzahl der Meßwerte oberhalb Nachweisgrenze; Probenahmen Boden 1 x; Probeanzahl Sediment = 15.

Tab. 6-19: Anreicherung leicht flüchtiger Chlorkohlenwasserstoffe im Sediment und Gehalte im Boden, Gebiet (N)

	Gebiet (B)1) Grundwasser			Gebiet (N) 3) Sickerwasser 2)		Fließgewässer				
Meßwertbereich (µg/l) Parameter	Anzahl Messungen < Nachweis-grenze (NWG)	max. Konz. (µg/l) bis	Anzahl Messungen insgesamt	µg/l $\bar{x}$	(n)	µg/l min	$\bar{x}$	(n)	max	lfd. Nr. in Abb. 6-12
Pentachlorethan	37	0,001	(38)							
1,4-Dichlorbenzol	34	0,2	"							
1,2-Dichlorbenzol	38	—	"							2
Hexachlorethan	32	0,001	"							
Hexachlorbutadien	38	—	"							
α -HCH	36	0,001	"							7
Hexachlorbenzol (HCB)	36	0,002	"	0,004	(1)					4
γ -HCH (Lindan)	30	0,02	"	0,002	(1)		0,002	(1)		8
Aldrin	32	0,003	"	0,01	(1)		0,01	(1)		13
Dieldrin	37	0,006	"							
4,4,-DDE	36	0,006	"							
Endrin	37	0,004	"							
2,4,-DDT	38	—	"							17
Methoxychlor	38	—	"							
4,4,-DDT	38	—	"							
Pentachlorbenzol	2	0,001	(3)	0,002	(1)	0,001	0,0015	(2)	0,002	3
Pentachlornitrobenzol	2	0,005	(4)	0,01	(1)		0,01	(1)		6
β -HCH	6	0,004	(11)							
δ -HCH	-	0,005	(1)							
4,4-DDD	-	0,009	(1)							
Heptachlor				0,005	(1)		0,005	(1)		11
Σ PCB				0,13	(4)					

1) Gebiet (B), Entnahmetiefe 4-50 m u. Gelände, die Untersuchung wurde an 9 Grundwassermeßstellen und an einem Kiesteich durchgeführt.
2) Gebiet (N), Entnahmetiefe 2 m u. Gelände, am Sickerwasser wurden 4, am Fließgewässer wurden 6 Untersuchungen durchgeführt.
3) Die Substanzen, die nicht aufgeführt sind, lagen unter der Nachweisgrenze
(n) = Anzahl d. Meßwerte über der Nachweisgrenze

Tab. 6-20: Konzentrationen schwer flüchtiger Chlorkohlenwasserstoffe und PCB im Gebiet (N) und im Gebiet (B)

Nr.	Substanz	Sediment (µg/kg TS) Elbe 1) min	max	Gebiet (N) min	$\bar{x}$	n	max	Boden (µg/kg TS) 0-20 cm Tiefe $\bar{x}$	n
1	1,4-Dichlorbenzol			9		(2)	70		
3	Pentachlorbenzol			0,2		(2)	2		
4	Hexachlorbenzol	0,1	1180	0,3	7,6	(7)	20	3	(1)
6	Pentachlornitrobenzol				7	(1)			
7	α-HCH	< 0,1	129	0,3	0,5	(5)	0,6	0,5	(1)
8	Lindan (γ-HCH)	< 0,1	55		0,7	(1)		11	(1)
10	α-Endosulfan			2		(2)	2		
12	Heptachlorepoxid			0,06		(2)	0,06		
14	Dieldrin	< 0,5	30	0,6		(2)	0,6		
17	2,4-DDT	< 0,5	6,5		4	(1)			
18	4,4-DDT	< 0,5	584		10	(1)		6	(1)
19	4,4-DDE	< 0,5	74	1	2,8	(5)	6	7	(1)
20	2,4-DDE			1		(2)	1		
Anzahl der Messungen						(12)			(1)

1) Elbabschnitt Schnackenburg-Nordsee
Die Substanzen, die hier nicht aufgeführt sind, lagen unterhalb der Nachweisgrenze;
(n): Anzahl der Meßwerte oberhalb Nachweisgrenze.

Tab. 6-21: Schwer flüchtige Chlorkohlenwasserstoffe im Sediment und Boden, Gebiet (N)

Die Konzentrationen im Sickerwasser, Gebiet (N), und im Grundwasser, Gebiet (B), zeigen, daß doch mehrere, in der Gesellschaft zu verschiedenen Zwecken eingesetzten Verbindungen in deutlich nachweisbaren Größen auftreten, demnach als ubiquitär zu bezeichnen sind, wie Hexachlorbenzol, Lindan, Trichlorethen (Tri), 1.1.1-Trichlormethan und andere. Im Gebiet (N) wurden in den Wasserproben aller Meßpunkte jeweils 9 von 25 schwer flüchtigen Chlorverbindungen wiedergefunden, Tab. 6-20. Im Sediment wurden erwartungsgemäß mehr Substanzen als in den Wasserproben festgestellt, Tab. 6-21. Die noch meßbaren Stoffgehalte im Boden und im Sediment sind im Vergleich zu Flußsedimenten relativ gering, Tab. 6-21. Es ist zu vermuten, daß schwer abbaubare organische Chlorverbindungen in Flußsedimenten zu beträchtlichen Anteilen auch über den Weg der Bodenerosion eingetragen und angereichert wurden.

Wenn man davon ausgeht, daß die meisten organischen Stoffe wie auch die anorganischen Stoffe mit dem Sediment in Wellen und in der Suspension der regenfreien Periode transportiert werden und man weiter davon ausgeht, daß die Konzentration im Sediment mindestens der im Oberboden entspricht, meistens erfolgt im Sediment eine Anreicherung, dann kann die Jahresfracht, wie bei den anorganischen Stoffen unter Kap. 4.2.4 gezeigt wurde, näherungsweise aus dem Produkt „Konzentration im Oberboden oder Sediment in µg/kg TS" mal „Feststoff-Fracht des Jahres (kg TS/ha · a)" abgeschätzt werden.

Für das Gebiet (N) wurden z. B. Jahresfrachten zwischen 29.6 und 229.3 kg TS/ha ermittelt. Dies entspricht bei einer Gebietsfläche von 89.9 ha 2661 kg bis 20614 kg Feststoff-Austrag im Gebiet (N). Für Tetrachlorethen beträgt die Konzentration in Tab. 6-19 in den obersten 20 cm im Mittel 4 µg/kg TS. Dies würde einer Jahresfracht zwischen 0.011 und 0.0825 g/ha entsprechen.

Es ist zusammenzufassen:
Die vorliegenden Daten deuten daraufhin, daß die „Chemisierung" der Ökosysteme fortgeschritten ist, auch in Systemteilen, bei denen der Eintrag mit der Grundwasserneubildung relativ langen Transportzeiten unterliegt, wie im Grundwasserraum. Es ist wenig darüber bekannt, in welchem Ausmaß diese Verbindungen in den Systemen auf Organismen und ihre Stoffumsatzleistungen wirken. Bei der Trinkwassergewinnung aus dem Grundwasser wird der Verbraucher dann mit einem Wasser versorgt, welches ein „chemisches Grundrauschen komplexer unerwünschter Verbindungen" enthält. Die Ergebnisse zeigen wei-

ter, daß hier weitere Forschungsarbeit notwendig ist und auf der Seite der Emissionenswerte eine Verminderung dringend erreicht werden muß.

6.9 Zusammenfassung und Schlußbetrachtung zu Abschnitt 6

Anfang der siebziger Jahre bis in die achtziger Jahre wurde die Forschung über die diffuse Belastung von Fließgewässern in land- und forstwirtschaftliche genutzten Gebieten besonders vor dem Hintergrund der Eutrophierung von Seen durchgeführt. Neben der Erfassung des Stoffexportes der Landschaft war ein wesentliches Ziel der Arbeiten das Studium von Prozessen des Stoffaustrages. Die Untersuchungen wurden in der Vergangenheit im wesentlichen von den Disziplinen Bodenkunde, Landwirtschaft und Forstwissenschaft durchgeführt. Im zurückliegenden Abschnitt werden Untersuchungen zum Stickstoff- und Phosphoraustrag betrachtet. Diese Arbeiten erlauben in den überwiegenden Fällen nur einen Vergleich von Zahlenbereichen; eine Verknüpfung der Ergebnisse mit Eigenschaften der untersuchten Gebiete oder die Ableitung allgemein gültiger Gesetzmäßigkeiten in numerischer Form ist nur selten möglich. Dieser Themenbereich hat in den letzten Jahren durch die Güteprobleme, die an der Ostsee und Nordsee auftreten, wieder an Aktualität gewonnen. Mit der Grundwasserneubildung fließen Stoffe als sogenannte Grundlast in die Fließgewässer, wie z. B. Nitrat, die nicht durch den Bau von Kläranlagen beeinflußt werden können. Dies ist eine zeitlang in Vergessenheit geraten. In jüngster Zeit sind wieder Untersuchungen an Fließgewässern mit dem Ziel der Sanierung aufgenommen worden, bei denen die Ermittlung des Anteiles der diffusen Belastung ein Aspekt ist.

Einfluß der Kulturart:
Der Austrag der Nährstoffe Stickstoff und Phosphor ist in starkem Maß von der Art der Bodennutzung (Kulturart Acker, Grünland, Wald) abhängig. Der Austrag aller anderen Lösungsbestandteile wie Calcium, Magnesium, Chlorid wird dagegen wesentlich von den bodenkundlich und geologisch bedingten Eigenschaften des Einzugsgebietes geprägt, so daß für diese Parameter eine Beziehung zur Kulturart nicht herzustellen ist.

Statistische Untersuchungen:
Die Beschaffenheitsdaten der Fließgewässer, besonders die, deren Transport durch Niederschlag-Ereignisse beeinflußt werden, haben schiefe statistische Verteilungen. Das arithmetische Mittel, welches in der Literatur als Kenngröße

der Meßreihen der Beschaffenheitsdaten herangezogen wird, ist kein zentrales Maß der Verteilungen und deshalb als Zusammenfassung der Meßreihen ungeeignet; hier ist der Median und das Dichtemittel besser geeignet. In der Literatur wurden bislang selten statistische Verteilungen der Beschaffenheitsdaten vorgestellt. Analog zur „Mengenhydrologie" ist es dringend erforderlich auch für Beschaffenheitsdaten Verteilungen und Dauerlinien zu erarbeiten, da nur sie eine komprimierte und übersichtliche Wiedergabe von Meßreihen eines Gebietes ermöglichen. Die Grundform einer empirischen Verteilung für Stoffe in Fließgewässern ist schon innerhalb einer einjährigen Meßperiode zu erhalten. Durch die Verlängerung der Meßperiode werden allerdings Extremwerte, z. B. infolge Niederschlag-Abfluß-Ereignissen wie bei Phosphor, besser abgesichert. Eigene Untersuchungen ergaben, daß bei einer vierjährigen Untersuchung nur noch unwesentliche Verschiebungen in den Verteilungsmaßen, wie arithmetisches Mittel, Median etc. auftraten.

Notwendige Meßdauer:
Die Periode der klimatischen Wasserbilanz, der Abstand zwischen nassen und trockenen Jahren beträgt sieben bis zehn Jahre. Entsprechend variieren die jährlichen Abflußsummen und dementsprechend auch der Stoffaustrag, da er vom Abflußgeschehen abhängig ist. Um ein möglichst breites Spektrum der Stoff-Frachten zu erhalten, sollte die Meßdauer nicht unter drei Jahren liegen.

Gebietskennwerte:
Der Stoffaustrag von Einzugsgebieten nach Zeit und Menge ist abhängig
- von der oberirdischen Gestalt des Geländes, z. B. umschrieben durch das Geländegefälle,
- von der Ausrüstung des Gebietes mit Entwässerungseinrichtungen wie Grabennetzdichte, Anteil gedränter Flächen,
- vom Anteil des Grundwasserabflusses A_{b2} an der Jahressumme des oberirdischen Abflusses Ao,
- vom Stoffabbau im Untergrund.

Beziehungen zwischen Stoffaustrag und Gebietskennwerten wurde bislang nur in wenigen neueren Arbeiten hergestellt:

- So steigt die aus einem Gebiet ausgetragene Stoffmenge mit dem Grad der Ausrüstung mit Entwässerungseinrichtungen.
- Der mittlere Phosphoraustrag steigt mit dem mittleren Geländegefälle im Gebiet.

- Für den Phosphoraustrag ist noch die Vegetationsart im Nahbereich des Gewässers von Bedeutung. Er ist am höchsten, wenn die Ackerflächen bis in die Nähe des Gewässerrandes reichen. Er steigt tendenziell mit dem Anteil der Ackerflächen im Einzugsgebiet. Der Kalkanteil der Böden und damit die Bindungsfähigkeit der Böden gegenüber Phosphor ist demgegenüber nachgeordnet.
- Der Austrag von Stickstoff steigt eindeutig mit dem Ackeranteil im Einzugsgebiet. Die Beziehung zwischen Stickstoff-Fracht und Kulturartverhältnissen kann durch eine multiple Regressionsfunktion belegt werden, soweit die Beziehung nicht durch andere Einflüsse stark überlagert wird.

Vorstehende Erfahrungen zeigen, daß, wie schon seit Jahren in der Hydrologie eingesetzt, durch Kennwerte umschriebene Gebietseigenschaften sehr wohl eine vergleichende Betrachtung des Stoff-Austragsverhaltens verschiedener Einzugsgebiete ermöglichen. Versuchsgebiete, an denen Untersuchungen zum Stoffhaushalt durchgeführt wurden, sollten nach vorgenannten Kriterien einheitlich erfaßt und katalogisiert werden, ähnlich wie das für Niederschlags-Abfluß-Modelle kleiner Einzugsgebiete vor einigen Jahren erfolgte. Damit können Erfahrungen gebündelt und als Grundlage für wasserwirtschaftliche Planungen weitergegeben werden.

Prozeßteile:
Der Stofftransport aus diffuser Quelle im Fließgewässer eines Einzugsgebietes kann zwei Prozeßteilen zugeordnet werden. Es konnte gezeigt werden, daß große Anteile der Jahresfrachten - der gebunden transportierten als auch der gelösten Stoffe - in der Zeit von April bis August in der Folge von Regenereignissen entstanden. Die Probenahme in niederschlagsfreien Perioden kann ausreichend genau durch eine wöchentliche Stichprobe erfaßt werden. Niederschlagsereignisse sollten durch eine wasserstandsgesteuerte Probenahme erfaßt werden. Wichtig sind die sorgfältige Erfassung der Komponenten des Wasserhaushaltes, bei Untersuchungen am Fließgewässer besonders die Aufzeichnung des Abflusses. Die Jahresfracht eines Stoffes ergibt sich dann nach

(6-1) $F_k = F_k$ (Trockenwetter) + F_k (Abflußwelle)

Bei Untersuchungen am Fließgewässer sollten auch im Gebiet an wenigen Punkten die unterirdische Auswaschung, z. B. mit Saugkerzen erfaßt werden, um z. B. für Stickstoff den Anteil zu bestimmen, der auf dem Fließweg vom Boden bis zum Gewässer durch Abbau vermindert wird. Meistens reicht für eine orientierende Untersuchung am Fließgewässer und für die Auswaschung die Meßzeit eines Jahres.

Beziehungen zum Abfluß:
Die Beziehung zwischen Konzentrationen gelöster Stoffe und Abfluß kann meistens durch nichtlineare Beziehungen 2. Grades ausgedrückt werden. Die Frachten-Abfluß-Beziehung ist gewöhnlich ausreichend straff durch eine lineare Funktion auszudrücken.

Die Konzentrationen aller gebunden transportierten Stoffe - Phosphor, Metalle, organische Stoffe wie Huminstoffe, CKW, - können nicht mit einer Gleichung aus dem Abfluß geschätzt werden. Es bietet sich an, die Feststoff-Fracht eines Gebietes gemäß Gleichung (6-1) zu ermitteln und die Frachten pro Jahr vorgenannter Stoffgruppen dann über die Konzentration mg/kg TS, die am Boden im Gebiet oder am Sediment des Fließgewässers bestimmt wird, z. B. mittels Gleichung (6-2) zu schätzen:

(6-2) z.B.: F (Phosphor) (mg/ha) = mg P/kg TS · kg TS/ha.

Stoff-Abfluß-Beziehungen geben Meßergebnisse komprimiert wieder, und sie erlauben leichter einen Vergleich des Stoffexportes verschiedener Landschaftsausschnitte. Komplexe Stoffexportmodelle werden zur Zeit entwickelt; sie werden aber auch künftig wegen des großen Aufwandes zur Anpassung selten anwendbar sein. Es sollten deshalb zukünftig mehr als in der Vergangenheit einfache numerische Zusammenhänge ermittelt werden, auch wenn damit erst einmal nur die Tendenz der gemessenen Veränderung verschiedener Variablen angezeigt werden kann, weil z. B. die Datenbasis noch unzureichend oder die Varianzaufklärung noch unbefriedigend ist.

Bilanzen:
Bislang wurden Einzugsgebiete selten bilanziert, da der Aufwand, ein- und ausgehende Stoffströme zu erfassen, beträchtlich ist. Bilanzen erlauben eine Abschätzung der Herkunft und des Verbleibs von Stoffen. Eine Bilanzierung ist deshalb besonders bei längerfristig angelegten Untersuchungen zu empfehlen. So zeigen z. B. die Untersuchungen am Gebiet (N), daß der Eintrag von anorganischen Spurenstoffen in das Gebiet größer als der Austrag ist, also in dem Ackerbaugebiet eine Stoffakumulation stattfindet, welches ohne Bilanzierung nur schwer erkannt würde.

7 Diffuse Einwirkungen auf Grundwasservorräte, Beispiele

7.1 Abschätzung der Verlagerungsgeschwindigkeit von Stoffen im Boden und im Grundwasserleiter

Die Untersuchungen, die in den zurückliegenden fünfzehn Jahren durchgeführt wurden, zeigten, daß Grundwasserleiter sowohl mit Sand- als auch mit Lößüberdeckungen diffus belastet werden. Nach eigenen Messungen können bei Lößboden kurzfristig durch Impulswirkung bei Starkregen Konzentrationstöße bis 200 mg/l NO_3^- gemessen werden. Zu gleichen Ergebnissen führten die Untersuchungen von SCHINDLER (1991) und von anderen. Für die Bodenarten Löß (Schluff) und Feinsand sind die Verlagerungstiefen pro Jahr in Tab. 7-1 abgeschätzt. Die jährliche mittlere Verlagerungsstrecke eines Stoffes mit dem Sickerwasser im Boden kann, wenn die Dispersion und der Fluß in Makroporen außer Acht gelassen wird, z. B. nach DUYNISFELD et al. (1983) wie nachstehend geschätzt werden:

(7-1) Sickerwasser-Verlagerungstiefe (dm/a) = Sickerwasserspende (mm/a) /Wassergehalt bei FK (mm/dm)

Die Sickerwasserspende entspricht der Grundwasserneubildung. Die Feldkapazität FK kann aus der KARTIERANLEITUNG (1982) abgelesen werden. Wassersättigung des Bodens ist im Jahresablauf nur während kurzer Perioden und in einigen Tiefenabschnitten zu beobachten. Der Wassergehalt bei Feldkapazität entspricht daher dem Porenanteil, der als Fließquerschnitt für die vertikale Wasserbewegung zur Verfügung steht. Aus diesem Grund kann die mittlere jährliche Verlagerungsstrecke des Sickerwassers, wie oben erläutert, geschätzt werden. Die mittlere jährliche Verlagerungstiefe des Sickerwassers gemäß Gleichung

Bodenart	Löß (U)	Sand (fS)
- Feldkapazität FK (mm/dm)	34	18
- Grundwasserneubildung s (mm/a)	200	300
- Verlagerungstiefe VT (dm/a) nach Gl. (7-1)	6	17
- Verlagerungszeit bei 5 m Grundwasserflurabstand (Jahre)	8	3
- Verweildauer des Sickerwassers (d/dm) nach Gl. (7-2)	61	21,5
- effektive Durchwurzelstufe bei Getreide Wzreff (dm)	9	6
- Verweildauer im Wurzelraum (d)	549	129
- Häufigkeit des Austausches Bodenlösung im Jahr (1/a)	0,66	~ 2,8

Tab. 7-1: Beispiele für Verlagerungstiefen in Böden

(7-1) beträgt im Bundesgebiet ca. 94 cm/a, BACH (1987). Die höchsten Werte treten n. BACH in den Bayerischen Alpen, in den Höhenlagen des Bayerischen Waldes, des Schwarzwaldes und des Sauerlandes auf. Verlagerungstiefen unter 30 cm/a sind deckungsgleich mit der Verbreitung der Lehm-, Schluff- und Tonböden (Mainzer Becken, Schweinfurt-Würzburger Becken, der Wetterau, der Oberhessischen Senke sowie in der Niederrheinischen Bucht).

An Tab. 7-1 ist zu erkennen, daß im Löß das neugebildete Grundwasser und die damit transportierten Nährstoffe in einem Jahr mit 6 dm Verlagerungstiefe noch nicht die Unterkante des Wurzelraumes erreichen, wenn vom Fluß in den

Grundwasser-leitertyp	Beispiel	Abstandsgeschw. v_a	Literaturstelle
- Karst (ober-flächennah)	- Nieders. Bergland - Fränkische Alb - Schwäb. Alb - Unterfränk. Muschelkalk	1,2 - 2,8 km/d 0,2 - 9,6 km/d 0,2 - 14,0 km/d 0,1 - 0,4 km/d	in WOLFF et al. (1988) DVWK (1982) DVWK (1982) DVWK (1982)
- Kluft	Nieders. Bergland Mesozoische Kalk- und Sandsteine	10 - 50 m/d	DVWK (1982)
- Talgrundwas-serleiter, Kiese - Talschotter	- Niedersachsen oberes Okertal - Gebiet zw. Alpen u. Donau - Loisachtal, Alpen - Oberrheingraben, Rhein Neckar, Freiburg-Offenburg	10 - 80 m/d z.T. bis 300 m/d 0,8 - 2,7 m/d 0,8 - 2,7 m/d 0,4 - 1,6 km/d	eigene Untersuch. DVWK (1989) DVWK (1989) DVWK (1989)
- Geest, Sand	- Scheeßel - Norddeutsche Rinnen, Tiefe > 100 m	0,5-1,0 m/d < 0,5 m/d z.T. < 0,001 m/d	eigene Untersuch. DVWK (1989)

Tab. 7-2: Transportgeschwindigkeiten verschiedener Grundwasserleitertypen

Makroporen abgesehen wird. Die Bodenlösung wird rechnerisch nur alle eineinhalb Jahre vollständig erneuert. Bei einem Grundwasserflurabstand in einem Lößpaket von 5 m würde das neugebildete Grundwasser etwa 8 Jahre benötigen, bis die Grundwasseroberfläche erreicht würde. Bei einem Feinsand werden dagegen Wasser und Nährstoffe bis 1.7 m Bodentiefe pro Jahr verlagert, bzw. die Bodenlösung wird nahezu dreimal im Jahr ausgetauscht. Die Grundwasseroberfläche in einem Sandpaket in 5 m Tiefe wird schon in 3 Jahren erreicht. An dieser Gegenüberstellung wird deutlich, daß die Stickstoffüberschüsse in den viehstarken Regionen Norddeutschlands weitgehend innerhalb eines Jahres aus dem Wurzelraum zum Grundwasser hin verlagert werden. Die Verteilung der jährlichen Verlagerungstiefe im alten Bundesgebiet kann bei BACH (1997)und bei BACH in WENDLAND et al.(1993) abgelesen werden. Diese Verteilung stimmt weitgehend mit der Verteilung der Sickerwasserspende im Bundesgebiet überein. Die Verweildauer pro dm ist gemäß Gleichung (7-2) zu schätzen:

(7-2) Verweildauer des Sickerwassers (a/dm oder d/dm) = 1/Verlagerungstiefe
= 365/Verlagerungstiefe

Die Verweildauer im Wurzelraum und die Häufigkeit des Austausches der Bodenlösung kann gemäß Gleichung (7-3) bzw. (7-4) ermittelt werden.

(7-3) Verweildauer im Wurzelraum (a oder d) = Verweildauer des Sickerwassers · effektive Durchwurzelungstiefe

Die Auswaschungsgefährdung von Nährstoffen entspricht der Häufigkeit, mit der die Bodenlösung des Wurzelraumes im Jahr ausgetauscht werden kann. Sie entspricht der „langjährigen mittleren Auswaschungsgefahr“ von oberflächennah vorhandenem Nitrat, die von DUYNISFELD et al. (1985) für verschiedene Klimate und Böden Nordwestdeutschlands und von BACH (1987) für das Gebiet der alten Bundesrepublik ermittelt wurden. Sie kann nach Gleichung (7-4) ermittelt werden:

(7-4) Auswaschungsgefährdung(1/a)=1 / Verweildauer im Wurzelraum (1/a)

= Sickerwasserverlagerungstiefe (dm/a) / effektive Durchwurzelungstiefe (dm)

= (Sickerwasserspende (mm/a) / Größe des wirksamen Bodenspeichers FK (mm/dm)) · dm

Tab. 7-2 enthält Spannweiten von Transportgeschwindigkeiten (Abstandsgeschwindigkeiten) verschiedener Grundwasserleitertypen. Danach sind die Fließgeschwindigkeiten im Festgestein häufig sehr hoch. Haben bei solchen Grundwasserleitern Nährstoffe und auch Pflanzenschutzmittel erst einmal den Bodenkörper verlassen, dann erscheinen sie relativ kurzfristig im Brunnen oder in der Quelle einer Trinkwassergewinnung, ohne daß noch ausreichend Gelegenheit für einen Abbau besteht. Aus diesem Grund sind in den öffentlichen Wassergewinnungsanlagen, die aus dem Festgestein Grundwasser entnehmen, sehr häufig hohe Nitratkonzentrationen und Grenzwertüberschreitungen festzustellen. Die Fließgeschwindigkeiten in den Sandgrundwasserleitern sind relativ niedrig, so daß innerhalb von Trinkwassergewinnungsgebieten von den Grenzen der Einzugsgebiete Transportzeiten von Jahren bis Jahrzehnten entstehen. Das heißt, daß sich in der Beschaffenheit eines Förderbrunnens die Wirkung anthropogener Aktivitäten widerspiegeln, die Jahre oder Jahrzehnte zurückliegen. Dies bedeutet auch, daß sich die Verminderung von Belastungen entsprechend spät an den Förderbrunnen positiv auswirken wird.

7.2 Verteilung verschiedener Nitrat-Umbaureaktionen in Norddeutschland und Folgen für die Wassergewinnung

Ungefähr 10 % aller Wasserversorgungsunternehmen in Deutschland fördern annähernd 80 % des Trinkwassers in Deutschland. Das heißt, die große Zahl der Wasserversorgungsunternehmen bedienen kleinere Kommunen, vor allem in der Fläche des Landes. So fördern z.B. im Bundesland Niedersachsen 53 % der Wasserwerke weniger als 100.000 m^3 Wasser pro Jahr und 83 % weniger als 1.000.000 m^3/a; das heißt, auch hier erfolgt die Wasserversorgung in der Fläche des Landes überwiegend durch die kleinen Wasserwerke. Ihre Grundwasserleiter sind häufiger durch Belastungen betroffen, da sie meistens aus dem ersten Grundwasserstockwerk fördern.

Treten in den Grundwasser-Einzugsgebieten der kleinen Wasserwerke Probleme bei der Wasserbeschaffenheit infolge Belastung durch Nitrat oder Pflanzenschutzmittel auf, dann sind sie meistens finanziell und fachlich überfordert, diese Probleme zu lösen. Im Jahr 1991 hatte sich die Zahl der Wasserwerke in Niedersachsen gegenüber dem Stand von 1981 um 91 auf 856 Werke verringert; bei den stillgelegten Wasserwerken handelte es sich überwiegend um die kleinen mit Fördermengen weniger als 100.000 m^3/a.

Unter Kap. 4.3.1 wurde festgestellt, daß in der norddeutschen Tiefebene zwei Reaktionstypen beobachtet wurden,

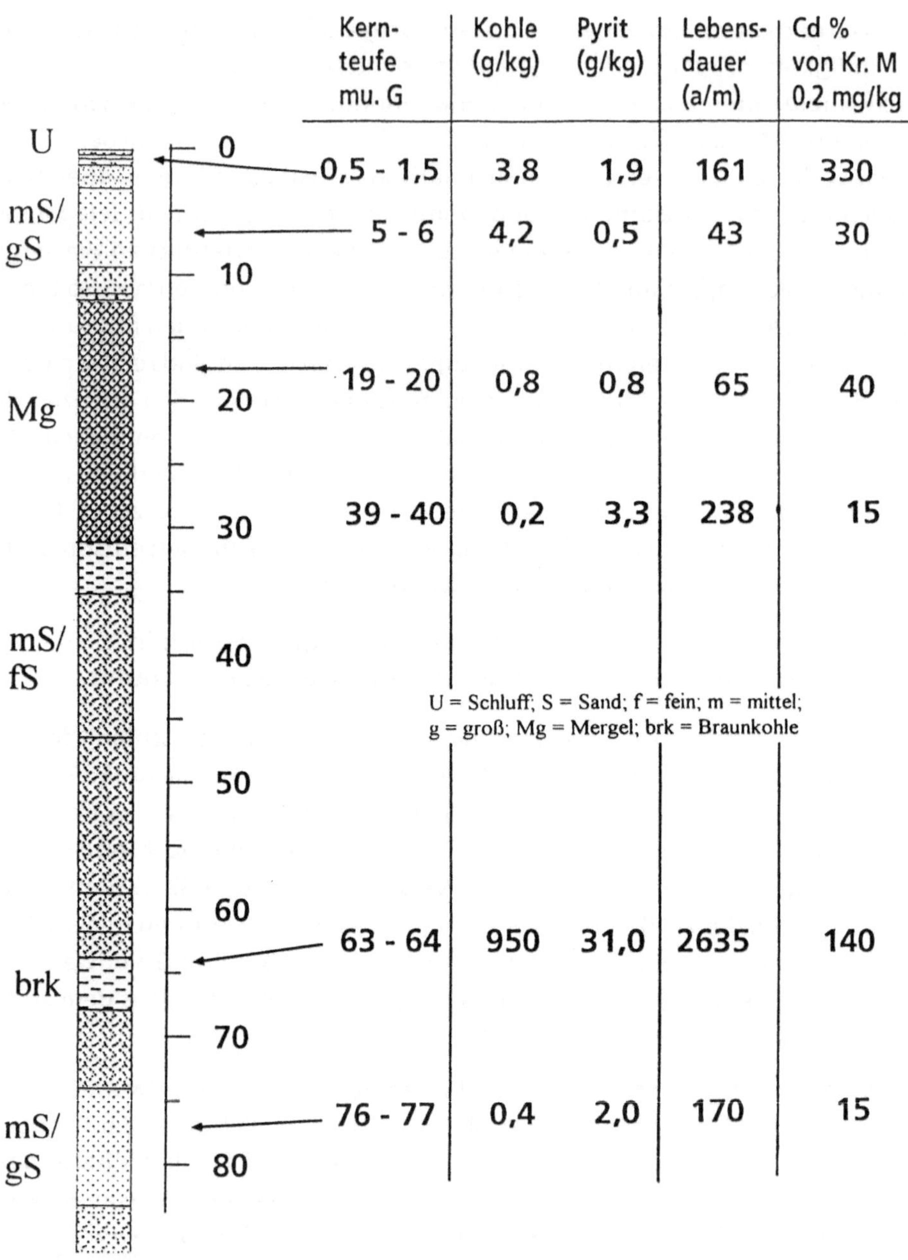

Kern-teufe mu. G	Kohle (g/kg)	Pyrit (g/kg)	Lebens-dauer (a/m)	Cd % von Kr. M 0,2 mg/kg
0,5 - 1,5	3,8	1,9	161	330
5 - 6	4,2	0,5	43	30
19 - 20	0,8	0,8	65	40
39 - 40	0,2	3,3	238	15
63 - 64	950	31,0	2635	140
76 - 77	0,4	2,0	170	15

Abb. 7-1: Bohrprofil, Verteilung von Pyrit, Kohle über die Tiefe eines Standortes im Raum Lüneburg

(a) die heterotrophe-chemoorganotrophe Denitrifikation, Gleichung (4-7)
(b) die autotrophe-lithotrophe Denitrifikation, Gleichung (4-8) und (4-9)
Die Reaktion (a) wird bevorzugt in bewirtschafteten Böden und in tieferen Bereichen ablaufen, wenn der Nachschub an leicht abbaubaren organischen Kohlenstoffverbindungen ausreichend hoch ist. Meistens beschränkt sich aber diese Reaktion auf den Boden und die obersten Zonen der ungesättigten Zone. Darunter wird dann häufig die Reaktion (b) angetroffen. Die Reaktion (b) ist anscheinend in weiten Teilen der norddeutschen Tiefebene vom baltischen Raum bis zu den Niederlanden und in Teilen Dänemarks verbreitet, KÖLLE (1991), WALTHER et al. (1991), LIND (1977), van BEEK (1991), LAWA (1991).

Im Zusammenhang mit dem Aufbau des Landesmeßnetzes "Grundwasser" in Niedersachsen wurden an verschiedenen Standorten des Landes Bohrkerne gewonnen und im Labor untersucht. Teilergebnisse sind in Abb. 7-1 dargestellt. Bei der Reaktion (b) werden neben den Eisensulfiden anscheinend auch weitere Spurenelemente wie Pb, As, Ni, Cd, Co, Cu, Zn aufgeschlossen. Die dabei frei werdenden Ionen, wie Eisen, Sulfat und die freiwerdenden Spurenelemente führen häufig zu den nachstehend zusammengestellten Problemen auf der Seite der Wasserversorgung, KÖLLE (1990), van BEEK (1991).

Folge der Reaktion	Auswirkung bzw. notwendige Maßnahmen auf der Seite der Wasserversorgung
- Härteanstieg	weitergehende Enthärtung
- Anstieg Fe	Verockerung der Brunnen, Verkürzung der Filterlaufzeit, Vergrößerung der Eliminationsstufe
- Anstieg SO_4	Rohrnetzkorrosion
- Anstieg der Spurenstoffe	Filterschlämme = Sonderabfall

Die Prozesse unter (a) und (b) laufen nicht unendlich, da sie mit einem Verbrauch von organischem Kohlenstoff bzw. oxidierbaren Schwefelverbindungen verbunden sind, und sie kommen mit Erschöpfung der Vorräte zum Erliegen. In der Praxis wird die dann eintretende Situation als „Durchbruch" bezeichnet: Innerhalb weniger Jahre steigt in den beobachteten Fällen die Nitratkonzentration im Grundwasser und im Wasserwerk auf den Wert an, der aus der Bodenzone an das Grundwasser angeliefert wird. Ein Beipiel zeigt Abb. 7-9 unter Kap. 7.4.

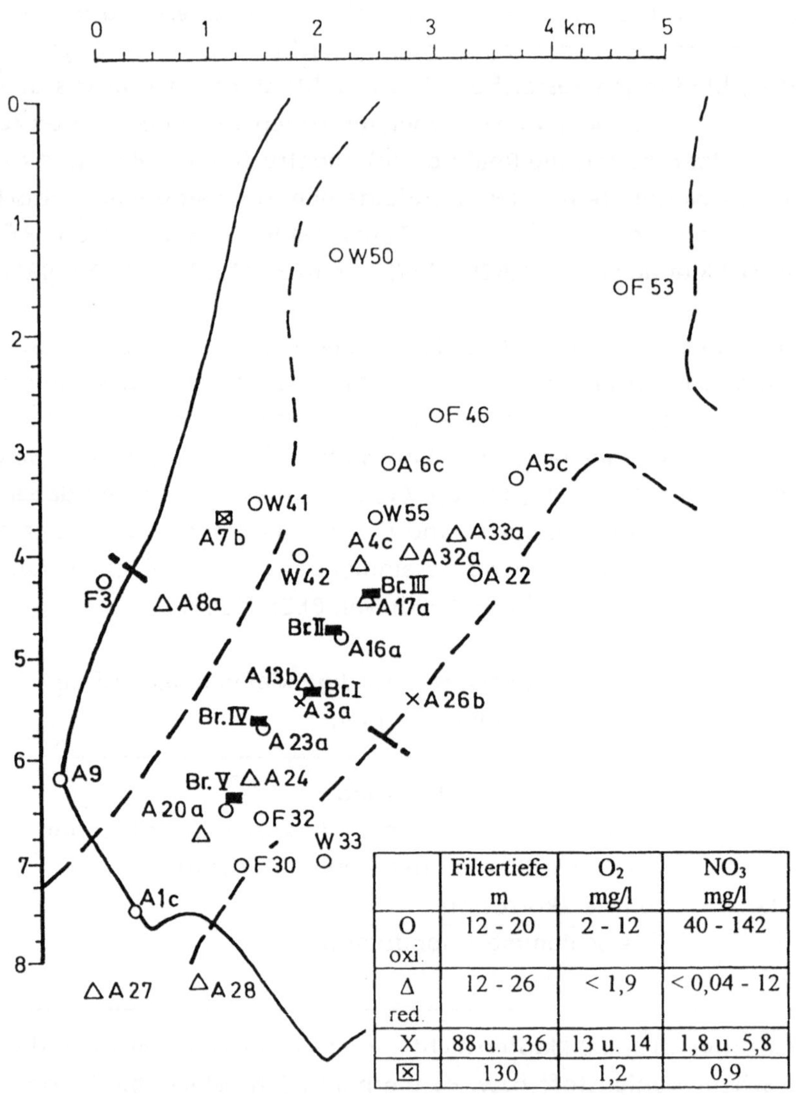

	Filtertiefe m	O_2 mg/l	NO_3 mg/l
O oxi.	12 - 20	2 - 12	40 - 142
Δ red.	12 - 26	< 1,9	< 0,04 - 12
X	88 u. 136	13 u. 14	1,8 u. 5,8
⊠	130	1,2	0,9

aus WALTHER (1988, 1990)

Abb. 7-2: Wechselnde oxidierende und reduzierende Verhältnisse im Grundwasser-Einzugsgebiet eines Wasserwerkes bei Bremen

Reduzierende und oxidierende Verhältnisse können auf engem Raum wechseln, wie dies stellvertretend am Grundwasserleiter eines Wasserwerkes in Abb. 7-2 deutlich gemacht werden kann. Die Verteilung des reduzierenden und oxidierenden Milieus über die Fläche des Einzugsgebietes, einmal in Tiefen von 12 bis 26 m und zum anderen in 88 bis 136 m Tiefe kann aus Abb. 7-2 abgelesen werden. Das Beispiel soll

a) die komplexen chemischen Verhältnisse in den Grundwasserleitern Norddeutschlands andeuten und
b) aufzeigen, daß das Problem der Stickstoffüberschüsse und der Belastung des Grundwassers nicht allein am Meßwert von Nitrat festgemacht werden kann, sondern auch wichtige Komponenten der Lösung wie Eisen, Sulfat und Spurenelemente betrachtet werden müssen.

Die vorstehende Zusammenstellung macht deutlich, daß solche „Selbstreinigungsprozesse" in weiten Bereichen Norddeutschlands vorherrschen müßten. Allerdings liegen keine Prognosen darüber vor, wie lange das Selbstreinigungspotential vorhält. Hier besteht erheblicher Forschungsbedarf. Allein um die Nitratabbauleistung der Grundwasserleiter auch für die nächste Generation zu erhalten, müßten die Stickstoffüberschüsse in der Landwirtschaft dringend reduziert werden.

7.3 Einfluß des Kiesabbaus auf die Grundwasserbeschaffenheit in landwirtschaftlich genutzten Einzugsgebieten

Die Täler der größeren Flüsse werden seit altersher vielfältig und intensiv bewirtschaftet. So wird am gleichen Standort die Talaue landwirtschaftlich genutzt, darunter, aus dem oft ergiebigen Grundwasserleiter Trinkwasser gefördert. Gleichzeitig stellen die Grundwasserleiter abbauwürdige Kieslagerstätten dar. Durch diese gewünschte Mehrfachnutzung entstehen häufig Konflikte, die oft nur politisch zu lösen sind. Am Beispiel des Grundwasserleiters "Oberes Okertal", der vom Wasserwerk Börßum genutzt wird, soll dieser Konflikt deutlich gemacht werden.

Das Einzugsgebiet des betrachteten oberen Okertales reicht vom Oberharz bis kurz vor Wolfenbüttel, Abb. 7-3. Die Fläche beträgt 813 km². Das Gebiet wird überwiegend land- und forstwirtschaftlich genutzt. Es wird über die Oker und 6 Nebenflüsse entwässert. Das festgesetzte Schutzgebiet hat eine Fläche von 87 km², dessen Form und Lage aus der Abb. 7-3 abgelesen werden kann. Um den Teil des Einzugsgebietes, in dem für das Wasserwerk wahrscheinlich der Haupt-Stoffum-

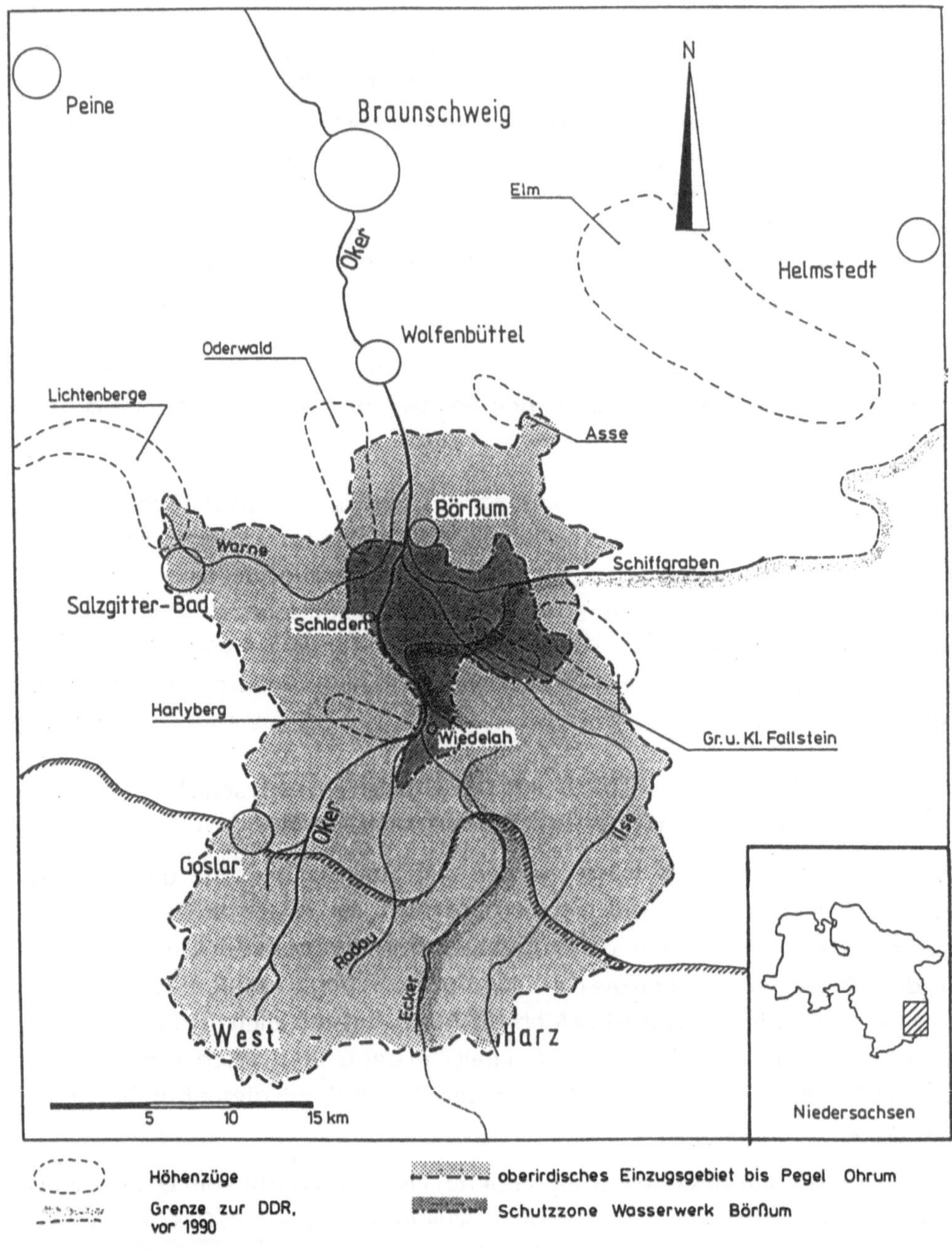

aus HÖLSCHER et al. (1991a)

Abb. 7-3: Lage des untersuchten Einzugsgebietes und des Wasserschutzgebietes Börßum im oberen Okertal/Harzvorland

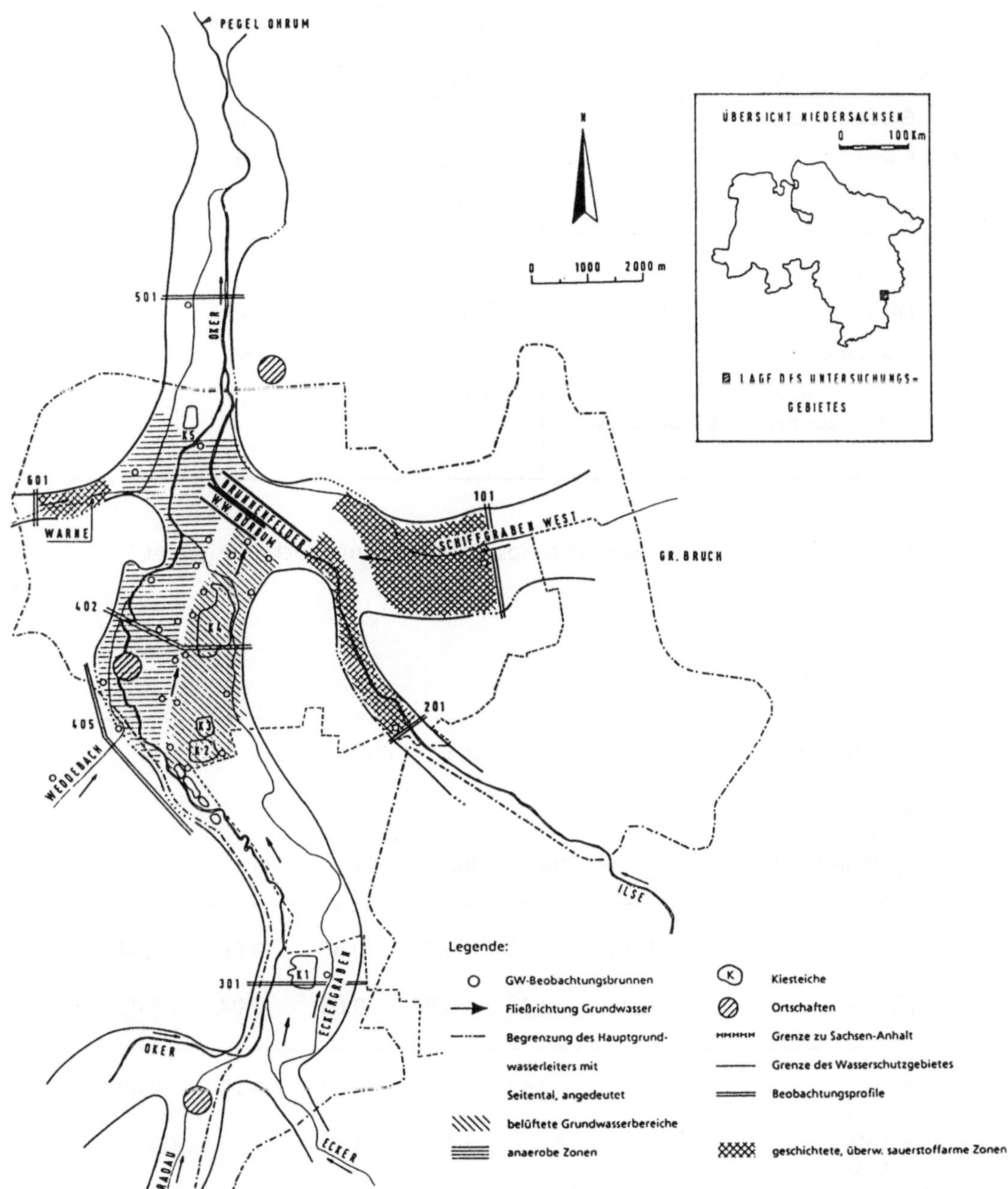

Abb. 7-4: Untersuchungsgebiet Börßum, Lage der Beobachtungsprofile und der einzelnen Bilanzgebiete, Lage der Kiesteiche, belüftete und unbelüftete Zonen

Profil der Talfüllung mit Sand u. Kies, siehe Abb. 7-4	Talbreite (m)	größte Tiefe (m)
101: Großer Bruch	2 563	54
201: Ilsetal	825	30
301: Okertal unterhalb Wiedelah, Zufluß zum Untersuchungsgebiet	1 800	15
405: Weddebachtal		
402: Okertal unterhalb Schladen	2 800	33
601: Warnetal	890	54
501: Okertal unterhalb Börßum, Abfluß aus dem Untersuchungsgebiet	1 700	50

Tab. 7-3: Abmessungen der Beobachtungsprofile im Untersuchungsgebiet

Profil n. Abb.7-4	101	201	301	405	601	501
Fläche des oberhalb gelegenen oberirdischen Einzugsgebietes (km^2)	28	206	302	54	88	763
A_o (m^3/s)	0,10	1,70	5,26	0,30	0,66	7,44
A_u (m^3/s)	< 0,1	0,45	0,85	0,03	0,04	2,00
$A_o + A_u$	0,10	2,15	6,11	0,33	0,70	9,49
% des Abflusses bei Profil 501	< 1	23	64	3	7	100

Tab. 7-4: Mittlere langjährige oberirdische (Ao) und unterirdische (Au) Abflüsse an den Beobachtungsprofilen

satz erfolgt, bilanzieren zu können, wurden innerhalb der Wasserschutzzone Beobachtungsprofile im Okertal und in den Seitentälern festgelegt, Abb. 7-4. An jedem Profil wurden die Durchflüsse und die Wasserbeschaffenheit der Fließgewässer und des Grundwassers erfaßt.

Das Wasserwerk Börßum hat überregionale Bedeutung für die Trinkwasserversorgung der Region. Es ist zu erwarten, daß in der Region weitere kleinere Gemeinden angeschlossen werden müssen, meistens wegen der Belastung der bislang genutzten Grundwasservorkommen mit Nitrat. 30 % der Wassermengen des Wasserwerkes Börßum werden als Brauchwasser in der Stahlindustrie genutzt. Die Grundwasserförderung erfolgt im Brunnenfeld aus dem dort bis zu 60 m mächtigen Grundwasserleiter, der aus pleistozänen Sanden und Kiesen besteht. 60 Förderbrunnen stehen zur Verfügung. Ihre Lage bzw. die der Schutzzone I zeigt Abb. 7-4. Der Grundwasserleiter besteht aus einem Stockwerk. Die Abstandsgeschwindigkeiten bewegen sich zwischen 30 m/d und 80 m/d, im tiefsten Bereich des Talquerschnittes teilweise bis 300m/d.

In der Schutzzone II liegen vier größere Kiesteiche, Abb.7-4. Die Befahrung der Kiesteiche mit dem Echolot ergab, daß die Teiche bis auf das Liegende ausgekiest sind. Die bislang abgebaute Fläche beträgt 112 ha. 50 % der biologisch-hygienisch wirksamen Querschnittsfläche sind bislang durch Auskiesung verloren gegangen, Abb. 7-5.

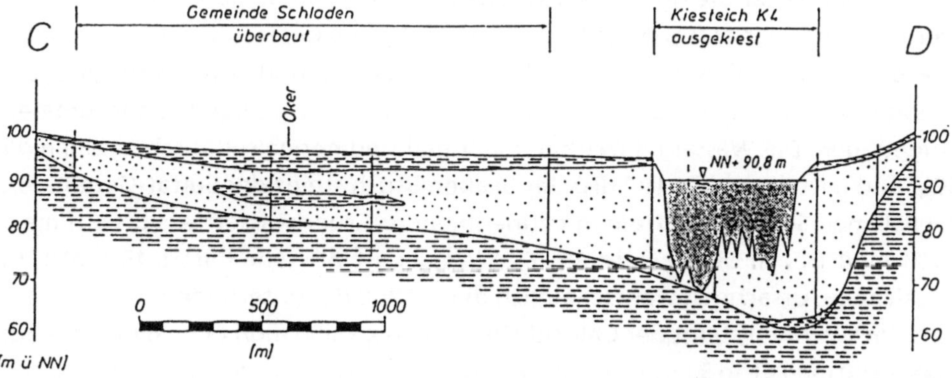

n. ICKS et al. (1991)

Abb. 7-5: Talquerschnitt im Profil 402

7.3.1 Übersicht über die Hydrochemie des Grundwassers

Im Wasserwerk Börßum wird eine Enteisenung und Entmanganung durchgeführt, was darauf hindeutet, daß im Grundwasser reduzierende Verhältnisse vorliegen bzw. schon bei Inbetriebnahme im Jahr 1938 vorlagen. Die Nitratgehalte lagen im Reinwasser (Mischwasser mehrerer Förderbrunnen) im Jahr 1950 unter 10 mg/l NO_3^-, Abb. 7-6. Seit 1950 stiegen die Gehalte im Mittel um 0.37 mg/l NO_3 pro Jahr und hatten im Jahr 1990 um 23 mg/l NO_3^- erreicht. Zwei Gründe sind dafür zu nennen:

(a) Die Nitratanlieferung aus den landwirtschaftlichen Nutzflächen hat bekanntlich seit 1950 erheblich zugenommen; allerdings ist seit 10 Jahren nach Befragung in dieser Region kein Zuwachs bei der Düngung mehr zu verzeichnen,

(b) Messungen des Sauerstoffgehaltes mittels Tiefensonden (in situ) an ca. 100 Grundwassermeßstellen zeigten, daß durch die Offenlegung des Grundwassers eine Belüftung erfolgt, so daß im Abstrom der Kiesteiche der Nitratabbau unterbunden ist. Die Verteilung der belüfteten und unbelüfteten Zonen im Untersuchungsgebiet zeigt Abb. 7-4.

(c) Infolge des Kiesabbaues wird der biologisch arbeitende Festbettreaktor und damit auch das Denitrifikationspotential des Untergrundes entfernt.

Das reduzierende Milieu im Grundwasser im Untersuchungsgebiet herrschte sehr wahrscheinlich ursprünglich vor. Das Grundwasser im östlichen Teil des Okertales, in Abb. 7-4 schräg schraffierter Bereich, ist in den Kiesteichen selbst und in deren Abstrom bis zur Aquifersohle belüftet. In diesem Bereich hat der Grundwasserleiter die größte Mächtigkeit. In 35 bis 50 m Tiefe unter Gelände werden hier Sauerstoffgehalte bis zu 85 % Sättigung gemessen. Für ausgewählte Probenahmestellen sind in Abb. 7-7 für das Okertal und seine Seitentäler die Anionen und Kationen bzw. deren Anteile an den jeweiligen Ionensummen aufgetragen. Die Wässer im Okertal und Ilsetal sind normalsulfatisch (< 280 mg/l SO_4) und mittelhart ($x = 10\,^0$ dH). Im Großen Bruch steigt der Sulfat-Gehalt von $x = 950$ mg/l SO_4 bei 4 m Tiefe mit zunehmender Grundwassertiefe bis auf max. 1500 mg/l SO_4 in 50 m Tiefe an. Das Wasser ist als sehr hart (45 ^{0} dH) zu bezeichnen. Ursache ist wahrscheinlich der Einfluß des unterliegenden Gipskeupers. Im Warnetal steigt der Chlorid-Gehalt von $\bar{x} = 650$ mg/l Cl im 4 m Tiefe auf max. 4850 mg/l Cl in 31 m Tiefe an. Dieses Wasser ist sehr hart (60 ^{0}dH). Ursache der hohen Cl-Gehalte sind in geringem Umfang zutretende mineralisierte Tiefenwässer, die u. a. aus dem Salzstock des Oderwaldsattels stammen.

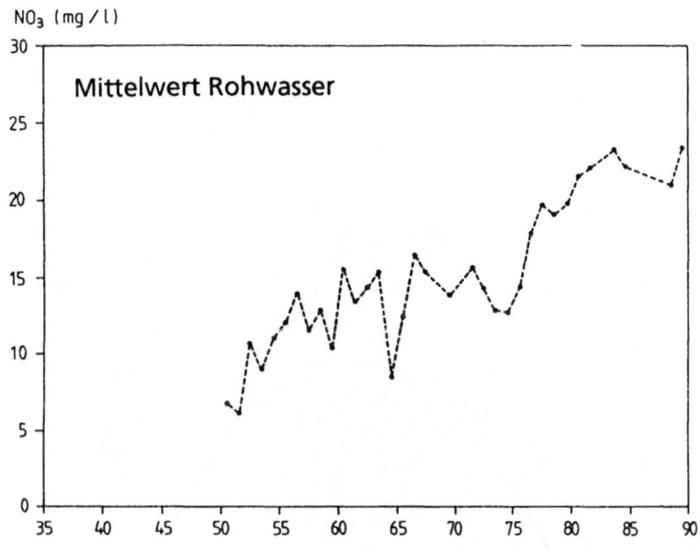

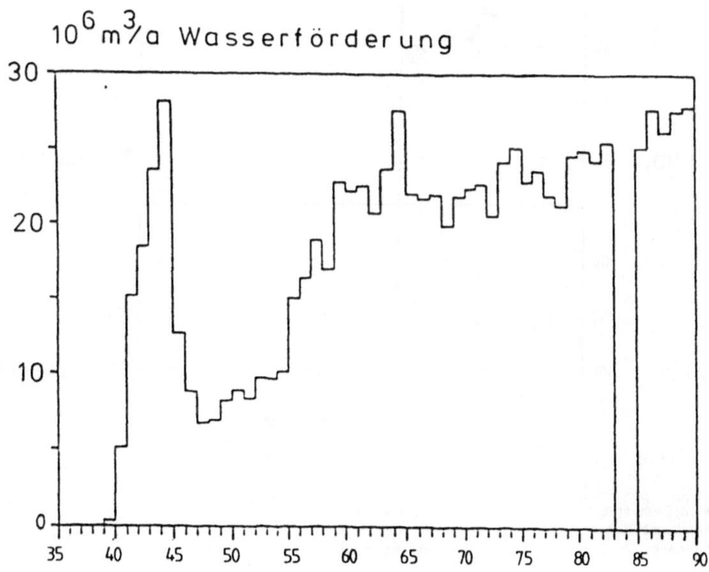

Abb. 7-6: Nitrat im Rohwasser und Fördermenge, Wasserwerk Börßum

aus HÖLSCHER et al. (1991)

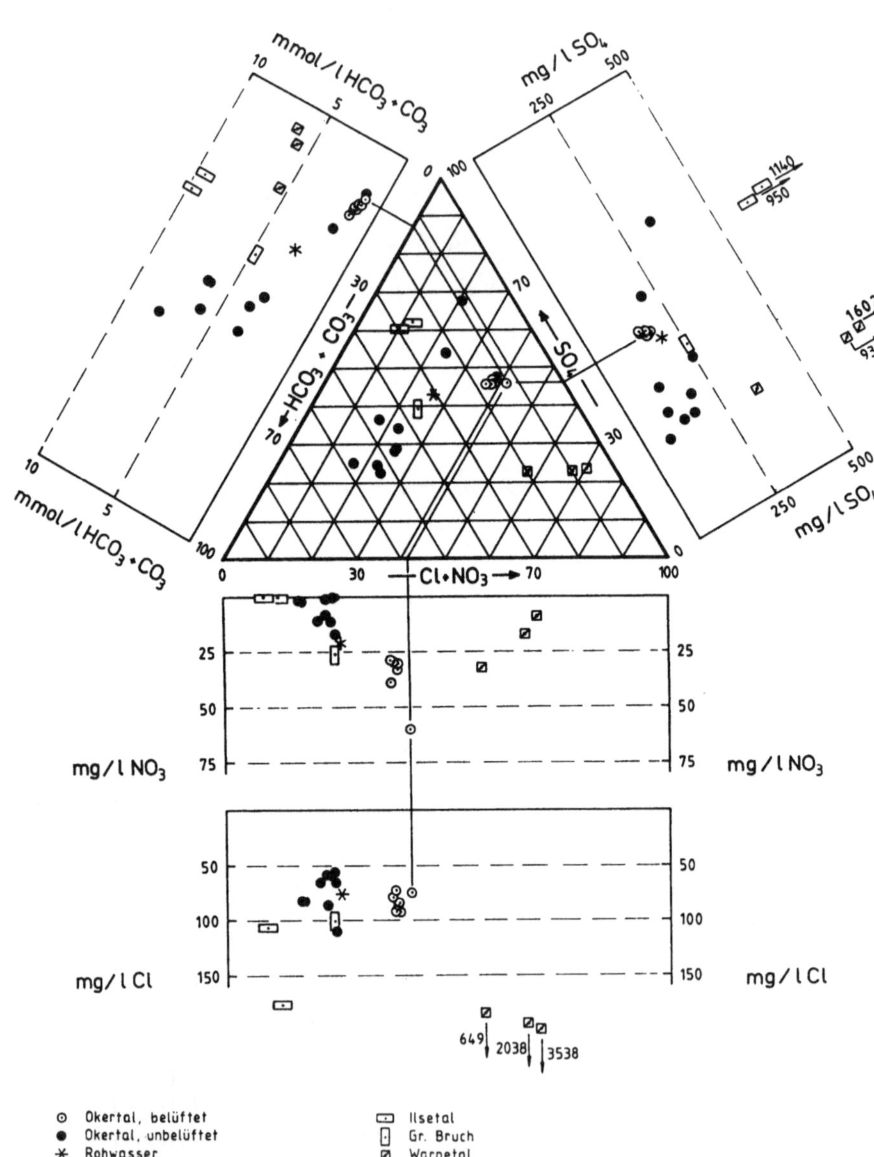

Abb. 7-7: Anionen und Kationen ausgewählter Grundwassermeßstellen im Okertal und in Seitentälern

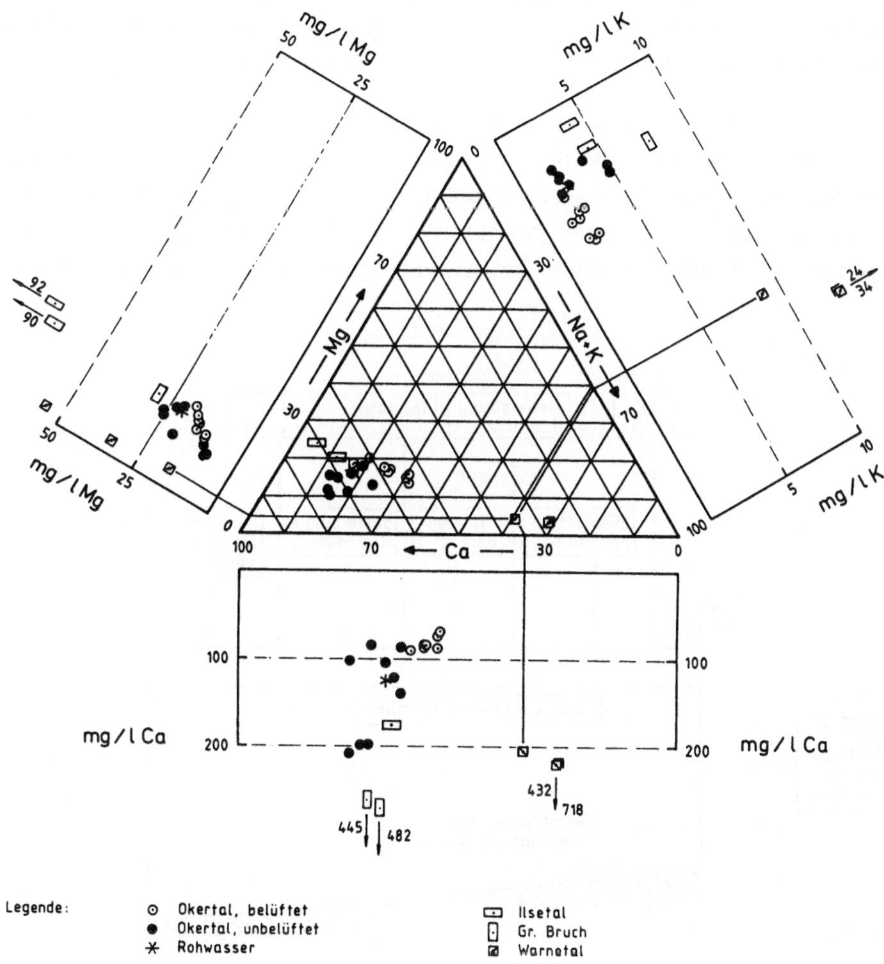

Forts. Abb. 7-7: Anionen und Kationen ausgewählter Grundwassermeßstellen im Okertal und in Seitentälern

Alle biochemischen/chemischen Prozesse und damit auch die Grundwasserbeschaffenheit erfahren durch die Belüftung nachhaltig Veränderungen, wie dies Abb. 7-7 zeigt, wenn die Ionenverhältnisse für „Okertal, belüftet" mit denen für „Okertal, unbelüftet" verglichen werden. Der belüftete Bereich hat auf der einen Seite erhöhte Nitratgehalte; auf der anderen Seite nehmen Hydrogencarbonat und Calcium gegenüber dem unbelüfteten Bereich mehr oder weniger stark ab. Die Konzentration von CO_2 nimmt im belüfteten Bereich ebenfalls ab, welches aber hier nicht dargestellt ist.

In dem reduzierenden chemischen Milieu der nicht vom Kiesabbau beeinflußten Bereiche wird das aus landwirtschaftlich genutzten Flächen mit der Grundwasserneubildung angelieferte Nitrat mit zunehmender Tiefe nahezu völlig abgebaut. Hier werden in den oberen Meßtiefen jahreszeitlich stark schwankende Nitratgehalte gemessen, die im Herbst und Winter bei etwas erhöhten Sauerstoffgehalten bis auf

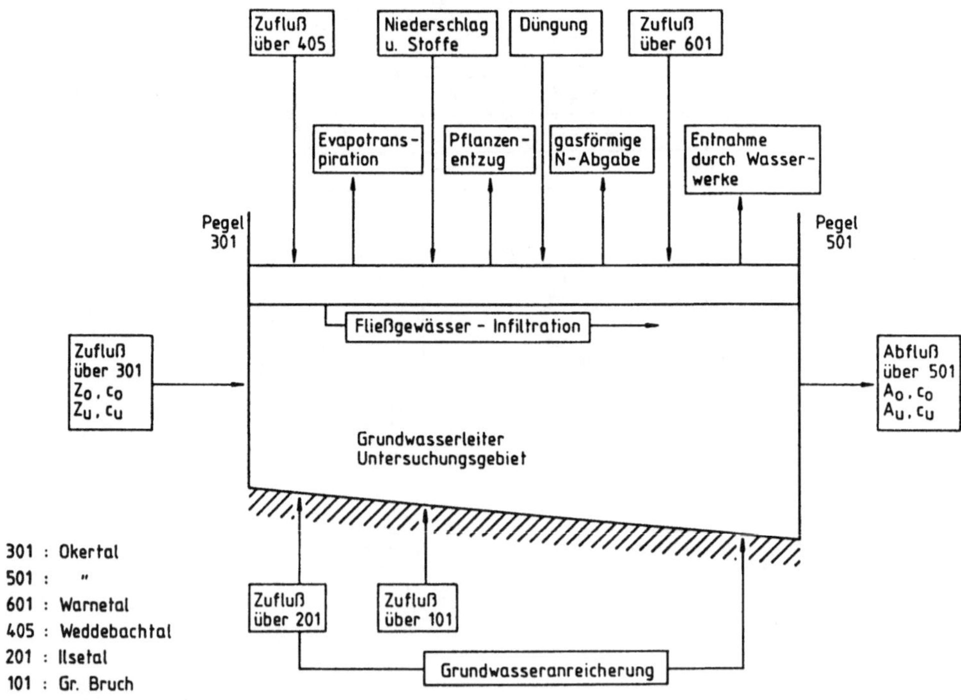

Abb. 7-8 Untersuchungsgebiet, wesentliche ein- und ausgehende Wasser- und Stoff-Flüsse

50 mg/l NO_3 ansteigen. In dieser Zeit erfolgt ein Großteil der Stickstoffauswaschung aus den landwirtschaftlich genutzten Böden mit der Grundwasser-Neubildung. Zum Sommer gehen die Nitratkonzentrationen dann wieder bis unter 5 mg/l NO_3 zurück. Das vom Harzrand zufließende Grundwasser des Okertales ist am Profil 301 nur gering mit Nitrat belastet, $\bar{x}$ = 12 mg/l NO_3. Der in Richtung zum Wasserwerk ansteigende NO_3-Gehalt wird verursacht durch Anlieferungen aus landwirtschaftlichen Nutzflächen im Okertal und den Seitentälern. Die Grundwasserbeobachtungsbrunnen im belüfteten Bereich des Okertales weisen ganzjährig durchgehend hohe Nitratgehalte (30 bis 75 mg/l NO_3) bis zur Sohle des Grundwasserleiters auf. Auf den östlichen Teil der Förderbrunnen des Wasserwerkes trifft vorwiegend die belüftete und nitratreiche Grundwasserfront. Der westliche Teil der Förderbrunnen erfaßt mehr das sauerstoff- und nitratarme Wasser. Durch Mischen des Wassers aus den verschiedenen Förderbereichen wird zur Zeit im Rohwasser eine Konzentration zwischen 20 und 25 mg/l NO_3 erreicht, Abb. 7-6. Werden die noch verbleibenden reduzierenden Grundwasserbereiche im Okertal durch fortschreitenden Kiesabbau entfernt, ist ein weiterer Anstieg der Nitrat-Konzentration im Rohwasser zu erwarten.

7.3.2 Untersuchungen zum Wasser- und Stoffhaushalt als Hilfsmittel zur Bewertung von Stoffquellen und Stoffumsatz

Mit Hilfe von Stoffbilanzen sollten

(a) das Gewicht verschiedener Stoffquellen, besonders auf der Seite „Stickstoff" und

(b) die Art des Stoffumsatzes geklärt werden.

Hieran läßt sich auch die Wirkung des Kiesabbaus ablesen.

Wesentliche Voraussetzung für die Aufstellung der Stoffbilanzen ist die umfassende und genaue Erfassung der Komponenten des Wasserhaushaltes. Fehler, die auf dieser Seite gemacht werden, beeinflussen maßgeblich die Genauigkeit und die Aussagen der Stoffbilanz. Es mußte ein relativ großer Aufwand betrieben werden, um die einzelnen Komponenten des Wasser- und Stoffhaushaltes in dem weitverzweigten ober- und unterirdischen Fließsystem des Untersuchungsgebietes durch die Einrichtung entsprechender Meßvorrichtungen zu erfassen. Die Untersuchungs- und Bilanzergebnisse sowie die Grundlagen für Aufstellung der Bilanz wie Ermittlung der Grundwasserneubildung, der Stoffanlieferung an das Grundwasser sind bei HÖLSCHER et al. (1990a, 1990b, 1991a) detailliert beschrieben. Hier werden nur Teilergebnisse der Bilanzen wiedergegeben. Die wesentlichen ein- und ausgehenden Stoff- und Wasserflüsse sind in Abb. 7-8 zusammengefaßt. Der Hauptstrom von Wasser und Stoffen erfolgt über das Okertal, Pegel 301, 501. Von der östlichen Seite wird eingespeist über das Ilsetal (201), das Große Bruch (101), von Westen über das Weddebachtal (405) und das Warnetal (601). Das Bilanzgebiet zwischen den vorgenannten Profilen beträgt 135.5 km².

Grundwasser, Fließgewässer:
Die unterirdischen Zu- und Abflüsse über die vorgenannten Profile wurden
(a) aus der Gleichung der Wasserbilanz geschätzt und dann
(b) über die Kontinuitätsgleichung und mit Grundwasser-Fließgeschwindigkeit nach Darcy sowie
(c) über die Chlorid-Bilanz überprüft.

Profil	$\overline{c}_u$ (mg/l)		$\overline{c}_o$ (mg/l)	
	NO_3-N	SO_4	NO_3-N	SO_4
101	1,30	960	6,9	575
201	6,90	258	6,5	169
301	5,0	212	7,9	113
601	9,0	360	5,2	222
405	2,81	197	8,0	112
501	0,65	200	7,6	109
Wasserwerk Börßum	5,08	196,2		

c_U= Konzentration im Grundwasser c_O= Konzentration im Fließgewässer

Tab. 7-5: Mittlere Stoffkonzentration im Grundwasser und Fließgewässer der Jahre 1986 bis 1989 als Grundlage für die Ermittlung von Bilanzen

Niederschlag, Deposition:
Der mittlere Gebietsniederschlag wurde für das Bilanzgebiet und die Jahre 1986-1990 mit 644 mm/a ermittelt.

Verdunstung und Grundwasserneubildung :
Die Grundwasserneubildungsraten wurden nach RENGER et al. (1980a, b) für verschiedene Kulturarten geschätzt:
- mittlere Evapotranspiration = 400 mm/a
- Grundwasserneubildung
- unter Acker = 180 mm/a
- unter Grünland = 175 mm/a
- mittlere Rate = 170 mm/a

Die Bilanzen wurden gemäß den Gleichungen in Kap. 2.4 gebildet. Es wird angenommen, daß das Speicherglied zu Null gesetzt werden kann.

Die Gleichung (2-4) des Wasserhaushaltes wird dann zur Gleichung (7-1)

(7-1) $P - ET + (Z_o + Z_u) - (A_o + A_u)$ - Wasserentnahmen (Wasserwerke) und Ableitung aus dem Gebiet = 0

Die Gleichung (2-9) für den Stoff j bekommt dann die Form

(7-2) $D_k + (FZ_{ok} + FZ_{uk}) + N_{2k} - (FA_{ok} + FA_{uk}) - N_{1k} - G_k$ - Stoffentnahme (Wasserwerk) und Ableitung aus dem Gebiet = O

Die Bedeutung der einzelnen Glieder der Gleichung (7-2) war unter Kap. 2.4 beschrieben worden. Für den Niederschlag und für die oberirdischen Abflüsse an den amtlichen Pegeln liegen zum Teil lange Meßreihen vor, die auf die Meßpunkte in den Beobachtungsprofilen mittels Regression übertragen wurden, soweit es notwendig war. Die ober- und unterirdischen Durchflüsse an den Beobachtungsprofilen zeigt Tab. 7-4; die zugehörigen mittleren Konzentrationen von NO_3-N und SO_4 Tab. 7-5. Danach fließen 64 % des Wassers über das obere Okertal (Profil 201) und ca. 23 % aus dem Ilsetal (Profil 301) dem Profil 501 am Ausgang des Untersuchungsgebietes zu. Die Wasserbilanz des Bilanzraumes in Tab. 7-6 wurde mit den zuvor ermittelten Eingangsgrößen Niederschlag, Abfluß, Grundwasserneubildung aufgestellt. Dabei wurde nur die Entnahme des Wasserwerkes Börßum berücksichtigt. Die übrigen Entnahmen durch die kleineren Wasserwerke sind nicht bilanzwirksam, da sie über den Weg Verbraucher-

Nr.		Wasser 10^6 m³/a	Stickstoff 10^3 kg/a	Sulfat 10^3 kg/a
	Einträge			
1	- Niederschlag, Deposition	90,8	180,2	636,9
	- Über die Profile 101, 201 301, 405, 601			
2	- mit Fließgewässer	249,8	1 866,0	29 999,3
3	- über Grundwasser	43,2	246,0	9 984,3
4	- Düngung		2 121,9	117,9
5	Summe der Einträge	383,8	4 414,1	40 738,4
	Austräge			
	- über Profil 501			
6	- mit Fließgewässer	236,2	1 796,6	25 802,4
7	- mit Grundwasser	63,1	41,0	12 614,4
8	- Entnahmen Wasserwerk Börßum	27,5	139,7	5 395,5
9	- Verdunstung	54,0		
10	- Pflanzennutzung		1 296,7	117,9
11	Summe der Austräge	380,8	3 274,0	43 930,2
12	- Differenz = Einträge - Austräge	+ 3,0	+ 1 140,1	- 3 191,8
13	- in % vom Eintrag	+ 0,8	+ 26,0	- 7,8
14	- Eintrag/Austrag	1,0	1,3	0,9
	Gebietsinterne Anlieferung an das Grundwasser			
15	- Anlieferung aus Wurzelzone	23,0	1 094,2	3 927,5
16	- Infiltration der Oker	21,3	236,3	737,1
17	- Infiltration der Ilse	2,5		
18	- künstliche Grundwasser-anreicherung	7,1		

Fläche des bilanzierten Gebietes A_{Eo} = 135,5 km² aus HÖLSCHER et al. (1991 a)

Tab. 7-6: Wasser- und Stoffbilanz des Einzugsgebietes innerhalb der Profile 301, 101, 201, 405, 601 und 501 für die Zeit 1986-88

Abwasser-Fließgewässer wieder innerhalb des Bilanzraumes im Meßwert des Abflusses miterfaßt werden.

Die aus den Fließgewässern zum Grundwasser hin infiltrierten Massen werden bei der Betrachtung des Gesamt-Bilanzraumes nicht berücksichtigt, da sie innerhalb des Raumes verbleiben. Zur Orientierung sind aber zumindest die Wassermengen zu nennen, die in der Zeit 1986-89 im Mittel pro Jahr infiltrierten

- aus der Oker, vor allem zwischen Wiedelah und Schladen 21.3 Mio. m^3/a; das sind ca. 6 % des über die Profile dem Bilanzgebiet zufließenden Wassers,
- über die Ilse zwischen Hornburg und Börßum 2.5 Mio m^3/a;
- oberhalb von Hornburg werden aus der Ilse 7.1 Mio m^3/a entnommen und in der Schutzzone I wieder angereichert.

Die Tabelle 7-6 enthält weiter die Komponenten der Stickstoff- und Schwefelbilanz. Folgende Annahmen liegen beiden Bilanzansätzen zugrunde :

(a) Stickstoff

- Deposition: 13.1 kg N/ha
  47 kg/ha SO_4 = 15.7 kg/ha S
- mittlere Düngung auf der Basis der Erhebung der Landbauaußenstelle Braunschweig : 180 kg N/ha
  30 kg/ha SO_4 = 10 kg S/ha
- mittlerer Pflanzenentzug berechnet über FAUSTZAHLEN (1988) nach Ertragszahlen, die für das Untersuchungsgebiet der Landbauaußenstelle ermittelt wurden:
  110 kg N/ha
  30 kg/ha SO_4 = 10 kg S/ha
- mittlere Auswaschung aus dem Bodenkörper = Anlieferung an die Grundwasseroberfläche (aus Meßdaten abgeleitet)
  für die Bilanz: 63 kg N/ha
  Annahme: S in Dünger = S im Pflanzenentzug, deshalb entspricht die mittlere Auswaschung nur der deponierten Menge = 47 kg/ha SO_4

Für die Stoffflüsse im zu- und abfließenden Grundwasser wurden die in Tab. 7-5 zusammengestellten mittleren Konzentrationen (1986 bis 1989) berücksichtigt.

Die Wasserbilanz ist praktisch ausgeglichen, wie Zeile 13 in der Tab. 7-6 zeigt. An Tab. 7-4 war schon zu sehen, daß der Hauptteil der Wasser- und Stoffmassen über die Fließgewässer in das Gebiet und aus dem Gebiet transportiert werden. Das unterirdisch zufließende Wasser beträgt nur 11 % der gesamten Wassereinnahme, die Wasserentnahme durch das Wasserwerk Börßum 7 % der Summe der Austräge, Tab. 7-6.

Die Stickstoff-Bilanz zeigt einen Überschuß von 26 % zwischen dem Stickstoff-Eintrag und dem -Austrag. Da die Wasserbilanz ausgeglichen ist, wird angenommen, daß der wesentliche Teil des Stickstoff-Überschusses in der Bilanz gasförmig als Folge von Denitrifikation in den anoxischen Zonen des Grundwasserleiters aus dem Gebiet abgegeben wird. Nachstehende Kalkulation soll dies verdeutlichen.

Zeilen-Nr.	Bilanz-Überschüsse ($\cdot 10^3$) Stickstoff		Schwefel	
1	Δ: 1140.1	kg N		
2	5050.6	kg NO_3	Δ: 3191.8	kg SO_4
3	378.3	kg NO_3/ha	239.1	kg SO_4/ha
4	85.4	kg N/ha	79.4	kg S/ha
5	6.1	kmol NO_3/ha	4.9	kmol SO_4/ha

Δ = Zeile 5 – Zeile 11 der Tab. 7-6

Der Sulfatüberschuß der Bilanz kann

- durch Lösung aus dem Gestein
- oder im Zuge der autotrophen-lithotrophen Denitrifikation entstehen, Gleichung (4-8) unter Kap. 4.3.1.2.Der Nitrat-Überschuß ist um 1.2 kmol/ha größer als der äquivalente Sulfat-Überschuß. Bei vollständig ablaufender autotropher Denitrifikation könnte entsprechend der Stöchiometrie nach Gleichung (4-8) aus dem Nitrat-Überschuß von $5051 \cdot 10^3$ kg NO_3 = 6.1 kmol NO_3/ha theoretisch $5586 \cdot 10^3$ kg SO_4 bzw. 8.7 kmol/ha gebildet werden. Dem stehen real aber als Überschuß 4.9 kmol SO_4/ha gegenüber. Da die äquivalente Nitratmenge über der des Sulfats liegt, wird vermutet, daß die Stickstoff-Verluste durch heterotrophe als auch durch autotrophe Denitrifikation entstehen. Wesentlich schärfer wird die Aussage, wenn nur die Bilanz des Grundwasserleiters betrachtet wird, wie dies in HÖLSCHER et al. (1991)

vorgenommen wird. Bei der Beschränkung der Bilanz auf den Grundwasserleiter wird dann deutlich, daß der Stickstoff-Umsatz dort größer ist, als hier anhand der Gesamtbilanz erkannt werden kann.

7.3.3 Schlußbetrachtung zu den Untersuchungen über den Einfluß des Kiesabbaus bei landwirtschaftlicher Bodennutzung

Die großflächigen Auskiesungen im Einzugsgebiet, besonders in der Schutzzone II haben zu einer irreversiblen Verringerung des biologisch aktiven Querschnitts („Festbettreaktor"), der Abbauleistung gegenüber organischen Stoffen und Nitrat, der physikalisch-chemischen Filterwirkung, z. B. von Schwermetallen, im Grundwasserleiter geführt. Die negativen Auswirkungen auf die Grundwasserhydraulik werden zukünftig zunehmen, wenn infolge der Alterung der Kiesteiche deren Böschungen weiter abgedichtet werden. Es wird

- die Kippungslinie aufwärts wandern, so daß ein Überlauf der Teiche möglich wird,
- die Fließgeschwindigkeit des Grundwassers auf Grund des Anstiegs des Druckgefälles im Unterstrom der Kiesteiche erhöht.

Einige weitere Folgen des Kiesabbaues, die sich auf die Beschaffenheit des Grundwassers auswirken, sind:

- In das Grundwasser eingetragene unerwünschte Stoffe breiten sich im Bereich der Kiesteiche beschleunigt aus.
- Nach Durchfließen der Kiesteiche ist das Grundwasser mit Sauerstoff angereichert und bis zur Aquifersohle belüftet. Wegen der hohen Sauerstoffgehalte wird das aus landwirtschaftlich genutzten Flächen angelieferte Nitrat nicht mehr abgebaut. Die Folge sind weiter steigende Nitratgehalte im Rohwasser der betroffenen Förderbrunnen des Wasserwerkes, da sich die oxischen Zonen ausbreiten werden.
- Das Kalk-Kohlensäure-Gleichgewicht des Grundwasser wird verschoben.
- Eine Eutrophierung der Kiesteiche und dadurch bedingt verstärktes Algenwachstum ist längerfristig zu erwarten. Verschiedene Algenarten können im Kiesteichwasser geruchs- und geschmacksintensive organische Stoffe produzieren, einige u. U. sogar toxische Substanzen (z. B. einige Cyanobakterien).

Die Ergebnisse zeigen, daß es auch in größeren, komplex gegliederten und vielfältig genutzten Einzugsgebieten möglich ist, durch Stoffhaushaltsbetrachtungen Ausmaß und Art der Stoffumsatzvorgänge im Grundwasserleiter abzuschätzen. Zur detaillierten Bestimmung der Stoffumsatzkinetik sind Untersuchungen in abgrenzbaren Teilgebieten notwendig, für die als Grundlage genaue Fließverhältnisse und Verweilzeiten des Grundwassers vorliegen müssen. Das Vorhaben zeigte auch den großen Aufwand, der notwendig ist, um Stoffströme in solch einem weit ausgedehnten Untersuchungsgebiet zu erfassen und in den Bilanzen zu bewerten. Zukünftig sollten Untersuchungen an Grundwasser-Einzugsgebieten, die zu sanieren sind, so angelegt werden, daß zumindest eine ganzheitliche Betrachtung des Problems erreicht wird, wenn schon eine vollständige Bilanzierung nicht durchgeführt werden kann, weil der Aufwand zu groß ist.

7.4 Regelungsbedarf und Möglichkeiten zur Verminderung der Stickstoffbelastung in Grundwassereinzugsgebieten der Wasserversorgung

7.4.1 Situation und mögliche Vorgehensweisen

Die Emission von Nährstoffen aus Böden und von Pflanzenbehandlungsmitteln können in Grundwassereinzugsgebieten, die zur Wasserversorgung genutzt

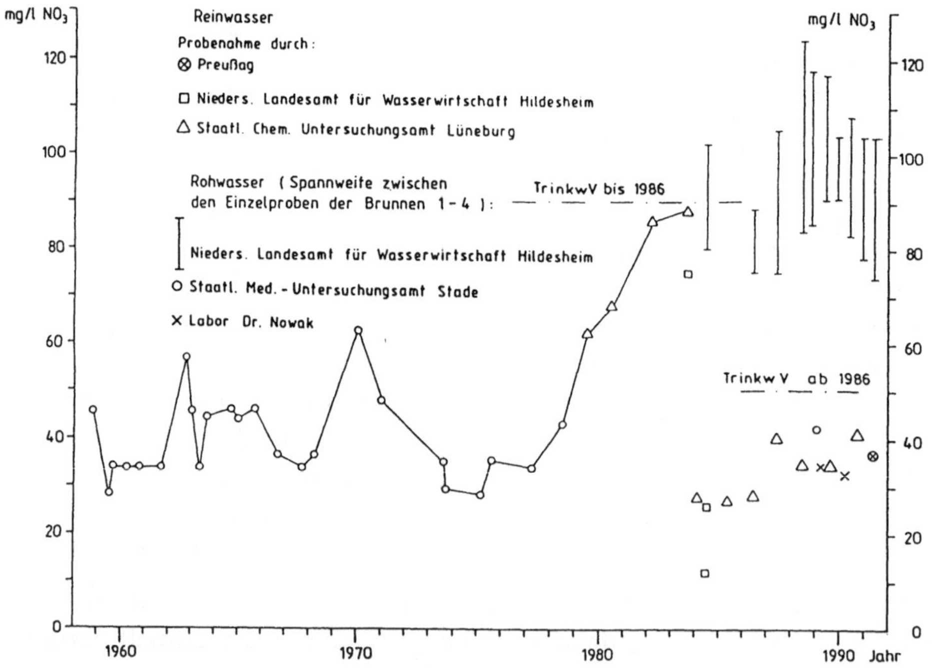

Abb. 7-9: Nitratentwicklung im Reinwasser eines Wasserwerkes

werden, bei Überschreitung von Grenzwerten, die z.B. von der Trinkwasserverordnung vorgegeben werden, zu Problemen führen. Dies ist häufiger bei Nitrat der Fall, für den der toxikologisch begründete Grenzwert von 50 mg/l NO_3^- gilt. In Kap. 5.2 wurde gezeigt, daß heute in Deutschland direkt unterhalb des Wurzelraumes konventionell ackerbaulich genutzter Böden in 60 bis 100 cm Tiefe im Mittel über das Jahr mehr als 100 mg/l NO_3^- gemessen werden kann. Diese Nitratbelastung des Bodensickerwassers wird heute noch meistens auf dem Transportweg über das Grundwasser bis zu den Förderbrunnen eines Wasserwerkes vermindert, entweder durch heterotrophe oder autotrophe Denitrifikation, oder durch Zufluß von Wasser mit niedrigen Nitratkonzentrationen aus Gebietsteilen, die durch Grünland oder Forst genutzt werden.

Abb. 7-9 zeigt die Nitratzeitreihe des Rein- bzw. Rohwassers eines Wasserwerkes in der Nähe Bremens. Zu erkennen ist die Entwicklung der Nitratkonzentration im Reinwaser des Wasserwerkes seit 1950 und die Spannweiten der Rohwasserbeschaffenheit von 4 Förderbrunnen seit 1985. Von 1978 bis 1984 steigen die Nitratwerte von ca. 40 auf fast 90 mg/l steil an. Es ist zu vermuten, daß hier die Denitrifikationsleistung des Untergrundes durch Aufbrauch des Vorrates an organisch gebundenen Kohlenstoff oder an sulfidischen Mineralien verloren gegangen ist. Diese Erscheinungen, die schon an mehreren Grundwasserleitern in Deutschland beobachtet wurden, werden als „Durchbruch" bezeichnet: Die ursprünglich niedrige Nitratkonzentration steigt innerhalb weniger Jahre auf ein Niveau, welches annähernd der Nitratkonzentration entspricht, die unterhalb des Wurzelraumes ackerbaulich genutzter Böden gemessen werden kann.

Das Wasserwerk, dessen Nitratzeitreihe hier vorgestellt wird, gehört zu der großen Zahl der kleineren Wasserwerke, die, wie unter Kap. 7.2 erwähnt, meistens nicht in der Lage sind, Beschaffenheitsprobleme am Grundwasser selbst zu lösen, weil häufig die finanziellen und personellen Voraussetzungen nicht gegeben sind.
Wie sind Wasserversorgungsunternehmen bislang mit solchen Problemen umgegangen?

1) Ein Teil der belasteten Förderbrunnen werden abgeschaltet. Die entfallene Fördermenge wird, wenn es möglich ist, von einem benachbarten Wasserversorger als nitratarmes Wasser hinzugekauft und mit dem eigenen nitratbelasteten Wasser verschnitten, so daß im Reinwasser mindestens der

Wert von 50 mg/l NO_3^- eingehalten werden kann. Das Abschalten von Förderbrunnen bedeutet eine Aufgabe des Grundwasservorkommens.

2) Teilweise versuchen Wasserversorger neue, eventuell tiefergelegene Grundwasservorkommen zu erschließen, die noch nitratarmes Wasser führen. Hier ist aber durch sorgfältige geologische und hydraulische Untersuchungen sicher zu stellen, daß keine direkte Verbindung zwischen dem aufgegebenen und dem tieferliegendem Grundwasserhorizont besteht.

3) Der dritte Weg wäre die Aufbereitung des mit Nitrat belasteten Wassers. Dazu stehen grundsätzlich verschiedene Verfahren zur Verfügung,

   a) die Teilentsalzung:

   - Umkehrosmose; das Verfahren ist auch bei kleineren Anlagen einsetzbar. Durch die teildurchlässige Membran erfolgt keine spezifische Abtrennung von Nitrat allein. Die Abtrennung ist von der Ionengröße abhängig.
   - Elektrodialyse; die Teilentsalzung, inclusive Nitrat, erfolgt auf elektrochemischem Weg.
   - Ionen-/Anionenaustausch; hier ist weitgehend ein spezifischer Ionenaustausch möglich; so kann z.B. Cl^-, OH^- gegen NO_3^- getauscht werden.

Bei allen drei Verfahren muß das Regenerat, hochkonzentriertes Salz, beseitigt werden.

   b) biologische Verfahren:

   - Heterotroph oder autotroph arbeitende Festbettreaktoren, die nitratselektiv arbeiten. Meistens ist, z.B. durch die Biomasseproduktion der Anlage, eine Wassernachbehandlung notwendig.
   - Untergrundbehandlung, versuchsweise wurde auch die Denitrifikation unterirdisch durch Zugabe von organisch gebundenem Kohlenstoff, z.B. über Essigsäure, verstärkt. Die Steuerung der unterirdisch ablaufenden Prozesse ist schwierig.
   - Wasserpflanzen-Boden-Filter; im Fall der Stadtwerke Viersen wird Getreidestroh als Festbettmaterial und Kohlenstoff-Quelle für die heterotrophe Denitrifikation eingesetzt. Das behandelte Wasser wird nach dem oberirdisch angeordnetem Festbett über Infiltrationsbrunnen und -gräben dem Grundwasserleiter zugeführt.

Biologisch arbeitende Verfahren sind umweltfreundlich. Alle vorgenannten Verfahren erfordern aus Gründen der Betriebssicherheit eine intensive Überwachung und sind nur mit geschultem Personal zu betreiben. Schon aus diesen

Gründen sind diese Verfahren für die Vielzahl der Wasserwerke nicht einsetzbar. Hinzu kommt, daß das eigentliche Problem, die hohe Emission aus ackerbaulich genutzten Böden, nicht gelöst, sondern nur in den Bereich der Technik verlagert wird. Der einzige, sinnvolle Weg muß deshalb auch auf der Seite Verminderung der Emission ansetzen. Wie kann dieser Weg für Grundwasser-Einzugsgebiete aussehen?

Nach dem Wasserhaushaltsgesetz, WHG, können für Grundwasser-Einzugsgebiete von Förderanlagen erhöhte Anforderungen zum Schutz der Trinkwassergewinnung gestellt werden. Die erhöhten Anforderungen müssen, wenn sie eine Einschränkung der landwirtschaftlichen Nutzung bedeuten, nach § 19.4 WHG finanziell ausgeglichen werden. Die meisten Bundesländer haben dies inzwischen durch Schutzgebietsverordnung auf unterschiedliche Weise versucht zu regeln. Eine Übersicht über den Stand der Regelungen in Deutschland ist bei CASTEL-EXNER (1996) zusammengestellt. Ein beschrittener Weg ist das Prinzip der Kooperationen, in denen Wasserversorger, Wasserwirtschaftler und betroffene Landwirte gemeinsam versuchen, durch geeignete landwirtschaftliche Maßnahmen, Emissionen zu vermindern.

Als Grundlage für eine Regelung der Probleme in Grundwasser-Einzugsgebieten ist die Beschaffung nachstehend genannter Informationen:

a) Flächennutzung:
- Siedlungsflächen mit Abwasseranlagen,
- Verkehrsflächen,
- Abfallager, wie Deponien,
- die Flächenanteile Wald, Grünland, Ackerland.

Diese Daten dienen zur Abschätzung der wichtigsten Stickstoffquellen im Einzugsgebiet. Voraussetzung für Problemlösungen sind weiter folgende Vorarbeiten:

b) Hydrogeologie, Hydraulik, Hydrochemie:
- Ermittlung des geologischen Aufbaues des Grundwasserleiters,
- Ermittlung der Strömungsverhältnisse, der Transportzeiten in vertikaler und horizontaler Richtung.
- Ermittlung der Beschaffenheit des Grundwasserkörpers über die Tiefe und über die Fläche.

Sie erlauben eine Abschätzung über die notwendige Zeit der Sanierung. Dazu ist im Einzugsgebiet ein Meßnetz zu installieren, das der Erfassung der Grundwasserstände dient und die Messung der Grundwasserbeschaffenheit tiefenabgestuft erlaubt, d.h. es sind sogenannte Vorfeldmeßstellen einzurichten (= im Vorfeld des Wasserwerkes). Als erster Schritt reicht gewöhnlich der Bau von wenigen tiefenabgestuften Brunnen in der Hauptanströmrichtung auf die Förderbrunnen des Wasserwerkes und der Bau von mehreren flachen Meßstellen aus, verteilt über die Fläche des Einzugsgebietes, die eine Erfassung der Grundwasseroberfläche erlauben. Die Auswahl der Meßstellenstandorte ergibt sich aus den Strömungs- und Nutzungsverhältnissen im Einzugsgebiet. Die bis hier genannten Arbeiten sollten gemeinsam mit einem Hydrogeologen durchgeführt werden. Des weiteren sind aufzunehmen:

c) Bodenkunde, Landwirtschaft
- die wichtigsten im Gebiet angebauten Ackerfrüchte, daraus läßt sich das Düngungsniveau im Gebiet ableiten,
- der Viehbesatz im Gebiet,
- der Anteil von Flächen, die mit Klärschlamm beschickt werden. Der Viehbesatz und die Informationen über Klärschlamm geben Auskunft über organische Abfälle, die in die Stickstoffbilanz des Gebietes und in die Problemregelung einbezogen werden müssen.
- Die bodenkundlichen Verhältnisse (Bodenart, C:N-Verhältnis, Feldkapazität etc.). Aus diesen Informationen können abgeschätzt werden die Stickstoffumsatzleistung, die Verlagerungstiefe von Nährstoffen pro Jahr, die Grundwasserneubildungsrate.

Diese Arbeiten sollten gemeinsam mit bodenkundlichen und landwirtschaftlichen Dienststellen durchgeführt werden.
N_{min}-Untersuchungen geben einen ersten Anhalt über die Stoffanlieferung an das Grundwasser:
- N_{min}-Untersuchungen nach der Ernte zeigen Fehler bei der Düngungsbemessung auf. N_{min}-Vorräte, die noch nach der Getreideernte (August) im Boden vorhanden sind, können durch den Anbau von Zwischenfrüchten (Nicht-Leguminosen) zum Teil konserviert und vor der Auswaschung geschützt werden. Durch den Zwischenfruchtanbau kann der Nitrataustrag um bis zu 50 % vermindert werden. Der Anbau von Zwischenfrüchten ist aber in trockenen Jahren und trockenen Regionen (z.B. Rheinhessen) oder bei zu späten Getreideernteterminen (z.B. Schleswig-Holstein) häufig nur eingeschränkt möglich.

- Die Differenz der Daten der N_{min}-Untersuchung im Spätherbst (Oktober/ November) und der im folgenden Frühjahr (Februar) gibt ungefähr die Stoffmenge an, die über die Winterperiode in die Tiefe ausgewaschen worden sein kann.
- Die Frühjahrs-Untersuchung (Februar/März) vor Vegetationsbeginn dient u.a. der Düngungsbemessung für die folgende Frucht. Im Zuge einer Bestandsaufnahme im Einzugsgebiet sollten den Landwirten solche Werte als Hilfestellung angeboten werden. Die Erfahrungen zeigen, daß solche Hilfen auch angenommen werden, wenn die Arbeiten im Einzugsgebiet auf Kooperation eingestellt sind.

Nmin-Untersuchungen werden gewöhnlich über 0 bis 90 cm Tiefe bei Sandböden und über 0 bis 60 cm Tiefe bei Lehmböden empfohlen. Sie liefern Momentaufnahmen, die ein gutes Hilfsmittel zur Orientierung darstellen. Dies ist auch ein kostengünstiger Weg. Will man die Stickstoffauswaschung aus dem Wurzelraum sicherer abschätzen, müßte enger, im Idealfall monatlich gemessen werden. Dies betrifft besonders Gebiete mit Sandböden. Stattdessen wäre auch die Beprobung an der Grundwasseroberfläche sinnvoll. Wenn die ungesättigte Zone aus sandigem bis schluffigem Material besteht, bietet sich bei Flurabständen bis 5 m der Einsatz von Rammsonden an, mit deren Hilfe beprobt werden kann.

Ein weiteres Hilfsmittel zur Abschätzung des Nitrataustrages ist die Erstellung von Stickstoffbilanzen für die verschiedenen Anbauflächen in einem Einzugsgebiet. Die Methode wird u.a. bei SCHEFFER (1996) dargestellt. ATTENBERGER (1996) stellt für das Bundesland Bayern ein flächendeckendes, standortspezifisches Nitrat-Schutzkonzept auf der Basis von vorhandenen Bodenkenndaten der Reichsbodenschätzung vor, gekoppelt mit Stickstoffbilanzen, wie bei SCHEFFER. Die Anwendung dieses Konzeptes ist auch für den Einsatz in Einzugsgebieten geeignet, die zur Trinkwassergewinnung genutzt werden.

Heute können Modelle, die den Stickstoffkreislauf in Böden beschreiben, gekoppelt mit Strömungsmodellen als wertvolles Hilfsmittel eingesetzt werden, um die Wirkungen von Änderungen der Bodennutzung im Voraus zu berechnen (Szenarien der Bodennutzung). Grundsätzlich bietet sich nachstehender stufenartiger Ablauf an, um Emissionen im Grundwasser-Einzugsgebiet zu vermindern.

7.4.2 Fallstudie

Am Beispiel des Wasserwerkes bei Bremen soll nachstehend der Untersuchungsaufwand dargestellt werden, der bei der Regelung von Problemen der Wasserbeschaffenheit in Grundwassereinzugsgebieten auftreten wird.

Ende der achtziger Jahre wurde dort eine Kooperation gegründet, an der Vertreter der Wasserwirtschaft, Wasserversorgung, Hydrogeologie, Bodenkunde und Landwirtschaft beteiligt sind. Ein gesicherter Erfolg hat sich allerdings bis heute noch nicht eingestellt.

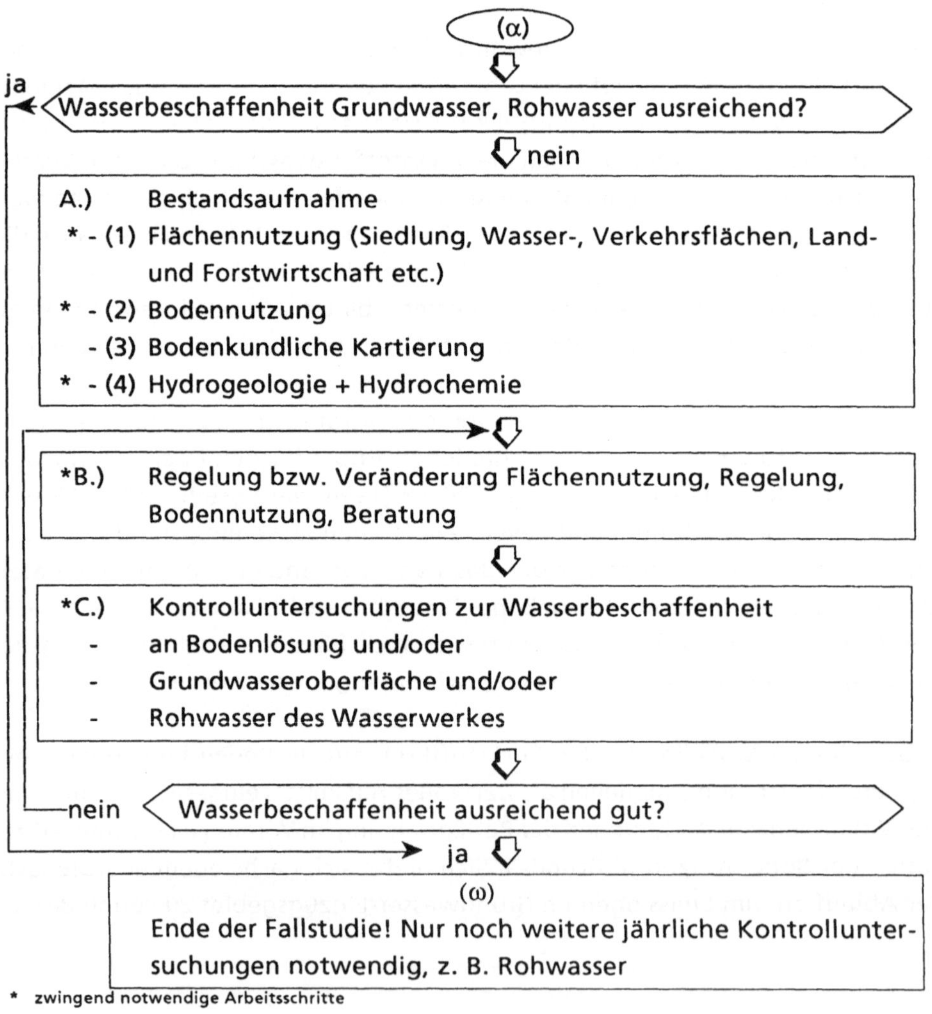

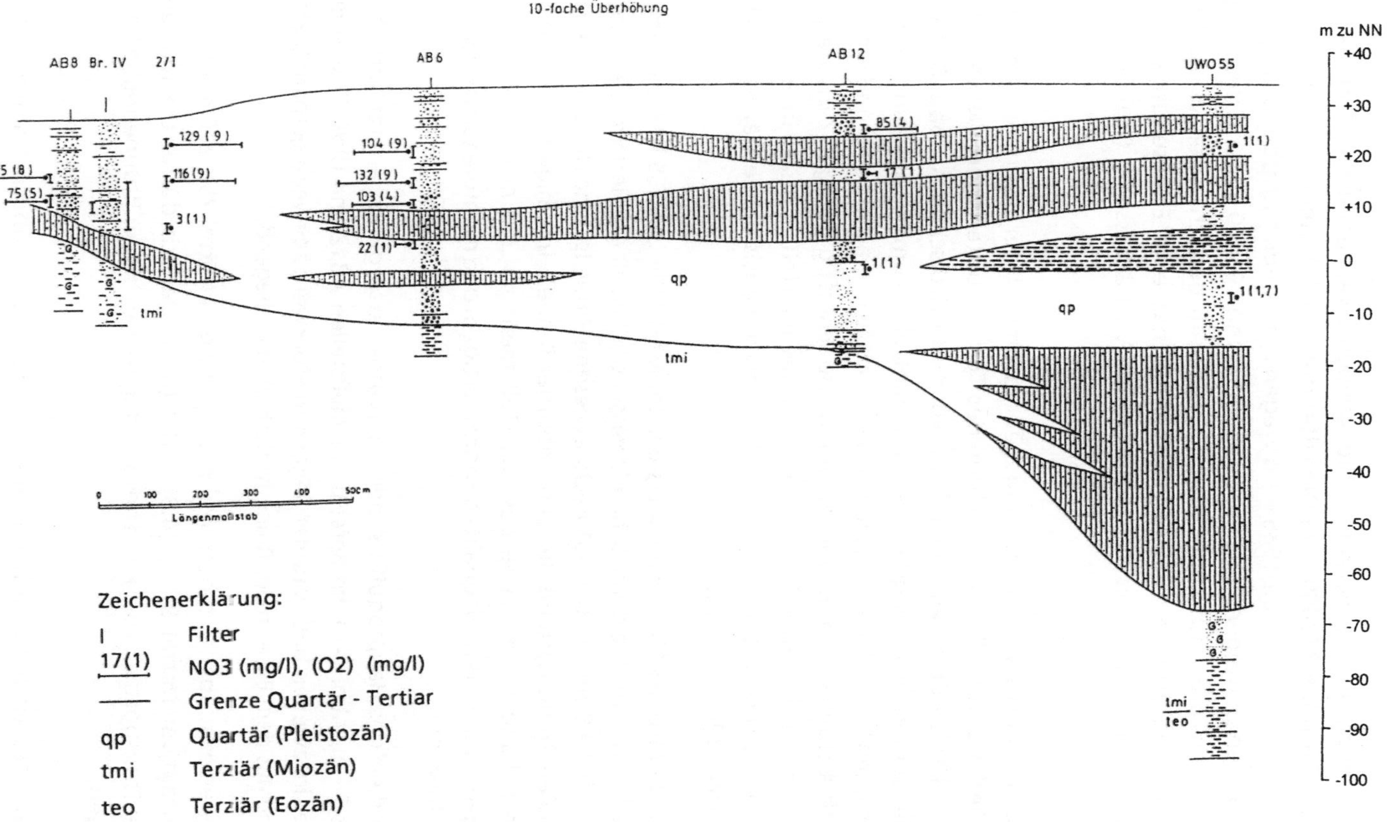

Abb. 7-10: Geologischer und hydrochemischer Längsschnitt durch das Einzugsgebiet

Das Wasserrecht des Wasserwerkes beträgt 400000 m^3/a; der mittlere Verbrauch der Gemeinde liegt bei 353000 m^3/a.Die Filter der Förderbrunnen befinden sich 12 bis 24 m unter Gelände. Seit 1986 wird wegen der hohen Nitratbelastung nur noch ein Brunnen betrieben, mittlere Förderleistung 165000 m^3, und die Differenz zum Gesamtverbrauch zum Verschneiden vom benachbarten Wasserbeschaffungsverband zugekauft. Das Wasserwerk hat eine Enteisenungs- und Entmanganungsstufe, welches auf reduzierende Verhältnisse im Grundwasser hindeutet.

Der für die Grundwassererschließung bedeutsame Untergrund besteht aus quartären Sedimenten, die von Schichten des Tertiärs unterlagert werden. Die Abbildung 7-10 vermittelt einen Eindruck vom unterirdischen Aufbau. Danach bestehen die oberen Teile der quartären Sedimentfolge zum Teil aus fein-, mittel- bis grobkörnigen Schmelzwassersanden, die bis zu 40 m mächtig sind und die mit gering durchlässigen Geschiebemergellagen und schluffig, tonigen Zwischenlagen durchsetzt sind. Dadurch wird der Grundwasserleiter quasi in mehrere Stockwerke untergliedert. Es wird vermutet, daß die Basis der tertiären Schichten bei ca. NN - 300 m liegen.

Im östlichen Bereich des Einzugsgebietes bei der Meßstelle UWO55 ist die ehemalige tertiäre Schichtenfolge durch Schmelzwasser der Eiszeit erodiert worden, Abb. 7-10. Die durch die Bohrung UWO55 nachgewiesene Rinne ist eine Nebenrinne des überregionalen Rinnensystems der „Rotenburger Rinne". In einigen Abschnitten besteht die Füllung dieser Rinne aus zum Teil mehr als 200 m mächtigen gut durchlässigen Sedimenten mit qualitativ hochwertigem und mehrere tausend Jahre alten Grundwasser.

Die Mächtigkeit des Hauptaquifers, der zur Wasserversorgung genutzt wird, beträgt 15 bis 20 m, Abb. 7-10. Im Bereich der Meßstellen AB12 und UWO55 sind die Grundwässer im zweiten und darunter liegenden Stockwerk zeitweise gespannt. Eine Ausströmung aus dem Bereich der Rinne ist deshalb naheliegend.

Die Grundwasserneubildung beträgt im langjährigen Mittel 250-270 mm/a, der k_f-Wert beträgt im Mittel $9.1 \pm (4.3) \cdot 10^{-5}$ (m/s). Danach dürfte die mittlere horizontale Transportzeit vom Rand des Schutzgebietes bis zur Brunnenreihe bei 6 Jahren liegen.

Die Feldkapazitäten liegen für die anstehenden Sande und lehmigen Sande zwischen 12 bis 20 mm/dm, überwiegend um 16 mm/dm. Bei einer mittleren

Grundwasserneubildungsrate von 270 mm/a wird die Verlagerungstiefe um 17 dm/a liegen. Bei Grundwasserflurabständen zwischen 1.3 m und 10 m erreichen ausgewaschene Nährstoffe in der Zeit von einem Jahr bis zu 6 Jahren die Grundwasseroberfläche. Vorstehende vertikale und horizontale Fließzeiten zeigen den hohen Zeitaufwand für die Sanierung des Wasservorkommens sehr deutlich.

Bodennutzung, Bodeneigenschaften

Nach Tab. 7-7 wird das Gebiet überwiegend ackerbaulich genutzt. Der Grünland- und Waldanteil ist sehr gering.

- Siedlung, Verkehr		35 %
- Grünland		1 %
- Wald		8 %
- Acker		56 %
- Getreide	51 %	
- Hackfrucht	36 %	
- Mais	13 %	
	121 ha = 100 %	
		100 % = 215 ha

Tab. 7-7: Flächennutzung im Wasserschutzgebiet

Boden-Nutzung	Boden-pH-Wert ($CaCl_2$)
- Acker	4.5 - 5.9
- Wald	3.1 - 3.2
- Hausgarten, Rasenfläche	5.2 - 6.2

Tab. 7-8: pH-Werte der Böden, Tiefe 0-30 cm, Mittelwerte

Phosphor (Wasser-Methode)			Kalium (Ca Cl_2-Methode)			Magnesium (Ca Cl_2-Methode)			Nährstoffgehaltsklasse im Boden, Versorgung
mg P/ 1 000 ml Boden	Herbst 1990 Anzahl	Herbst 1991 Anzahl	mg K/ 100 mg Boden	Herbst 1990 Anzahl	Herbst 1991 Anzahl	mg Mg/ 100 mg Boden	Herbst 1990 Anzahl	Herbst 1991 Anzahl	
- 4			- 2		2	- 3	13	12	A= niedrig
5-10	3	4	3- 5	6	12				B= mittel
11-18	11	20	6-10	31	35	4- 6	24	37	C= hoch
19-30	25	29	11-18	5	6	7-10	5	6	D= sehr hoch
31-	3	2	19-			11-			E- extrem hoch
Gesamt-Zahl der Flächen	42		55	42	55		42	55	

Tab. 7-9: Nährstoffgehalte (P, K, Mg) im Boden (0-30 cm) des Wasserschutzgebietes

Es stehen zu 60 % Podsol-Sandböden an, die übrigen Böden sind lehmige Sande. Die Bodenwertzahlen liegen zwischen 19 und 28, NLfB (1991). Es handelt sich danach um typische Kartoffel-Roggenböden, auf denen heute auch höherwertige Marktfrüchte angebaut werden. Im Jahr 1987 begann für acht im Schutzgebiet wirtschaftenden Betriebe die landwirtschaftliche Beratung. In diesem Zusammenhang begannen an diesen Flächen sowie an einer Waldfläche und an zwei Flächen in Hausgärten Nährstoffuntersuchungen. Tab. 7-8 zeigt Boden-pH-Werte. Die pH-Werte der Ackerflächen bewegen sich zwischen 4.5 und 5.9. Der Wald ist ein Birken-, Kiefern- und Fichtenbestand. Der Waldboden bewegt sich mit einem pH-Wert von 3.1 im Eisen-Pufferbereich, bei dem eine gehemmte Mineralisation und Nitrifikation zu beobachten ist.

Seit Herbst 1990 werden über die zuvor genannten 8 Flächen hinaus alle landwirtschaftlich genutzten Flächen im Schutzgebiet durch Untersuchung auf die Nährstoffe Nmin, P, K, Mg erfaßt. An Tab. 7-9 ist festzustellen, daß die Versorgung der Böden mit den Grundnährstoffen Phosphat, Kalium, Magnesium überwiegend im hohen bis sehr hohen Bereich liegt. Die Daten geben eindeutige Hinweise auf eine Überversorgung infolge Düngung. Die meisten Böden liegen danach in den Gehaltsklassen C = hoch und D = sehr hoch. Es stellt sich die Frage, ob diese Nährstoffe im Boden festgelegt bleiben oder mittelfristig in die Tiefe zum Grundwasser hin wandern werden. Nach niederländischen Erfahrungen ist z.B. eine Tiefenwanderung von Phosphor bei hochbelasteten landwirtschaftlich genutzten Böden zu beobachten.

Hydrochemie

In Abb. 7-11 sind die Wassertypen aller beprobten mehrstufigen Meßstellen des Grundwasserleiters zusammengefaßt. Es ist zu erkennen, daß infolge der landwirtschaftlichen Bodennutzung und Stoffauswaschung die Wassertypen stark verschoben wurden:

- Das oberflächennahe Grundwasser, Tiefe 5 bis 23 m unter Gelände, und das Rohwasser sind von der Herkunft und damit von der Beschaffenheit her identisch. Diese Wässer (Meßstellen) unterschieden sich deutlich von dem Grundwasser aus Filterlagen zwischen 20 und 49 m unter Gelände.
- Eine Meßstelle in der Reihe der Förderbrunnen gelegen, fällt in Abb. 7-11 durch den Einfluß eines nahegelegenen Salzstockes aus den vorgenannten Wassertypen heraus. Der Meßstellen-Filter liegt mit 66 m im 2. Stockwerk im Tertiär.

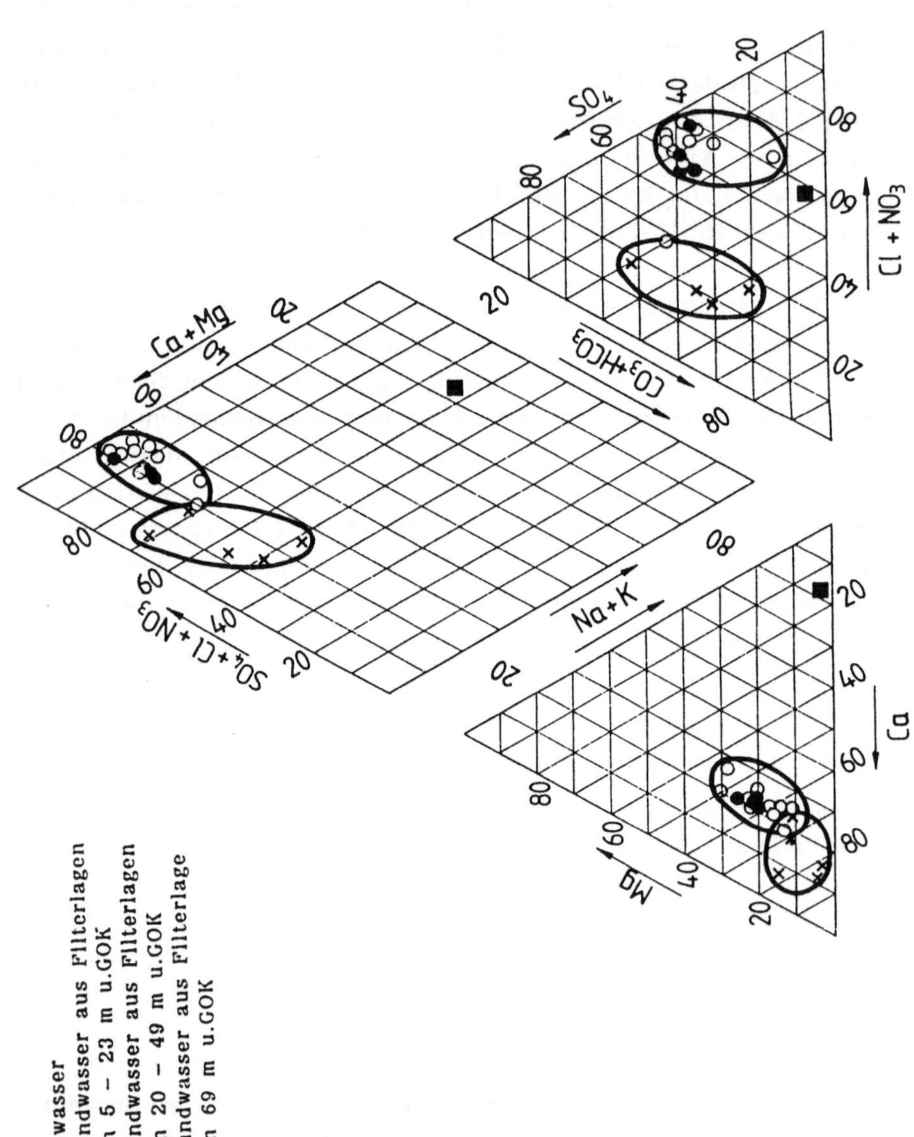

Abb. 7-11: Wassertypen im Grundwasser des Einzugsgebietes

In Abb. 7-10 sind als Orientierung die Nitrat- und Sauerstoffwerte für die einzelnen Meßstellenfilter eingetragen. Es wird deutlich, daß im ersten Grundwasserstockwerk die Nitrat- und Sauerstoffkonzentration mit der Tiefe abnehmen. In den Meßstellen der tieferen Stockwerke liegen niedrige Nitrat- und Sauerstoffwerte, d. h. reduzierendes Milieu vor. Sehr wahrscheinlich handelt es sich im zweiten und tieferen Stockwerk um älteres Grundwasser. (Bei der Meßstellen-Bezeichnung gibt die Zahl hinter dem Schrägstrich jeweils die mittlere Filterlage unter Gelände an, z.B. AB6/27 = Filtermitte 27 m u. Gelände).

Stickstoffanlieferung aus der Bodenzone

Wie zuvor schon erwähnt, wurden Nährstoff Untersuchungen auf 8 Flächen begonnen, die dann seit Herbst 1990 auf alle Flächen ausgeweitet wurden.

Die 8 „Beratungsflächen" zeigen zu Beginn der Beratung noch sehr große Streuungen der Nmin-Werte, zum Teil bis 184 kg N/ha, Abb. 7-12. Die hohen Werte dürften durch Gülleausbringung verursacht worden sein, die noch bis in den Dezember hinein ausgefahren wurde. Es ist zu bedenken, daß bei den anstehenden leichten Böden die Nmin-Gehalte im Herbst weitgehend aus dem Wurzelraum ausgewaschen werden dürften. 10 kg N/ha Auswaschung entsprechen dann bei 270 mm/a Grundwasserneubildungsrate 3.7 mg/l N oder 16 mg/l NO_3, 184 kg N/ha entsprechen 302 mg/l NO_3.

- Die Streuung der Nmin-Werte im November (4. Quartal) in Abb. 7-12 geht anscheinend als Folge der Beratung über die Jahre zurück. Der einzelne hohe Wert im 6. Jahr dürfte durch eine frühzeitige Düngung verursacht worden sein.

- Die Beratung hatte nach 6 Jahren zwar zu einer Verminderung der Streuung bei den „Beratungsflächen", nicht aber zu einer wesentlichen Verminderung der Nmin-Gehalte geführt. Wenn an der Unterkante des Wurzelraumes 50 mg/l NO_3 eingehalten werden sollten, dürfte die Auswaschung nicht mehr als 30 kg N/ha betragen. In Tab. 7-10 sind für alle Flächen die aus Meßwerten flächengewichteten mittleren Nmin-Gehalte der Probennahme im Herbst zusammengestellt. Wenn man davon ausgeht, daß die Nmin-Gehalte nahezu vollständig der Auswaschung unterliegen, dann ist mit einer mittleren Konzentration von 106 mg/l NO_3 unterhalb des Wurzelraumes zu rechnen, die deutlich über dem Grenzwert liegt.

Mit Hilfe des Simulationsmodells von KERSEBAUM (1989) sollten verschiedene

Fragen des Stickstoffhaushaltes im Gebiet behandelt werden. Das Modell umfaßt die Teilmodelle

- Wasserhaushalt,
- Mineralisation,
- Pflanzenaufnahme,
- Transport (Verlagerung).

Mit Hilfe solcher Modelle lassen sich Szenarien durchspielen, die den Effekt einzelner Anbaumaßnahmen oder von Nutzungsänderungen verdeutlichen und quantifizieren können, KERSEBAUM (1992). Für den Ackeranteil des Gebietes von 118.3 ha wurde die Wirkung des konsequenten Zwischenfruchtanbaues berechnet. Die Austräge nach Getreide gehen beim Szenario deutlich um etwa 14-15 kg N/ha zurück. Die Sickerwasserkonzentrationen sinken nach Wintergetreide von 104 auf 85 mg NO^-_3/l. Für das gesamte berechnete Gebiet ergibt sich eine Reduzierung der Sickerwasserkonzentration von 108 auf 97 mg NO^-_3/l.

KERSEBAUM (1992) folgert, daß bei dem Einsatz der bedarfsgerechten Düngung und bei konsequentem Zwischenfruchtbau Nmin-Werte zu Beginn der Sickerperiode im Herbst von durchschnittlich 30 - 35 kg N/ha realistisch erscheinen. Dies bedeutet jedoch bei einer durchschnittlichen Sickerwasserspende, die um 200 - 250 mm lag, eine Sickerwasserkonzentration von etwa 65 - 70 mg NO^-_3/l. Geht man von keiner weiteren Reduktion der Nitratkonzentration in der ungesättigten Zone aus, so wäre zur Unterschreitung des Trinkwassergrenzwertes demnach eine Umwandlung von schätzungsweise einem Drittel der Ackerfläche bzw. 20 % der Gebietsfläche in Grünland notwendig. Dies sollte zweckmäßigerweise im Bereich der am wenigsten speicherfähigen Podsole bzw. der Gleypodsole erfolgen.

Folgerungen, Ausblick

- Die vorstehenden Ausführungen zeigten, daß die komplex aufgebauten Grundwasserleiter der norddeutschen Tiefebene einen hohen Erkundungsaufwand erfordern, wenn der Wasser- und Stoffhaushalt ermittelt werden soll. In der Praxis wird man sich deshalb oft mit der Betrachtung von Teilkomponenten begnügen müssen.

- Für die Entwicklung von Ansätzen zur Sanierung eines Grundwasserkörpers und für die Abschätzung der Sanierungsdauer ist die Kenntnis über die Herkunft und über das Alter des Grundwassers notwendig.

- Rechenmodelle sind ein notwendiges Hilfsmittel für die Planung und Durchführung von Sanierungen. Es gibt aber bislang noch kein saniertes Einzugsgebiet, an dem Rechenmodelle validiert werden konnten.

- Grundlage der Beratung sind Nährstoff-Untersuchungen. Die Ergebnisse der Fallstudie zeigen, daß zwar eine Verminderung der Streuung der Nmin-Werte erreicht wurde, bislang aber nicht eine sichtbare Absenkung der Nmin-Gehalte. Es reicht nicht aus, nur exemplarische Betriebe zu beraten. Es müssen alle Betriebe und Flächen durch intensive Beratung erfaßt werden.

- Die Durchsetzung der pflanzenbedarfsgerechten Düngung und emissionsarmer Fruchtfolgen ist dringend notwendig, um die Konzentration der Nitratanlieferung weit unter 100 mg/l NO_3 zu drücken. Um in die Richtung von 50 mg/l NO_3 an der Grundwasseroberfläche zu kommen, müßte auf den stark auswaschungsgefährdeten Böden die Ackernutzung teilweise in Grünland umgewandelt werden, eventuell bis zu 30 % der Ackerfläche.

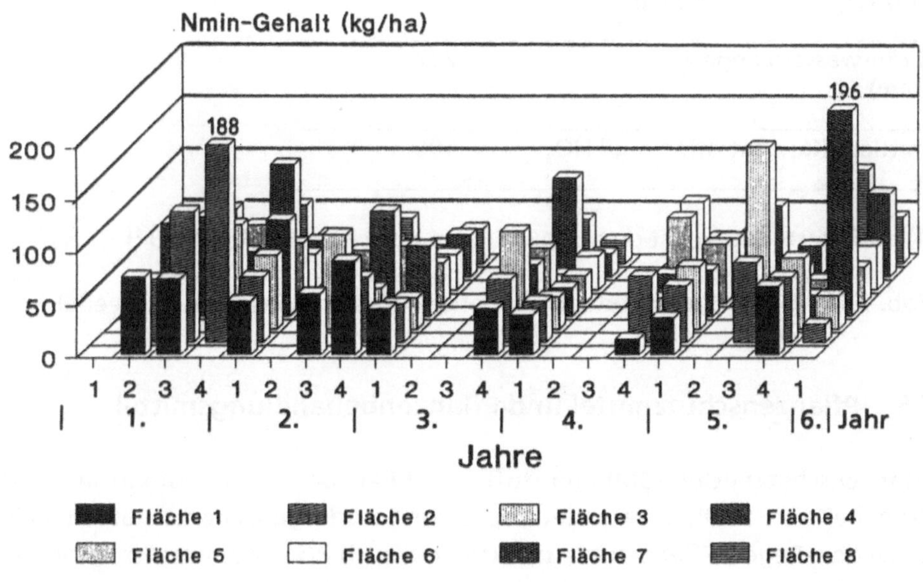

Abb. 7-12: Nmin-Untersuchungen (NO_3-N) über die Tiefe 0-90 cm an den Flächen 1-8 über 6 Jahre

- Die Arbeiten an dem vorgestellten Gebiet zeigten, daß ein hoher Aufwand für Erkundung und Beratung in Problemfällen notwendig ist. Es ist sehr unwahrscheinlich, daß dieser Aufwand landesweit zu realisieren ist. Es ist deshalb auch fraglich, ob ein landesweiter Grundwasserschutz im Hinblick auf Nitrat überhaupt erreicht werden kann. Nitratarme Grundwässer aus landwirtschaftlich genutzten Gebieten können deshalb wahrscheinlich auch längerfristig nur bei ausreichendem Abbaupotential erwartet werden, vor allem in den Regionen mit hohem Viehbesatz. Dies bedeutet die langsame Zehrung eines Naturpotentials, dessen Lebensdauer meistens unbekannt ist.

Diffuse Einwirkungen auf Grundwasservorräte

erfaßte Gesamtfläche (ha)	115.1
mittlerer Nmin-Gehalt = Austrag (kg/ha)	54.4
Sickerwassermenge 1) (mm)	227
mittlere Konzentration mg/l NO_3	106

1) nach Berechnung mit dem Simulationsmodell KERSEBAUM (1992)

Tab. 7-10: Flächengewichtete Nmin-Gehalte (0-90 cm) im Gebiet Scheeßel

7.5 Pflanzenschutzmittel und Pflanzenbehandlungsmittel

Pflanzenschutzmittel (PSM) sind Stoffe, die Pflanzen vor Schadorganismen oder Krankheiten oder Pflanzenerzeugnisse vor Schadorganismen schützen sollen. Unter dem Begriff Pflanzenschutzmittel sind auch Wachstumsregler zusammengefaßt. Wachstumsregler sind Stoffe, die dazu bestimmt sind, die Lebensvorgänge von Pflanzen zu beeinflussen, ohne ihrer Ernährung zu dienen. Zu den Pflanzenschutzmitteln und Wachstumsreglern gehören auch Stoffe, die diesen Mitteln bei ihrer Anwendung zugesetzt werden, um ihre Eigenschaften und ihre Wirkungsweisen zu verändern. Dazu gehören z.B. Haft-, Netz- und Lösungsmittel, die anorganischer oder organischer Art, aus Naturprodukten oder synthetisch hergestellt sein können. Meisten sind es synthetisch hergestellte Hilfsmittel. Begriffsbestimmungen, die Anwendung, der Umgang, die Genehmigung von Pflanzenschutzmitteln sind z.B. im Pflanzenschutzgesetz festgelegt. Pflanzenschutzmittel sind meistens synthetisch hergestellte, naturfremde Verbindungen. Bis vor wenigen Jahren wurde von den Herstellern und Anwendern gemeint, daß ihr Einsatz nicht zu einer Belastung von Gewässern über den Weg der Bodenpassage führen, abgesehen von den Fällen unsachgemäßer Anwendung. Dagegen stehen aber auch schon seit einigen Jahren Meßergebnisse, die an Seen, Fließgewässer, an Sedimenten und am Grundwasser gewonnen wurden, die über dem Grenzwert der TrinkwV liegen. Erst die Einführung eines Grenzwertes für Pflanzenschutzmittel in der Trinkwasserverordnung vom Mai 1986 hat für Bewegung gesorgt, auf der Seite der Produzenten, der Genehmigungsbehörden, der Landwirtschaft und auf der Seite der Wasserversorger.

Die Trinkwasserverordnung zu diesem Thema lautet:
Für einzelne Substanzen nachstehender Parametergruppen darf der Wert von 0.1 µg/l nicht überschritten werden; die Summe aller Substanzen soll 0.5 µg/l nicht überschreiten. Dies betrifft:

a) Chemische Stoffe zur Pflanzenbehandlung und Schädlingsbekämpfung einschließlich toxischer Hauptabbauprodukte
und
b) Polychlorierte, polybromierte Biphenyle und Terphenyle.

Als dieser Teil der Trinkwasserverordnung vor Jahren konzipiert wurde, ging man davon aus, daß Pflanzenschutzmittel gar nicht erst im Grundwasser, in Talsperren usw. und damit auch nicht in der Wasserversorgung auftreten werden. Außerdem steht hinter diesen Grenzwerten die Sicherheitsphilosophie, daß PSM überwiegend synthetische Verbindungen sind, die nicht in den aquatischen Systemen und damit auch nicht im Trinkwasser auftreten sollen. Man geht davon aus, daß gegen diese relativ neuartigen naturfremden Verbindungen alle Organismen nur unzureichende ausgebildete Kompensationsmechanismen besitzen, da im Zuge der Evolutionsgeschichte kein Bedarf bestand, solche auszubilden. Der Grenzwert sollte deshalb gleich "Null" bzw. nahe "Null" sein. Damals konnte auch von der Analysentechnik her der Wert von 0.1 µg/l nicht erreicht werden. Seit dem 1.10.1989 gelten die beiden Grenzwerte (einzeln und in Summe).

Die Entwicklung der Landwirtschaft in diesem Jahrhundert, die enormen Steigerungen der Flächenerträge und der Arbeitsproduktivität ist maßgeblich durch den Einsatz von Pflanzenschutzmitteln geprägt worden. Bereits in der Mitte des vorigen Jahrhunderts werden erstmals Mittel zum Schutz von Kulturpflanzen eingesetzt, in großem Umfang jedoch erst in den vergangenen 30 Jahren. Man denke nur daran, daß der Einsatz von Pflanzenschutzmitteln es u.a. auch ermöglicht hat, Ende der fünfziger Jahre Arbeitskräfte, die in der Landwirtschaft tätig waren, für den Einsatz in der Industrieproduktion frei zu bekommen. Das Preisniveau für landwirtschaftliche Produkte entspricht fast noch dem, welches Anfang der sechziger Jahre vorlag. Auch hier ist der Einsatz von Pflanzenschutzmitteln mitbeteiligt. Eine konventionell betriebene Landwirtschaft ist heute ohne Pflanzenschutzmittel schwer denkbar. Nur wird man sich fragen müssen, ob hinsichtlich des Einsatzes von PSM innerhalb und außerhalb der Landwirtschaft längerfristig nicht andere Wege gesucht werden müssen.

Unter den PSM sind Herbizide (Mittel zur Unkrautbekämpfung) und Fungizide (Mittel zur Pilzbekämpfung an Pflanze und Saatgut) anteilig am stärksten vertreten. Hier ist auch der Zuwachs am größten. Die große Zahl der Herbizidpräparate hängt mit der ständigen Ausweitung der Anwendungsflächen und -gebiete zusammen. In Deutschland werden jährlich rund 32.000 Tonnen Pflanzenschutzmittel ausgebracht, davon ca. 80 % in der Land- und Forstwirtschaft sowie im Gartenbau und die übrigen 20 % z.B. in der Haushaltshygiene, auf Industriegelände, Straßenränder, Gleisanlagen, Sportanlagen, Privatgärten und Parkanlagen.

	1970	1984	1990
Präparate zusammen:	1589	1823	903
Wirkstoffe zusammen:	n.b.	330	200

Tab. 7-11: Summe der Pflanzenschutzmittel in Deutschland, die von der Biologischen Bundesanstalt zugelassen sind

Bei den „Unkräutern“ handelt es sich letztendlich auch um Bestandteile unserer Kulturlandschaft und damit um potentielle Schutzobjekte. Sie werden z.B. in der Landwirtschaft unter ökonomischen Aspekten dann zu schädlichen Pflanzen, wenn ihr Auftreten sich derartig ertragsmindernd auswirkt, daß sich ihre Bekämpfung lohnt. Besonders empfindlich auf die Konkurrenz um die Wachstumsfaktoren Wasser und Licht reagieren Zuckerrüben, Kartoffeln, Mais. Das Vordringen großer Anbauflächen, das Vordringen von Reihenkulturen mit langsamen Jugendwachstum wie Mais und auch die vollmechanisierte Erntetechnik fördern bzw. erfordern aus der Sicht der Landwirtschaft den Einsatz von Herbiziden.

Zur Zeit sind ca. 200 Wirkstoffe bzw. 900 Präparate bekannt, die etwa 9 Wirkstoffgruppen zugeordnet werden können, Tab. 7-11. Zur Orientierung sind in Tab. 7-12 einige Wirkstoffe mit ihrem Anwendungsgebiet und teilweise auch mit der anzuwendenden Menge genannt. Falls sich Leser intensiver mit PSM befassen müssen, ist es sinnvoll, das neueste „Pflanzenschutzmittel-Verzeichnis" der Biol. Bundesanstalt für Land- und Forstwirtschaft zu beschaffen. Das Verzeichnis enthält Angaben zu Präparaten, Wirkstoffen, Anwendung, Dosierung.

Des weiteren sollte die „Empfehlungen des Bundesgesundheitsamtes zum Vollzug der Trinkwasserverordnung" berücksichtigt werden.

Dort werden für einige Wirkstoffe bislang bekannte Hauptabbauprodukte (Metabolite) angegeben. Es werden dort auch für einige Substanzen angehobene Grenzwerte genannt, die im Problemfall für eine Übergangszeit während der Sanierung im Einzugsgebiet der Wassererschließung gelten sollen. Des weiteren sollte die „Verordnung über Anwendungsverbote für Pflanzenschutzmittel (Pflanzenschutz-Anwendungsverordnung)" berücksichtigt werden.

Die Untersuchung des Abbau- und Versickerungsverhaltens ist Gegenstand des Genehmigungsverfahrens durch die Biologische Bundesanstalt in Braunschweig. Solche Versuche werden im Labor unter definierten Bedingungen durchgeführt. Es ist aber hinreichend bekannt, daß Laborversuche nicht vollständig die komplexen Bedingungen nachbilden können, die draußen im Gelände anzutreffen sind. Es darf deshalb nicht verwundern, wenn Versuchsergebnisse, die zu einer Zulassung geführt haben, mit der Praxis nicht unbedingt übereinstimmen.

Die wichtigsten Kompartimente, die mit PSM bestimmungsgemäß oder unbeabsichtigt in Kontakt kommen können, sind vor allem

- der Boden (Bearbeitungshorizont 0-30 cm),
- das Bodenprofil bis hin zum Grundwasser,
- das Grundwasser selbst und

PSM-Name	bekannte Metabolite	Wirkklasse	einige Anwendungen	Dosis g/h a
<u>Triazine</u>				
Atrazin	Desethylatrazin Desisopropylatrazin Hydroxyatrazin Desethylterbutylazin	Herbizid	Mais, Gleisanlagen	1000
Cyanazin		„	Mais, Getreide	1000
Metamitron		„	Rüben	
Metribuzin		„	Kartoffeln, Grünland	350
Propazin		„	Nichtkulturland	
Sebutylazin		„	Gleisanlagen	
Simazin		„	Mais	1000
Terbutylzin		„	Kartoffeln, Getreide	1000
<u>Phenoxycarbonsäuren</u>				
2,4-D		Herbizid	Getreide, Grünland	1000
Dichlorprob, 2,4-DP		„	Getreide	2000
MCPA			Getreide, Grünland .	1000
Mecoprop (Isomere!)		„	Getreide, Grünland, Gleisanlagen	900
<u>Phenylharnstoffe</u>				
Chlortoluron		Herbizid	Getreide	1500
Diuron		„	Nichtkulturland, Gemüse	3000
Isoproturon, IPU		„	Getreide	900
Linuron		„	Kartoffeln, Gemüse, Mais	1000
Metazchlor		„	Raps, Kartoffeln	
Methabenzthiazuron		„	Getreide	3500
Metobromuron		„	Kartoffeln	
Metoxuron		„	Getreide, Gemüse	2500
<u>Halogenierte Kohlenwasserstoffe</u>				
DDT, 2,4 und 4,4-DDT		Insektizid	Obst, Gemüse	
Dichlorpropen		Nematozid	Kartoffeln, Rüben	160000
Dieldrin, HEOD		Insektizid	Kartoffeln, Rüben	
Lindan, gamma-L.		„	Getreide	800
<u>Phosphor-(III)/(V)-säuretester</u>				
Dichlorvos		Insektizid	Gemüse	
Dimethoat		„	Getreide, Hackfrucht	240
Glyphosat (Round up)		Herbizid	Grünland Getreide	1200
Parathion (-ethyl), E 605		Insektizid	-	100
Parathion metyhl		„	Obst, Gemüse	
<u>Carbamate</u>				
Aldicarb		Insektizid	Rüben	1 000
EPTC		Herbizid	Mais	
Phenmedipham		„	Rüben	
Propham (IPC)		„	Rüben, Gemüse	

Tab. 7-12 Einige Wirkstoffe mit Anwendungen

- Pflanzen,
- Tiere,
- Luft.

Pflanzenschutzmitttel werden im Boden abgebaut, umgebaut in Abkömmlinge (Metabolite), im Boden adsorbiert, an Tonkomplexen fixiert und auch so in den Humuskomplex eingebaut, daß sie längerfristig dort festliegen („gebundene bzw. verborgene Rückstände"). Das Verhalten und die Dynamik von Pflanzenschutzmitteln im Boden ist seit langem Gegenstand der Forschung. Entsprechend umfangreich ist die Literatur, z. B. DIERKS (1984), PESTEMER (1988). Die Persistenz (Verweildauer) eines Mittels in den verschiedenen Ebenen des Bodens bis zum Grundwasserleiter wird nach Erfahrungen der Literatur, z. B. PESTEMER (1991), beeinflußt durch

- physikalisch-chemische Eigenschaften der Substanz, welche Inaktivierungsprozesse, wie Sorption, Abbau, Tiefenverlagerung beeinflussen,
- Witterungsverhältnisse (z. B. zeitl. Folge der Grundwasserneubildung),
- biologische Aktivität des Bodenkörpers (Gehalt an org. C, Belüftung etc.).

Angaben in der Literatur über Abbauzeiten bezeichnen häufig nur die Verfügbarkeit des Wirkstoffes im Boden im Hinblick auf das Anwendungsziel. Über den Verbleib der umgewandelten, nicht mehr „wirksamen" Stoffmenge im Boden und über die Langzeitwirkung der Metabolite gibt es bis heute nur unzureichende Kentnisse. Von einem echten Abbau kann nur dann gesprochen werden, wenn die Wirkstoffe letzlich bis zu bodeneigenen Verbindungen bzw. CO_2 mineralisiert werden. Deshalb sind die Prozesse, die zu einem Rückgang der toxischen bzw. phytotoxischen Eigenschaften führen, nicht mit den eigentlichen Abbauprozessen zu verwechseln. Einige Zahlenangaben über die Zeiträume des Substanzschwundes im Boden enthält Tab. 7-13.

Wirkstoffgruppen	Zeit
Triazine	2 m - 18 m
Phenoxycarbonsäure	2 w - 6 m
Phenole	2 w - 5 a
Benzole	1 a - 10 a
Carbamate	2 w - 7 m
Harnstoffderivate	2 m - 12 m
Phosphorsäureester	1 w - 3 m
Chlorkohlenwasserstoffe	1 w - 30 a

w = Wochen, m = Monate, a = Jahre

Tab. 7-13: Zeiträume, über die ein Substanzschwund von 75 - 100 % auftritt

In intensiven Nutzungssystemen sind 7 bis 10 Spritzungen mit bis zu 10 kg Wirkstoff pro ha und Jahr möglich. Durch die dichten Spritzfolgen ist eine Anhebung der „verborgenen Rückstände“ zu vermuten. Für die Leistungsfähigkeit der Böden, für die Bodenbiologie und damit auch für die Gewässer, ist dies ein beunruhigender Aspekt, da noch weitgehend unbekannt ist, welche Langzeitwirkungen für die belebte Welt der Boden-Gewässer-Systeme bestehen. Im Hinblick auf diese Unwägbarkeiten und im Hinblick auf die Vielzahl der unbeantworteten Fragen nach der Wirkung vieler PSM auf das Bodenleben hält der Rat der Sachverständigen für Umweltfragen eine genauere Überwachung und Verminderung der PSM-Anwendung für dringend erforderlich. Er empfiehlt u.a. den Einsatz chemischer PSM, vor allem der Insektizide und Fungizide, vorsorglich so weit wie möglich zu reduzieren.

Hinzu kommt noch das Problem der Metabolite. In Tab. 7-12 sind für Atrazin 4 bekannte Metabolite beispielhaft genannt. Für die meisten Wirkstoffe sind die Abbauwege, die möglichen Metabolite und ihre Wirkung in Böden und Gewässern weitgehend unbekannt. In der TrinkwV heißt es, daß der Grenzwert auch von den Metaboliten eingehalten werden soll. Ein Wasserwerk, das heute diesen Grenzwert erfüllt, kann morgen über dem Wert liegen, allein dadurch, daß die Anzahl der bekannten Metabolite größer geworden ist. Auf diesem Feld wird noch mit Überraschungen zu rechnen sein.

Pflanzenschutzmittel können heute im gesamten Wasserkreislauf nachgewiesen werden, das heißt im Niederschlagswasser, im Grund- und Oberflächenwasser. Der Eintrag in den Wasserkreislauf beginnt bereits bei der Produktion, aus der Abwässer in den Vorfluter eingeleitet werden. Hierbei sind Dauerbelastung auf Grund von genehmigten Einleitungen zu erwarten, aber auch Stoßbelastungen durch Betriebsstörungen in den Produktions- oder Abwasserreinigungsanlagen. Dabei können auch Stoffe freiwerden, deren Anwendung in der Bundesrepublik nicht üblich oder verboten sind. Es ist also mit Stoffen im Wasserkreislauf zu rechnen, die über die zugelassenen Mittel hinausgehen.

Untersuchungen an Ackerbaugebieten, die vom Verfasser durchgeführt wurden, zeigten z. B., daß CKW, die als Pflanzenschutzmittel eingesetzt werden, wie Lindan (γ-HCH), Hexachlorbenzol (HCB), DDT und seine Abkömmlinge,
(a) zum Teil über den Luftpfad und
(b) zum Teil über die Anwendung als Wirkstoff
in das Gebiet eingetragen wurden und im Boden, im Fließgewässersediment

und im oberflächennahen Grundwasser zu messen waren. Die Untersuchungsergebnisse zeigten, daß häufig angewendete Wirkstoffe weit verbreitet, wenn auch in niedrigen Konzentrationen, in den naturnahen Systemen auftreten können. Untersuchungen über das Abbau-Verhalten von Pflanzenschutzmitteln in Böden und Grundgewässern liegen für das Gebiet der Bundesrepublik nicht flächendeckend vor. Allerdings sind auf einzelne Regionen bezogene Untersuchungen durchgeführt worden, die die jeweilige örtliche Situation berücksichtigen, wie Art der Wirkstoffe, Fruchtarten, Umsatzleistung der Böden, Grundwasserhydraulik. Hierbei wurden vor allem häufig eingesetzte Vertreter von einigen speziellen Wirkstoffgruppen untersucht, wie Atrazin und Dichlorpropen, BWG (1987), UBA 1987, Bayern (1987), Stock et al. (1987), GIESSEL et al. (1984), FRIESEL et al. (1987), COHEN et al. (1986). Die vorliegenden Untersuchungen sind wichtige Bestandsaufnahmen. Sie erlauben aber keine Abschätzung der potentiellen Gefährdung von Wasservorkommen. Nach einer Bestandsaufnahme des DVGW über die Situation der PSM-Kontamination von Rohwasser bei 300 Wasserwerken, SCHMIDT et al. (1989), wurden bei über 39 % der Wasserwerke PSM nachgewiesen. Die Studie enthält eine nützliche Zusammenstellung der am häufigsten gefundenen Substanzen. Vom Industrieverband Pflanzenschutzmittel wurden schon 1987 an 206 Rohwasser-Entnahmestellen in der Bundesrepublik 35 Wirkstoffe untersucht, ANONYM (1987). Aber auch diese Untersuchungen können noch kein befriedigendes Ergebnis bringen, da aufgrund der langen Transportzeiten im Grundwasser die meisten modernen Wirkstoffe, wenn sie den Boden verlassen sollten, die Wasserfassungen noch nicht erreicht haben können.

Die Anwendung der PSM erfolgt in vielen Fällen direkt auf die Pflanzen- oder die Bodenoberfläche. Bei der Ausbringung ist mit einer Windverdriftung zu rechnen. Auch die Verdunstung von Boden- und Pflanzenoberflächen ist nicht zu vernachlässigen. Die PSM gelangen so gasförmig oder an Stäuben gebunden in die unteren Luftschichten, werden auf diesem Wege transportiert, mit dem Niederschlag wieder ausgewaschen und u. U. in Ökosystemen deponiert, wo sie überhaupt nicht erwünscht sind. Die Arbeiten des Verfassers, Kap. 3.5.3, und die von SCHLEYER et al. (1990), SCHLEYER (1991) und RENNER et al. (1990) zeigen den luftbürtigen Transport anhand von Depositionsdaten auf.

Mit Beschreibung der Ausbreitung und dem Transport der Pflanzenschutzmittel befassen sich die Arbeiten von BOESTEN (1986), VAN GENUCHTEN et al. (1974),

LEUCHS et al. (1990). Ein Schwerpunkt der letztgenannten Arbeit ist z. B. die Untersuchung des Retardationsverhaltens verschiedener Wirkstoffe im Grundwasserleiter.

Der Transport über den Pflughorizont des Bodens (ca. 0-30 cm) hinaus in tiefere Schichten erfolgt im wesentlichen als Massenfluß (Konvektion). Daneben sind auch Diffusionsvorgänge und vor allem ein Transport über Makroporen, wie Schrumpfrisse, Wurm- und Wurzelgänge zu nennen. Die Bestandsaufnahmen der Literatur deuten an, daß trotz sachgemäßer Anwendung Pflanzenschutzmittel in tiefere Zonen bis zum Grundwasser verlagert werden. Da in den tieferen Bodenhorizonten und auch im Grundwasser ungünstigere Abbau- und Sorptionsbedingungen zu erwarten sind, dürfte sich ein Abbau verlangsamen, womit die Bedingungen für einen Weitertransport im Grundwasser günstiger werden. Obwohl seit Mitte der achtziger Jahre die Informationsdichte über Pflanzenschutzmittel größer wird, sind

(a) das Verhalten, der Verbleib der Wirkstoffe, der Umwandlungsprodukte im Boden und im Grundwasserleiter,
(b) die Vorgänge, die zum Eintrag in das Grundwasser führen,
noch unzureichend geklärt.

Wenig bearbeitet ist auch die Frage, in welche Richtung bzw. in welche Art von Verbindungen sich Wirkstoffe unter welchen Bedingungen umwandeln können. Ebenfalls nahezu unbearbeitet ist auch das Schicksal der Haft-, Netz- und Lösungsmittel (= Formulierungsstoffe), die den Einsatz der Wirkstoffe technisch ermöglichen.

Folgende Substanzen (Wirkstoffe und Metabolite) wurden bislang bei Untersuchungen der einzelnen Bundesländer und des DVGW im Grund- und Oberflächenwasser am häufigsten gefunden.

- Atrazin
- Chlortoluron
- Desethylatrazin
- Desisopropylatrazin
- Dichlobenil
- α - HCH
- β - HCH
- γ - HCH (Lindan)
- Hexachlorbenzol (HCB)
- Propazin
- Simazin
- Terbutylazin
- Isoproturon
- Metribuzin
- Parathion-ethyl
- Pendimethalin
- Prometryn
- Ametryn
- 2.4 DDE
- 2.4 DDT
- Dichlorprop
- Dieldrin
- Fenpropimorph
- Mecoprop
- a-Thiodan
- b-Thiodan

- Metazachlor
- Methabenzthiazuron
- Metolachlor
- Bentazon
- Trifluralin
- 1.3 Dichlorpropen
- Monolinuron
- Fluroxypyr
- Ioxynil
- Tribunil
- MCPA
- Metoxuron
- Triadimenol
- Diuron
- Methoxuran
- Metobrumuron
- 1.3-Dichlorpropen
- Bromacil
- 2.4 D
- Alachlor
- Metamitron
- Oxadixyl
- Cyanazin
- Methoprothryn
- Promazin

Folgerungen, Ausblick

Vom Verfasser wurde in der Zeit von 1989 bis 1993 in Zusammenarbeit mit dem Institut für Unkrautforschung der Biologischen Bundesanstalt und mit dem Institut für Geologie der TU Braunschweig an 20 Grundwasser-Einzugsgebieten verschiedener geologischer Formationen die Belastung mit Pflanzenschutzmittel überprüft LÖSKING/WALTHER/JANDEL (1991b), PESTEMER (1991), STEINERT/WOLFF (1991).Im Rahmen dieses Vorhabens, aber auch bei anderen in Niedersachsen durchgeführten Untersuchungen wurden insgesamt 32 Wirkstoffe gefunden. Von PESTEMER (1991) werden für das Gebiet der alten Bundesrepublik 40 Wirkstoffe genannt, die häufiger im Grundwasser auftreten und die sich in ihren chemikalisch-physikalischen Eigenschaften zum Teil deutlich unterscheiden. Mit den durchgeführten Untersuchungen ließen sich eine Reihe von Kontaminationen des oberflächennahen Grundwassers durch Pflanzenschutzmittel nachweisen, auch wenn bei der Mehrzahl der Standorte nur je eine Meßstelle beprobt wurde. Die am häufigsten gefundenen Wirkstoffe gehören zu der Gruppe der Triazine bzw. zu deren Abbauprodukten. Aber auch persistente Wirkstoffe, deren letzte Anwendung unter Umständen schon längere Zeit zurückliegt, treten immer noch auf und müssen wohl auch weiterhin berücksichtigt werden. Von ZULLEI-SEIBERT (1996) wurde eine Bestandsaufnahme über die Belastung von Gewässern mit Pflanzenschutzmittel für Deutschland und mehrere Länder der Europäischen Union durchgeführt. Der Bericht enthält unter anderem die im Grund-, Oberflächen- und Rohwasser nachgewiesenen Wirkstoffe oberhalb des Grenzwertes von 0.1µg/l. Weiter ist der augenblickliche Kenntnisstand über wirksame technische Aufbereitungsverfahren in Abhängigkeit vom Wirkstoff zusammengestellt. Aus dem Bericht von ZULLEI-SEIBERT wurde Abb. 7-13 entnommen. Sie zeigt für 9 Länder den geschätzten Anteil Rohwasser, welches mit PSM über 0.1 µg/l belastet ist. Weitere differenzierte Bestandsaufnahmen zur Situation bei den Pflanzenschutzmitteln in 5 westeuropäischen Ländern ist bei ISENBECK-SCHRÖTER (1987) zusammengefaßt. Alle bislang vorliegenden Untersuchungsergebnisse zeigen doch eine erhebliche Beeinträchtigung der Gewässer in Europa. Es wird auch deutlich, daß weitere Untersuchungen der Pflanzenschutzmittel-Rückstände, der Abbauprodukte und auch der Formulierungsmittel in den Einzugsgebieten erfolgen müssen, die längerfristig anzulegen sind, um abgesicherte Erkenntnisse zu erhalten.

Die Kenntnis von Kontaminationen des oberflächennahen Grundwassers in der Nähe der landwirtschaftlichen Flächen ermöglicht rechtzeitige Maßnahmen zur Änderung des Pflanzenschutzmittel-Einsatzes. Da Wasserverunreinigungen, besonders Grundwasserbelastungen mit PSM nur mit großem Aufwand zu beheben sind, kommt der Vorsorge besondere Bedeutung zu. Aus diesem Grund ist den Wasserversorgungsunternehmen zu empfehlen, daß sie an ihren Vorfeldmeßstellen im Einzugsgebiet auf Pflanzenschutzmittel hin untersuchen, um bei positiven Befunden frühzeitig gegensteuern zu können. Treten erst PSM in der Rohwasserfassung auf, entspricht der Zeitbedarf für eine Sanierung des Einzugsgebietes dem der Transportzeit, und die kann dann im Porengrundwasserleiter der norddeutschen Tiefebene einige Dekaden betragen. Kleine Wasserwerke sind mit solchen Problemlösungen fachlich völlig überfordert. Hier ist einen Vorgehensweise mit Hilfe einer Beratungsgruppe zu empfehlen, die interdisziplinär zusammengesetzt ist (Landwirtschaft/Bodenkunde, Pflanzenschutzmittelberatung, Wasserwirtschaft/Hydrogeologie).

Weiterführende Untersuchungen sollten sich der Rückstandsfrage, den Umwandlungsprodukten und ihrer Wirkung im Oberboden, in der ungesättigten Zone als auch im Grundwasserraum widmen. In belasteten Einzugsgebieten sollte die Ausbreitung von Wirkstoffen sowohl in horizontaler als auch in vertikaler Richtung verfolgt werden, um Prognoseansätze als Sanierungshilfsmittel weiter entwickeln zu können. Der Einsatz von Modellen zur Simulation der Verlagerung von Wirkstoffen gewinnt zunehmend an Bedeutung, z.B. PETERS et al. (1996), vor allem, weil hier Feldversuche weitgehend ausgeschlossen sind.

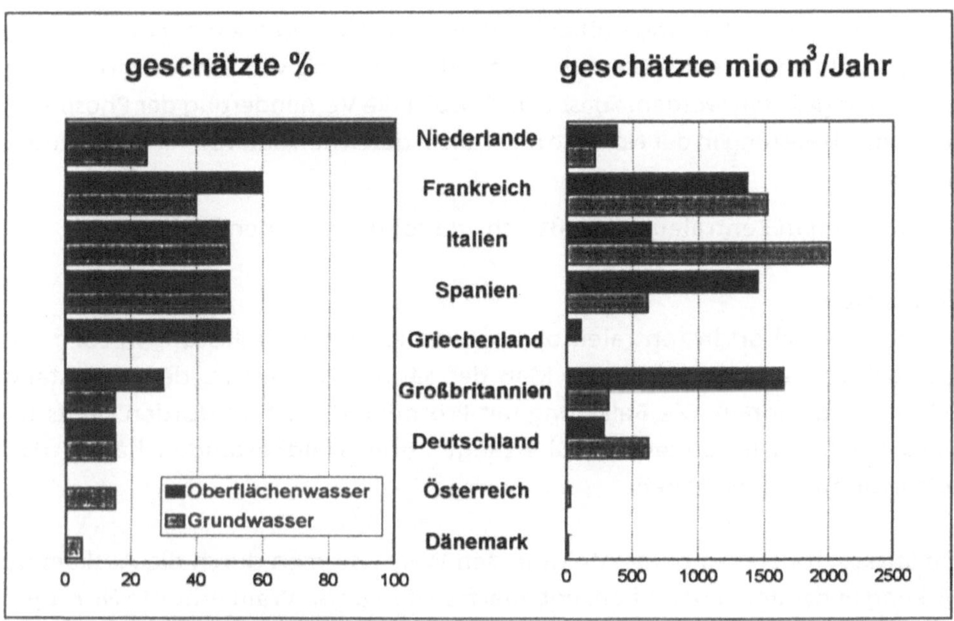

Abb. 7-13: Geschätzter Anteil der zur Trinkwassergewinnung genutzten Rohwässer mit PSM-Konzentrationen über 1 µg/l

8 Schlußbetrachtung

Heute erfordern folgende Themen verstärkte Beachtung und praktisches Handeln:

- Der luftgetragene Transport und Eintrag von Säurebildnern wie NO_x, SO_2, NH_3/NH_4, wobei beim NO_x der Kfz-Verkehr, bei SO_2 Kraftwerke und bei NH_3/ NH_4 Intensivviehhaltung die dominierende Quelle darstellen.
- Der Eintrag luftgetragener organischer, schwer abbaubarer Stoffe wie Chlorkohlenwasserstoff aus Lösungsmitteln, wie Benzole aus dem Kfz-Verkehr und Wirkstoffe von Pflanzenbehandlungsmitteln.
- Die Wasser- und Winderosion von Landflächen und der damit verbundene Transport von Nährstoffen in oberirdische Gewässer.
- Die Auswaschung von Nährstoffen (Nitrat, Kalium) und Wirkstoffen der Pflanzenbehandlungsmittel aus Böden infolge landwirtschaftlicher Bodennutzung und ihr Eintrag in ober- und unterirdische Gewässer.

Diese Themenbereiche berühren insgesamt den Stoffhaushalt der Landschaftsräume. Bei der Bewirtschaftung größerer Systeme wie Flußregionen oder Einzugsgebiete küstennaher Meere kann heute der diffuse Eintrag von Stoffen nicht mehr außer Acht gelassen werden. So ist zum Beispiel die Verminderung der Phosphor- oder Nitratbelastung in der Nordsee nicht allein durch den Bau von Kläranlagen zu erreichen.

Die Situation in Zentraleuropa laßt sich wie folgt zusammenfassen:

Deposition:
Deutschland gehört in Zentraleuropa im Hinblick auf die Belastung mit Schwefel, Stickstoff und Protonen (als Maß des Säureeintrages) zu den sehr stark belasteten Regionen. Die Belastung mit Protonen (H^+) ist im Norden Deutschlands höher als im Süden; sie übersteigt unter Waldbeständen häufig das Puffervermögen der Böden.

Die Stickstoff-Belastung übersteigt in den Waldsystemen durch die Auskämmwirkung in der Regel den Pflanzenbedarf, so daß unter Wald erhöhte Nitratgehalte im Boden oder Wasser und Nitrat-Durchbrüche zum Grundwasser hin erwartet werden können. Die Situation ist deshalb bedenklich, weil Wald häufig bevorzugte Standorte für die Wassergewinnung darstellen.
Weiter ist in Waldbeständen durch die Auskämmwirkung eine Akkumulation von Metallen und eine verstärkte Auskämmung von organischen Stoffen zu beobachten. In Böden, im Fließgewässersediment und im oberflächennahen Grundwasser wurden schwerabbaubare organische Verbindungen angetroffen, die häufig in der Gesellschaft eingesetzt werden. Ihr Auftreten darf inzwischen als ubiquitär bezeichnet werden. Man kann deshalb von einer „Chemisierung der Ökosysteme" sprechen, die zu einem „chemischen Grundrauschen" mit komplexen schwer abbaubaren Verbindungen geführt hat.

Bilanzen, die an Ackerbaugebieten für Phosphor, Metalle und einige organische Stoffe durchgeführt wurden, zeigen eine Akkumulation in den untersuchten Böden.

Der Säureeintrag über die Atmosphäre hat zu einer Versauerung quellnaher Fließgewässer und darüber hinaus auch oberflächennaher Grundwasservorräte geführt. Dies wird u.a. an der Mobilisierung von Metallen deutlich, die zu Erschwernissen auf der Seite der Wasserversorgung führen.

Stofftransport von Böden infolge Erosion und aus Böden infolge Auswaschung:
Modelle, als Ergebnis der Erosionsforschung der Bodenkunde, erlauben eine Berechnung der Bodenabträge von Teilflächen eines Einzugsgebietes. Die Ermittlung des Austrages von Feststoffen aus den gesamten Einzugsgebieten in Abhängigkeit von Klimadaten und Gebietseigenschaften mit Hilfe von Rechenmodellen wird in Zukunft möglich sein.

Der oberirdische Austrag von Stoffen über das Fließgewässer aus einem Einzugsgebiet erfolgt
(a) mit dem Basisabfluß (Grundwasserabfluß) in niederschlagsfreien Perioden.
Dem wird bei Niederschlagsereignissen, bei Stark- oder Dauerregen,
(b) der Austrag in Wellen überlagert.
Die Jahresfrachten aller Stoffe, die an Bodenteilchen angelagert transportiert werden, wie Phosphor, Metalle, organische Stoffe, entstehen bis zu 70 % bei diesen relativ kurzzeitigen Prozessen.

Die wichtigsten Nährelemente bzw. die wichtigsten Anionen und Kationen der Lösung (NO_3^-, Cl^-, HCO_3^-, Ca^{2+}, Mg^{2+}, Na^+) werden bevorzugt mit dem Bodensickerwasser aus dem Wurzelraum ausgetragen und erscheinen, auf dem Fließweg mehr oder weniger umgewandelt, im Grundwasser bzw. mit dem Zwischenabfluß und dem Basisabfluß im Fließgewässer. Die Konzentrations-Maxima treten meistens in den Wintermonaten auf. Die aus einem Gebiet ausgetragene Stoffmenge (Fracht) ist umso größer, je stärker ein Gebiet mit Entwässerungseinrichtungen ausgerüstet ist.

Die Konzentrationen vorgenannter Ionen im Fließgewässer und Grundwasser werden auf der einen Seite durch die Deposition, besonders aber durch die landwirtschaftliche Bodennutzung beeinflußt. Stickstoff, teilweise auch Kalium, können eindeutig als Indikator landwirtschaftlicher Bodennutzung herangezogen werden, da bei ihnen der geogene Beitrag zurücktritt. Die Beziehung der Nitrat-Konzentration und -Fracht im Fließgewässer und im oberflächennahen Grundwasser zum Ackeranteil im Einzugsgebiet kann für viele Untersuchungsgebiete z.B. mit Hilfe graphischer Korrelation belegt werden. Das unterschiedliche Austragsverhalten verschiedener Einzugsgebiete kann für die überwiegend in gelöster Form transportierten Stoffe mit Hilfe von Gebietseigenschaften erklärt werden, die auch das unterschiedliche Abflußverhalten beschreiben, wie Gewässernetzdichte, Anteil gedränter Flächen.

Für Phosphor ist beim Austragsverhalten verschiedener Fließgewässer-Einzugsgebiete eine deutlich straffe Beziehung zur Kulturart wie Ackeranteil und zu Gebietseigenschaften wie Gefälle nicht herzustellen. Eine wesentliche Einflußgröße für die Konzentration und Fracht am Ausgang eines Gebietes ist die Vegetationsdecke im Nahbereich des Fließgewässers. Der Phosphor-Austrag eines Gebietes ist am größten, wenn die Ackerflächen bis an den Gewässerrand reichen.

Der Vergleich von Stickstoffkonzentrationen (Nitrat) im Reinwasser der öffentlichen Wasserversorgung, die um 1900 gemessen wurden, mit denen, die um 1990 ermittelt wurden, zeigen im Mittel einen Anstieg um 25 mg/l NO_3. Hieran wird die allgemeine Eutrophierung der Landschaft deutlich. Bilanzen für die Hauptnährstoffe Stickstoff, Phosphor, Kalium zeigen für den Bereich Deutschlands große Überschüsse, die an die Umwelt abgegeben werden. Bei Stickstoff lag der Bilanz-Überschuß um 100 kg N/ha. Die Bilanzen zeigen weiter, daß bei Phosphor der Beitrag der Erosion an der Phosphor-Belastung im Gewässer in den vergangenen 20 Jahren weiter angestiegen ist.

Eine Trinkwassergewinnung aus den Grundwasserleitern der Lockersedimente ist in weiten Bereichen der norddeutschen Tiefebene nur möglich, weil das Naturpotential „autotrophe Denitrifikation" die hohe Nitratbelastung vermindert, dafür aber auf der Seite der Wasserversorgung Probleme durch Nebenprodukte des Denitrifikationsprozesses entstehen, wie Erhöhung der Gehalte an Eisen, Sulfat, Metallen im Grundwasser. Die Verteilung der autotrophen Prozesse im Bereich der Lockersedimente ist anscheinend größer, als bislang von den Mikrobiologen angenommen wurde.

Weiter könnte gezeigt werden, daß die Bilanzierung von Landschaften, Landschaftsausschnitten oder Fließgewässer-Grundwassersystemen das Herausarbeiten dominierender Stoffströme bzw. Quellen und Senken ermöglicht. Hier können dann Sanierungen gezielter angesetzt werden. Weiter erleichtert die Bilanzierung, daß wichtige Stoffumsatz-Prozesse erkannt und ihre Bedeutung abgeschätzt werden kann.

Die in diesem Buch dargestellten Daten machen deutlich, daß die Immissionen auf dem Luftpfad, besonders auf der Seite Stickstoff, Phosphor, Metalle, organisch schwer abbaubare Verbindungen vermindert werden müssen, wenn die Situation von Böden, von quellnahen Gewässern und Grundwasser im heutigen

Zustand gehalten bzw. in einigen stark belasteten Regionen wieder verbessert werden soll. Weiter ist der Import und der Umlauf der Hauptnährstoffe Stickstoff, Phosphor, Kalium als Folge der Nahrungsproduktion zu hoch. Der Umlauf übersteigt sogar den Bedarf, der für die Nahrungsproduktion im Mittel für das Gebiet Deutschlands aufgewendet werden müßte.

Zusammenfassung

Die Themenbereiche „Stoffhaushalt der Landschaftsräume" und „Diffuse Belastung" von Böden, von ober- und unterirdischen Gewässern haben in den letzten Jahren, z.B. durch die Probleme, die in den küstennahen Meeren aufgetreten sind, wie Ost- und Nordsee, an Aktualität gewonnen. Auch durch Probleme an binnenländischen aquatischen Systemen muß dieser Aspekt heute bei wasserwirtschaftlichen Planungen vermehrt mit einbezogen werden. So stellt sich heute z.B. die Frage, wie weit in Flußsystemen der Ausbau der Stickstoff-Elimination in Kläranlagen zu einer wirklichen Entlastung des Gewässersystems führt. Im vorliegenden Buch wird die Beziehung Mensch – (Industrie, Gewerbe) – Landschaft in Form von Emissionspfaden sowie das System Atmosphäre – Vegetation – Boden – Gewässer mit seinen Wasser- und Stoffströmen und internen Prozessen betrachtet und behandelt. Der Schwerpunkt wird dabei auf folgende Aspekte gelegt:

- Emission von Säurebildnern, Metallen, organischen Spurenstoffen, Transport über die Atmosphäre, Verbleib und Wirkung im Boden und Gewässer, z.B. Versauerung von ober- und unterirdischen Gewässern,
- Einfluß der forstlichen und landwirtschaftlichen Bodennutzung auf die Gewässer mit Teilaspekten Stoffauswaschung und Stofftransport infolge Erosion. Hierbei stehen die Stoffgruppen organisch schwer abbaubare Verbindungen wie chlorierte Kohlenwasserstoffe, Pflanzenschutzmittel sowie Metalle, Phosphor, Stickstoff im Vordergrund.

Stoff-Flüsse werden exemplarisch durch Daten belegt. Prozeß-Studien der Literatur werden gewertet und numerische Wege der Prozeßbeschreibung, soweit sie vorliegen, zusammenfassend dargestellt. Den Abschluß des Buches bilden Fallstudien, die an Grundwasser-Einzugsgebieten durchgeführt werden. Hierbei werden aktuelle Probleme infolge der Belastung mit Nitrat und Pflanzenschutzmittel sowie durch den Konflikt Trinkwassergewinnung – Landwirtschaft bzw. Trinkwassergewinnung – Kiesabbau behandelt. Durch die Darstellung der Untersuchungen und die der Literatur ergibt sich ein relativ umfassendes Bild über die Ursachen und das Ausmaß der diffusen Belastung von Gewässern, sowie über die Möglichkeit, Probleme an großen Gewässer-Einzugsgebieten zu regeln.

Literaturverzeichnis

ALLISON, F. E., 1955: The Enigma of Soil Nitrogen Balance Sheets. Advances in Agronomy, Vol. VII, Academic Press Inc., 213-250.

ALONSO, C. V. u. DECOURSEY, D. G., 1985: Small watershed model. - In: D. G. DECOURSEY. Proceedings of the Natural Resources Modeling Symposium, Pingree Park, CO; ARS 30: 40-46; Washington D. C. (USA).

AMBERGER, A., HUBER, J. u. M. RANK, 1987: Gülleausbringung: Vorsicht, Ammoniumverluste. DLG-Mitteilungen 20/1987.

AMBÜHL, H. 1960: Die Nährstoffzufuhr zum Hallwilersee, chemische Untersuchungen an seinen Zuflüssen. Schweiz. Z. Hydrol., 22, 563-597.

ANONYM, 1987: Pflanzenschutzwirkstoffe und Trinkwasser: Ergebnisse einer Untersuchungsreihe der Pflanzenschutzindustrie, IPS Industrieverband Pflanzenschutz e. V., Frankfurt.

ATTENBERGER, E., 1996: Ein standortspezifisches Nitrat-Schutzkonzept auf der Basis von vorhandenen Bodenkenndaten. In: WALTHER, W. (Hrsg) Grundwasserschutz, Konzepte '96, Grundwasser-Kolloquium am 14./15 Febr. 1996, Institut für Grundwasserwirtschaft Technische Universität Dresden, H.1, 335 - 343.

AUERSWALD, K., 1984: Die Bestimmung von Faktorwerten der allgemeinen Bodenabtragsgleichung durch künstliche Starkregen. Diss. TU München/ Weihenstephan, Lehrstuhl für Bodenkunde.

AUERSWALD, K., SCHMIDT, F., 1986: Atlas der Erosionsgefährdung in Bayern - Karten zum flächenhaften Bodenabtrag durch Regen - GLA-Fachbericht 1. Bayer. Geolog. Landesamt, München.

AUERSWALD, K., 1989: Prognose des P-Eintrages durch Bodenerosion in die Oberflächengewässer der BRD. Mitteilgn. Dtsch. Bodenkundl. Gesellschaft, 59/II, 661-664.

AUERSWALD, K., ISERMANN, K., OLFS, H. W. u. W. WERNER, 1991: Stickstoff- und Phosphoreintrag in Fließgewässer über „diffuse Quellen". In: HA „Phosphate und Wasser" in der Fachgruppe Wasserchemie in der GDCH (Hrsg.): „Wirkstudie Fließgewässer".

AURAND, K., HAESSELBARTH, U. u. G. MÜLLER, 1980: Atlas zur Trinkwasserqualität der Bundesrepublik Deutschland. Erich Schmidt Verlag.

BAAS BECKING, L. G. M., KAPLAN, J. R. a. D. MOORE, 1960: Limits of the Natural Euvironment in Terms of pH and Oxydation-Reduction Potentials. The Journal of Geology Vol. 68, 3, 243-284.

BACH, M., 1987: Die potentielle Nitratbelastung des Sickerwassers durch die Landwirtschaft in der Bundesrepublik Deutschland. Göttinger Bodenkundliche Berichte 93, 1-186.

BAUER, U., 1982: Haloforme und chlorierte Lösemittel in pflanzlichen Lebensmitteln. - CIQ-DGQ, 5. Joint Congress Proceedings: 303-327, Kiel (Christian-Albrechts-Universität).

BAUER, U. u. J. KANITZ, 1983: Chlorierte Lösungsmittel in der Luft der Bundesrepublik Deutschland. - Forum Städte-Hygiene, 34, 3/4: 100-111; Berlin.

BAYERN, 1987: Pestizidrückstände im Grundwasser, Antwort der bayrischen Staatsregierung vom Februar 1987 auf eine Interpellation der Fraktion der GRÜNEN.

BEAR, J., 1979: Hydraulics of Grountwater, McGraw Hills Series in Water Recources and Environmental Engineering; McGraw-Hill Inc..

van BEEK, C. G. E. M. u. P. J. STUYFZAND, 1991: Sporenelementen in Grondwater. KIWA-mededeling, Nr. 118. KIWA, Postbus 1072, 3430 BB Nienwegein, Niederlande.

BENECKE, P., BEESE, F. u. R. R. van der PLOEG, 1975: Ein einfaches Modell für den Lösungstransport in ungesättigten Böden, Mitt. Dtsch. Bodenkundl. Gesellsch., 22, 121-136.

BENECKE, P., LINKERSDORFER, S. u. J. THÖNNIEßEN, 1986: Auswirkungen der Waldschäden auf den Wasserhaushalt aus der Sicht der Wasserbeschaffeneheit. Gutachten im Auftrag der Landesanstalt für umweltschutz Baden-Württemberg, Karlsruhe.

BERNHARDT, H., W. SUCH und A. WILHELMS, 1969: Untersuchungen über die Nährstofffrachten aus vorwiegend landwirtschaftlich genutzten Einzugsgebieten mit ländlicher Besiedelung. Münchener Beiträge zur Abwasser-, Fischerei- und Flußbiologie, 60-118.

BERNHARDT (Hrsg., Autorengemeinschaft), 1978: Phosphor, Wege und Verbleib in der Bundesrepublik Deutschland, Probleme des Umweltschutzes und der Rohstoffversorgung. Verlag Chemie, Weinheim, New York.

BGW, 1994: Bundesverband der deutschen Gas- und Wasserwirtschaft e. V., 97. Wasserstatistik der Bundesrepublik Deutschland, Berichtsjahr 1993. ZfGW-Verlag Frankfurt/Main.

BGW, 1987: Vorkommen von Pflanzenbehandlungsmittelwirkstoffen in Brunnen, Uferfiltrat, Quellen, Grund- und Trinkwasser, Stand 6. 7. 1987.

BLOCK, J., 1983: Pilotprojekt Saure Niederschläge - Beschreibungen der Meßsysteme zur Ermittlung der Stoffdeposition in Waldökosystemen, LÖLF, Recklinghausen.

BLWF, 1986: Tätigkeitsbericht 1986, Bayer. Landesamt f. Wasserforschung.

BMI, 1984: Bericht über Ursachen und Verhinderung von Wald-, Gewässer- und Bautenschäden durch Luftverschmutzung in der Bundesrepublik Deutschland. Multilaterale Umweltkonferenz, München, 24.-27.6.1984.

BOESTEN, J. J. T. I., 1986: Behavior of herbicides in soil: Simulation and experimental assessment. Diss. Institut für Pflanzenschutzmittelforschung, Wageningen, 263 S.

BOGARDI, J., 1974: Sediment Transport in Alluvial Streams. Budapest, Akademiai Kiado.

BORK, H. R., 1987: Bodenerosion und Umwelt, Verlauf, Ursachen und Folgen der mittelalterlichen und neuzeitlichen Bodenerosion, Bodenerosionsprozesse, Modelle und Simulation. Habilitationsschrift TU Braunschweig.

BOYSEN, P., 1977: Nährstoffauswaschungen aus gedüngten und ungedüngten Böden in Abhängigkeit von Standorteigenschaften und Nutzung der Moränen- und Sandgebiete Schleswig-Holstein. Diss. Uni Kiel.

BÖTTCHER, J., STREBEL, O. u. W. DUYNISEVELD, 1985: Vertikale Stoffkonzentrationsprofile im Grundwasser eines Lockergesteins-Aquifers und deren Interpretation (Beispiel Fuhrberger Feld). Z. dt. geol. Ges. 136, 543-552, Hannover.

BÖTTCHER, J., STREBEL, O., 1985a: Die mittlere Nitratkonzentration des Grundwassers in Sandgebieten in Abhängigkeit von der Bodennutzungsverteilung. Wasser und Boden 8, 383-387.

BRECHTEL, H.-M., LEHNHARDT, F., SONNENBORN, M., 1986: Niederschlagsdeposition anorganischer Stoffe in Waldbeständen verschiedener Baumarten. Agrarspektrum, Schriftenreihe des Dachverbandes, Bd. 11, 57-80.

BRECHTEL, H.-M., 1989: Stoffeinträge in Waldökosysteme. Niederschlagsdeposition im Freiland und in Waldbeständen. DVWK-Mitt., 17, 27-52.

BRECHTEL, H.-M., 1991: Precipitation Deposition Causing Acidification in Europe. In: Proceedings 10th World Foresty Congress, Paris, 17-26 September 1991, Hess. Forstl. Versuchsanstalt, Prof. Oelkers-Str. 6, 3510 Hann. Münden.

BREDEMEIER, M., 1987: Stoffbilanzen, interne Protonenproduktion und Gesamtsäurebelastung in verschiedenen Waldökosystemen Norddeutschlands. Ber. d. Forschungszentr. Waldökosystem, Reihe A. Bd. 33.

BRETSCHKO, G., 1966: Untersuchung zur Phosphatführung zentralalpiner Gletscherabflüsse. Arch. Hydrobiol., 62, 8, 327-334.

BUTZKE, H., 1983: Versauern unsere Wälder? Erste Ergebnisse der Überprüfung 20 Jahre alter pH-Wert-Messungen in Waldböden Nordrhein-Westfalen, In: Der Forst- und Holzwirt, H. 13, 339-340.

BÜCKING, W., 1975: Nährstoffgehalte in Gewässern aus standörtlichen verschiedenen Waldgebieten Baden-Württemberg, unter besonderer Berücksichtigung des anorganischen Stickstoffs. Mitt. d. Vereins f. forstliche Standortkunde und Forstpflanzenzüchtung, 24.

BÜCKING, W., 1977: Wasserqualität und Nährstoffaustrag von bewaldeten Einzugsgebieten mit unterschiedlichen Standortverhältnissen - Ein Vergleich zweier Einzugsgebiete in Baden-Württemberg, BRD, Verhandlung d. Gesellschaft f. Ökologie, Göttingen 1976, Verlag W. Junk, The Hague.

BÜCKING, W., 1982: Sammel- und Analysenmethodik von Waldniederschlägen und Sickerwasser. In: Beiträge zur Hydrologie, Sonderheft 4, 1982, 177-194.

BÜCKING, W., EVERS, F. H. u. A. KREBS, 1983: Bioelementegehalte des Niederschlags-, Sicker- und Bodenwassers in Abhängigkeit von Bodenart und Standort. Forstwissenschaftl. Centralblatt, Jg. 102, H. 5, 281-328.

BÜCKING, W. u. A. KREBS, 1986: Interzeption und Bestandsniederschläge von Buche und Fichte im Schönbuch. In: EINSEL, G.: Das landschaftsökologische Forschungsprojekt Naturpark Schönbuch. VCH Verlagsgesellschaft mbH, Weinheim.

BÜTTNER, G., LAMMERSDORF, N., SCHULTZ, R. u. B. ULRICH, 1986: Deposition und Verteilung chemischer Elemente in küstennahen Waldstandorten - Fallstudie Wingst, Abschlußbericht. Ber. d. Forschungszentr. Waldökosysteme d. Universität Göttingen, Reihe B, Bd. 1, 1-136.

BUCK, M., ELLERMANN, K., 1988: Die Immissionsbelastung durch Benzol in Nordrhein-Westfalen. LIS-Berichte der Landesanstalt für Immissionsschutz des Landes NRW, Nr. 82.

CASTELL-EXNER, C., 1996: Landwirtschaft in Wasserschutzgebieten – länderspezifische Umsetzung der Ausgleichspflicht. In. WALTHER, W. (Hrsg), Grundwasserschutz, Konzepte 96, Grundwasser-Kolloquium 14./15. Februar 1996, Institut für Grundwasserwirtschaft, TU Dresden, H.1, 301 - 333.

CAWSE, P. A., 1974: Survey of atmospheric trace elements in the United Kingdom (1972-1973). R-7664. Atomic Energy Research Establishment, Horwall, England.

CHOW, V. T., 1964: Handbook of Applied Hydrology. McGraw-Hill Book Company, New York.

CICHOROWSKI, G., MICHEL, B., VERSTEEGEN, D., WETTMANN, R., 1989: Grundwasserbelastung durch Luftschadstoffe. Abschlußbericht des BMFT-Vorhabens 0339 131 A, Basel: PROGNOS AG, Darmstadt: COOPERATIVE, Selbstverlag.

COHEN, S. Z., CREEGER, S. M., CARSEL, R. F., ENFIELD, C. G., 1984: Potential pesticide contamination of groundwater from agricultural use. - In: KRöGER, R. F. u. SEIBER, J. N. (Eds.): ACS Symposium Series 259, Treatment and Disposal of Pesticide Wastes, 297-325.

COY, R., 1981: Organische Halogenverbindungen bei Einleitung in öffentliche Abwasseranlagen, Vollzug der Indirekteinleiter - Richtlinien. - Weiterbildung - Gewässerschutz, 16. Lehrgang, Ministerium f. Ernährung, Landwirtschaft, Umwelt u. Forsten, Baden-Württemberg, 3/81, 106-140; Stuttgart.

CZERATZKI, W., 1971: Saugvorrichtung für kapillar gebundenes Bodenwasser. - Landbauforschung Völkenrode, 21, 13-14.

CZERATZKI, W., 1972: Transport von Nährstoffen aus der mineralischen Düngung durch Bodenperkolation unter5 den Wurzelhorizont. - Berichte über Landwirtschaft, 50, H. 2, 465-476.

CZERATZKI, W., 1973: Die Stickstoffauswaschung in der landwirtschaftlichen Pflanzenproduktion. - Landbauforschung Völkenrode, 23, H. 1, 1-18.

DÄMMGEN, U., 1984: Feststellung von Schwefel-Deposition und -Immission im Ostbraunschweiger Raum. In: Braunschweiger Naturkunde. Schr. 2, H. 1, 237-252.

DÄMMGEN, U., GRÜNHAGE, L., KÜSTERS, A. u. H.-J. JÄGER, 1992: Vertikale Flüsse sedimentierender Partikel: In: Auswirkungen luftgetragener Stoffe auf ein Grünlandökosystem - Ergebnisse siebenjähriger Ökosystemforschung - Teil I, Landbauforschung Volkenrode, Sonderheft 128.

van DIEST, A., 1989: Eintrag von NO_3 und NH_4 in niederländische Waldbestände und deren Auswirkungen auf die N-Ernährung und den Vitalitätszustand. Kali-Briefe, 19 (6), 391-401.

DIERKS, R., 1984: Einsatz von Pflanzenbehandlungsmitteln und die dabei auftretenden Umweltprobleme. Materialien zur Umweltforschung, herausgegeben vom Verlag W. Kohlhammer, Stuttgart - Mainz.

DUYNISVELD, W. H. M. u. O. STREBEL, 1983: Entwicklung von Simulationsmodellen für den Transport von gelösten Stoffen in wasserungesättigten Böden und Lockersedimenten. Texte 17/83, Umweltbundesamt Berlin.

DUYNISVELD, W. H. M. u. O. STREBEL, 1983a: Zeit-Tiefen-Kurven der vertikalen Wasserbewegung und Verbleibzeit des Wassers im ungesättigten Bodenbereich. Mitt. Dtsch. Bodenkundl. Ges., 38, 77-82.

DUYNISVELD, W. H. M. u. O. STREBEL, 1985: Nitrat-Auswaschungsgefahr bei verschiedenen grundwasserfernen Ackerstandorten in Nordwestdeutschland. Z. Dtsch. Geol. Ges. 136, 429-439.

DVWK, 1980: Messung von Oberflächenabfluß und Bodenabtrag auf verschiedenen Böden der Bundesrepublik Deutschland. DVWK-Schriften 48, Verlag Paul Parey, Hamburg.

DVWK, 1982: Ermittlung des nutzbaren Grundwasserdargebotes, Teil 1. DVWK-Schriften, 58/1. Verlag Paul Parey, Hamburg.

DVWK, 1985a: Beiträge zum Oberflächenabfluß und Stoffabtrag bei künstlichem Starkregen. DVWK-Schriften, 71, Verlag Paul Parey, Hamburg.

DVWK, 1985b: Bodennutzung und Nitrataustrag. DVWK-Schriften, 73, Verlag Paul Parey, Hamburg.

DVWK, 1988: Bedeutung biologischer Vorgänge für die Beschaffenheit des Grundwassers. DVWK-Schriften, 80, Verlag Paul Parey, Hamburg.

DVWK, 1989: Stofftransport im Grundwasser. DVWK-Schriften, 83, Verlag Paul Parey, Hamburg.

DVWK, 1990: KRETSCHMAR, R., NEUHAUS, H., SCHEFFER, B., SCHINDLER, R., SCHMIDT, W. D. u. W. WALTHER. Gewinnung von Bodenwasser mit Hilfe der Saugkerzen-Methode. DVWK-Merkblätter zur Wasserwirtschaft 217, Verlag Paul Parey, Postfach 106 304, Hamburg 1.

DVWK, 1990a: Stoffeintrag und Stoffaustrag in bewaldeten Einzugsgebieten. DVWK-Schriften, 41, Verlag Paul Parey, Hamburg.

DYCK, S. u. G. PESCHKE, 1983: Grundlagen der Hydrologie. VEB Verlag für Bauwesen, Berlin.

EBNER, F. u. H. GAMS, 1984: Schwermetalle in der Salzach und im Inn. Österreichische Wasserwirtschaft 36, H 1/2, 29-35.

EINSELE, G. (Hrsg.), 1986: Das landschaftsökologische Forschungsprojekt Naturpark Schönbuch. Forschungsbericht Deutsche Forschungsgemeinschaft, VCH Verlagsgesellschaft WEINHEIM.

EGGELSMANN, R. u. H. KUNTZE, 1972: Vergleichende chemische Untersuchungen zur Frage der Gewässereutrophierung aus landwirtschaftlich genutzten Moor- und Sandböden. Landwirtsch. Forschung, Sonderh. 27/1.

ERIKSON, E., 1952: Composition of Atmospheric Precipitation. I. Nitrogen compuonds. II. Sulfur, chloride, iodine compounds. Bibliography. Tellna. Svenska Geo fysika Föreningen, 4.

ERMEL, G., 1983: Stickstoffentfernung in einstufigen Belebungsanlagen - Steuerung der Denitrifikation. Veröffentl. Inst. f. Stadtbauwesen, 35.

FABIAN, P., 1989: Atmosphäre und Umwelt chemische Prozesse, menschliche Eingriffe, 3. Aufl. Springer Verlag Berlin.

FAUSTZAHLEN für Landwirtschaft und Gartenbau. Landwirtschaftsverlag, Münster-Hiltrup, 10. Aufl., 1983.

FAUSTZAHLEN für Landwirtschaft und Gartenbau. Landwirtschaftsverlag, Münster-Hiltrup, 12. Aufl. 1988.

FINK, A., 1975: Pflanzenernährung in Stichworten, Verlag Ferdinand Hirt, Kiel. 2. Aufl.

FISCHER, F., 1914: Das Wasser, seine Gewinnung, Verwendung und Beseitigung mit besonderer Berücksichtigung der Flußverunreinigung. Verlag Otto Spemer, Leipzig.

FISCHER, J., 1991: Gefährdung der Grundwasserqualität durch Säureeintrag in das Grundwasser und Pilot-Maßnahmen zur Sicherung der Trinkwasserversorgung. DVGW-Schriftenreihe, Wasser Nr. 73, 91-110.

FOERSTER, P., 1975: Mineralische Stoffbelastung im Boden- und oberflächennahen Grundwasser unter Nadelwald und bei Ackernutzung in einem Sandboden Nordwestdeutschlands. Forstw. Centralbl., 94, H. 2/3, 67-78.

FOERSTER, P. u. H. NEUMANN, 1981: Stoffbelastung kleiner Fließgewässer in landwirtschaftlich genutzten Gebieten Norddeutschlands. Mitteilung aus dem Niedersächs. Wasseruntersuchungsamt, Hildesheim, 7.

FREUNDLICH, H., 1909: Kapilarchemie. Leipzig, Akademie-Verlag, 591 Seiten.

FRIESEL, P., STOCK, R., AHLSDORF, B., V. KUNOWSKI, J., STEINER, B., MILDE, G., 1987: Untersuchungen auf Grundwasserkontaminationen durch Pflanzenschutzmittel. Materialien 3/87, UBA, Erich Schmidt Verlag Berlin.

FÜHRER, H.-W., BRECHTEL, H.-M., ERNSTBERGER, H., ERPENBECK, C., 1988: Ergebnisse von neuen Depositionsmessungen in der Bundesrepublik Deutschland und im benachbarten Ausland. DVWK-Mitteilungen 14.

FURRER, O. J. u. H. GÄCHTER, 1972: Der Beitrag der Landwirtschaft zur Eutrophierung der Gewässer in der Schweiz. II. Einfluß von Düngung und Nutzung des Bodens auf die Stockstoff- und Phosphormengen im Wasser. Schweiz. Z. Hydrol., Vol. 34, Fasc. 1, 71-93.

FURTAK, H. u. H. R. LANGGUTH, 1967: Zur hydrochemischen Kennzeichnung von Grundwassern und Grundwassertypen mittels Kennzahlen. – Intern. Assoc. Hydrogeol. 7: S. 89-96.

GÄCHTER, R. u. O. J. FURRER, 1972: Der Beitrag der Landwirtschaft zur Eutrophierung der Gewässer in der Schweiz. I. Ergebnisse von direkten Messungen im Einzugsgebiet verschiedener Vorfluter. Schweiz. Z. Hydrol., Vol. 34, Fasc. 1, 41-70.

GEGENMANTEL, H.-F., 1984: Die Schadstoffbelastung von Grund- und Oberflächengewässern, insbesondere mit Schwermetallen. Untersuchungsbericht, Kennwort AZ 114/82, Oswald-Schulze-Stiftung.

van GENUCHTEN, M. T., DAVIDSON, J. M., WIERENGA, P. J., 1974: An evulation of kinetic ans equations for the prediction of pesticide movement through porous media. Soil Science Societ. America Journal 38, 2934.

GEORGII, H.-W., PERSEKE, C., ROHBOCK, E., 1983: Feststellung der Deposition von sauren und langzeitwirksamen Luftverunreinigungen aus Belastungsgebieten. In: UBA-Berichte 6/83.

GEORGII, H.-W., PERSECKE, C., ROHBOCK, E., 1983a: Trockene und nasse Deposition säurebildender Verbindungen, in: VDI-RdL.

GEORGII, H.-W., PERSEKE, C., ROHBOCK, E., 1984: Untersuchungen des atmosphärischen Schadstoffeintrags in Waldgebieten in der BRD, Forschungsbericht zum Forschungsprojekt 104 02715 im Auftrag des UBA.

GIESSL, H. u. K. HURLE, 1984: Pflanzenschutzmittel und Grundwasser, Untersuchungen zum Vorkommen des Herbizids Atrazin in Grundwässern der Schwäbischen Alb. - Agrar- und Umweltforschung in Baden-Württemberg, Verlag Eugen Ulmer, Stuttgart.

GÖRTZ, W., MAASFELD, W., ANNA, H., 1984: Untersuchung über den Einfluß saurer Deposition auf den Metallaustrag in Fließgewässern. Wasser u. Boden, 36, H. 11, 538-543.

GÖTTLICHER-GÖBEL, U., 1987: Wasserqualität von Fließgewässern landwirtschaftlich genutzter Einzugsgebiete insbesondere bei Hochwasserabflüssen. Dissertation Inst. f. Mikrobiologie und Landeskultur der justus-Liebig-Universität Gießen.

GROBA, E. u. J. HAHN, 1972: Variations of Groundwater Chemistry by Anthropogenic Factors in Nortwest Germany. 24th Intern. Geological Congress, Section 11, 270-291, Montreal/Canada.

GROPP, H., 1964: Möglichkeiten und Grenzen der landwirtschaftlichen Nutzung im Einzugsgebiet der Rappbodetalsperre zur Verhinderung der Talsperreneutrophierung. Diss. Uni. Jena.

GRÜNEWALD, U., 1990: Problem- und prozeßbezogene Erweiterung der Datenbasis und Informationserschließung zur Sicherung der Mehrfachnutzung von Gewässereinzugsgebieten. Forschungsbericht Teilleistung 5, G4-Stufe, Inst. f. Hydrologie und Meteorologie, Techn. Universität Dresden.

GUSSONE, H.-A., 1964: Faustzahlen für Düngung im Walde. - BLV, München-Basel-Wien.

HAASE, H., SCHMIDT, M. u. J. LENZ, 1970: Der Wasserhaushalt des Westharzes, Hydrologische Untersuchungen 1941-1965. Kommissionsverlag Gebrüder Wurm KG, Göttingen.

HAUDE, W., 1954: Zur praktischen Bestimmung der aktuellen und potentiellen Evaporation und Evatranspiration. Mitt. d. dt. Wetterdienstes, 8.

HAUDE, W., 1955: Zur Bestimmung der Verdunstung auf möglichst einfache Weise. Mitt. d. dt. Wetterdienstes, 11.

HAUFE, H.-K., 1982: Nitratausträge aus unterschiedlich genutzten Landschaften (Untersuchung im östlichen Bodensee-Einzugsgebiet). Diss. Uni Hohenheim.

HEATH, R. C., 1966: Einführung in die Grundwasserhydrologie. Oldenburg Verlag GmbH München.

HELLMANN, H., 1981: Persistente organische Schadstoffe in Gewässern und die Verfeinerung ihres Nachweises im letzten Jahrzehnt. - DGM, 25, 5/6: 114-119, Koblenz.

HELLMANN, H., 1982: Polycyclische aromatische Kohlenwasserstoffe in Acker- und Waldböden und ihr Beitrag zur Gewässerbelastung. DGM, 26, H. 3, 63-69.

HIRMER, R., 1984: Nährstoffaustrag aus landwirtschaftlich genutzten Flächen. Informationsberichte Bayer. Landesamt f. Wasserwirtschaft, 2/84.

HÖLL, K., 1953: Chemische Untersuchungen an kleinen Fließgewässern. Internat. Kongreß für Limnologie, Großbritannien.

HÖLSCHER, J. u. W. WALTHER, 1986: Belastung von Wasser und Boden in der Bundesrepublik Deutschland durch Luftverunreinigungen, Literaturstudie, Stand 1985. Mitt. Nieders. Landesamt für Wasserwirtschaft, Hildesheim, 2.

HÖLSCHER, J. u. W. WALTHER, 1987: Eine Übersicht zur Boden- und Gewässerversauerung in der Bundesrepublik Deutschland. GWF, Wasser, Abwasser, 128, 12, 635-641.

HÖLSCHER, J. u. W. WALTHER, 1990a: Auswirkungen des Kiesabbaues auf den Sauerstoff- und Stickstoffhaushalt eines Grundwasserleiters im Einzugsgebiet eines Wasserwerkes im oberen Okertal. GWF, Wasser, Abwasser 131, 4, 192-197.

HÖLSCHER, H. u. W. WALTHER, 1990b: Substance balance of a quaternary aquifer in the cathment area of a waterwork in Lower Saxony. Proceedings, International conference on calibration and reliability in groundwater modelling, RIVM and IAHS, The Hague, The Netherland, September 3-6.

HÖLSCHER, J., ICKS, G., WALTHER, W. u. J. WOLFF, 1991: Wirkungen verschiedener Flächen- und Gewässernutzungen auf den Wasser- und Stoffhaushalt eines Wassergewinnungsgebietes im oberen Okertal/Niedersachsen. DVGW-Schriftenreihe, 73, 19-38.

HÖLSCHER, J. u. W. WALTHER, 1991a: Stoffbilanz und Wasserhaushalt im Grundwassereinzugsgebiet eines Wasserwerkes, TV2: Stoffhaushalt und Stoffumsatz. UFOPLAN 102 02 208, Bericht Umweltbundesamt.

HÖLTING, B., 1984: Hydrogeologie. Ferdinand Enke Verlag Stuttgart.

HÜSER, R., 1075: Nitratkontrolle in Bach- und Grundgewässern nach Stickstoffdüngung in der Oberpfalz. Allg. Forstwirtschaft, 37. Jg. 30, 760-762.

ICKS, G., 1990: Auswirkungen des Kiesabbaues auf die Grundwasserhydraulik eines pleistozänen Grundwasserleiters im Einzugsgebiet eines Wasserwerkes im oberen Okertal. In: GWF, Wasser, Abwasser 131, H. 4, 198-201.

ICKS, G. u. J. WOLFF, 1991: Stoffbilanz und Wasserhaushalt im Grundwassereinzugsgebiet eines Wasserwerkes, TU 1: Geologie, Wasserhaushalt und Schwermetalle. UFOPLAN 102 02 208, Bericht Umweltbundesamt, unveröffentlicht.

ISENBECK-SCHRÖTER, M., BEDDUR, E., KOFOD, M., KÖNIG, B., SCHRAMM, T. u. G. MATTHEß, 1997: Occurence of pesticides in water, accessment of the current situation in selected EU Countries. Berichte aus dem Fachbereich Geowissenschaften der Universität Bremen, Nr. 91.

ISERMANN, K., 1990: Die Stickstoff- und Phosphor-Einträge in die Oberflächengewässer der Bundesrepublik Deutschland durch verschiedene Wirtschaftsbereiche unter besonderer Berücksichtigung der Stickstoff- und Phosphor-Bilanz der Landwirtschaft und der Humanernährung. DLG-Forschungsbericht zur Tierernährung.

KARTIERANLEITUNG, 1982: AG Bodenkunde der Bundesanstalt für Geowissenschaften und Rohstoffe und der Geol. Landesämter. 3. Aufl. Schweiserbart'sche Verlagsbuchhandlung Stuttgart.

KELLER, H. M., 1970: Der Chemismus kleiner Bäche in teilweise bewaldeten Einzugsgebieten in der Flyschzone eines Voralpentales. Mitteilgn. der schweizerischen Anstalt für das forstliche Versuchswesen. Zürich, Vol. 46, 3.

KERSEBAUM, K. C., 1989: Die Simulation der Stickstoff-Dynamik von Ackerböden. Diss. Uni. Hannover.

KERSEBAUM, K. C., 1992: Abschlußbericht zur Nitratsituation im Wasserschutzgebiet Scheeßel ermittelt durch die Simulation mit einem N-Haushaltsmodell, erstellt im Auftrag des Nieders. Landesamtes für Wasser und Abfall, unveröffentlicht.

KINZELBACH, W., 1987: Numerische Methoden zur Modellierung des Transportes von Schadstoffen im Grundwasser. Schriftenreihe GWF-Wasser-Abwasser, 21, Oldenbourg-Verlag, München.

KINZELBACH, W. 1988: Hydraulische Aspekte des Nitrattransportes im Untergrund und Nitratbilanzierung. Inst. f. Wasserbau, Univ. Stuttgart, Mitt. 71, 77-103.

KINZELBACH, W., SCHÄFER, W. u. J. HERZER, 1989: Numerial modelling of nitrat transport in a natural aquifer. Proceedings „Conterminant Transport in Groundwater", Symposium Stuttgart 14-6 April 1989, Uni Stuttgart, Verlag Balkema Rotterdam.

KLETT, M., 1965: Die boden- und gesteinsbürtige Stofffracht von Oberflächengewässer. Arbeiten der Landwirtschaftlichen Hochschule Hohenheim, 35, Verlag Eugen Ulmer Stuttgart.

KLOCKOW, D. u. G. TROOST, 1985: Verfahren zur Erfassung der nassen und trockenen Deposition. - Vortrag Symposium „Umweltschutz - eine internationale Aufgabe", Prag, 5.3.1985.

KÖLBEL-BOELKE, J. u. A. NEHRKORN, 1987: Microbial communities in the saturated groundwater environment. Microbial Ecology.

KÖLLE, W., WERNER, P., STREBEL, O. u. J. BÖTTCHER, 1983: Denitrifikation in einem reduzierenden Grundwasserleiter. Vom Wasser, 61, 125-147, Verlag Chemie Weinheim.

KÖLLE, W., 1988: Mdl. Mitteilung zur Nitratbelastung des Grundwassers in Niedersachsen vom 5. 4. 1988.

KOHNEN, R., 1974: Der Abbau des Insektizides Lindan durch Mikroorganismen des Bodens. - Diss. TU Braunschweig, 89 Seiten, Braunschweig.

KOLENBRANDER, G. J., 1969: Nitrate Content and Nitrogen Loss in Drainwater. Neth, J. Agric. Sic., 17, 246-255.

KOLENBRANDER, G. J., 1971: Contribution of Agrigulture to Eutrophication of Surface Waters with Nitrogen and Phosphorus in the Netherlands - Institut voor Bodemvruchtbaarheid, Haren-Gronigen. IB-Rapport, 10, 1-50.

KOLENBRANDER, G. J., 1977: Nitrogen in organic Matter and Fertilizer as a Source of Pollution, Prog. Wat. Techn. Pergamon Press, Vol. 8, Nos 4/5, 67.

KOLENBRANDER, G. J., 1981: Leaching of Nitrogen in Agriculture. J. C. Brogan (ed.): Nitrogen Losses and Surface Run-off. ECSC, EEC, EAEC, Brussels-Luxembourg, 199-216.

KRETZSCHMAR, R., 1977: Untersuchungen von Fließgewässern in einem schleswig-holsteinischen Jungmoränengebiet. Z. f. Kulturtechnik und Flurbereinigung, 18, 302-309.

KRETZSCHMAR, R., 1990: Abtrag von Böden, Wassererosion: In: H.-P. Blume (ed.), Handbuch des Bodenschutzes, Bodenökologie und -belastung, vorbeugende und abwehrende Schutzmaßnahmen. Ecomed Verlagsgesellscahft mbH, Justus-von-Liebig-Str. 1, Landsberg, Lech.

KREUTZER, K., 1981: Die Stoffbefrachtung des Sickerwassers in Waldbeständen. - Mitteilgn. Dt. Bodenkundl. Gesellsch., 32, 273-286.

KREUTZER, K., 1983: Stickstoffauswaschung in Abhängigkeit von Kulturart und Nutzungsintensität in der Forstwirtschaft. - Nitrat, ein Problem für unsere Trinkwasserversorgung. Arbeiten der DLG, 117, 69-82.

KURON, H. u. A. JUNG, 1944: Auswirkungen der Bodenerosion auf Diluvialböden Norddeutschlands, Z. Pflanenern., Bodenkd., 39, 50-70.

LAHMANN, E. u. W. FETT, 1983: Regenwasseruntersuchungen in Berlin 1932-1982. In: LENHARDT, B. u. C. STEINBERG, 1984: Limnochemische und limnobiologische Auswirkungen der Versauerung von kalkarmen Oberflächengewässern. Informationsberichte Bayer. Landesamt f. Wasserwirtschaft 4/84.

LAMMEL, J., 1990: Der Nährstoffaustrag aus Agrarökosystemen durch Vorfluter und Dräne unter besonderer Berücksichtigung der Bewirtschaftungsintensität. Diss. Uni Gießen.

LAMMEL, J. u. H. SÖCHTING, 1990: Nährstoffausträge im Gewässersystem. In: DFG-Forschungsbericht „Wasser- und Stoffhaushalt landwirtschaftlich genutzter Einzugsgebiete unter besonderer Berücksichtigung von Substrataufbau, Relief und Nutzungsform", Verlag Chemie, Weinheim.

LAWA, 1990: Länderarbeitsgemeinschaft Wasser, Grundwasser Richtlinie für Beobachtung und Auswertung, Teil 3, Grundwasserbeschaffenheit.

LEHNHARDT, F., M. BRECHTEL u. K. E. BONEß, 1983: Chemische Beschaffenheit und Nährstofftransport von Bachwässern aus kleinen Einzugsgebieten unterschiedlicher Landausnutzung im nordhessischen Bundessandsteingebiet. DVWK-Schriften, 57, 177, 298.

LENHART, B. u. C. STEINBERG, 1984: Limnochemische und limnobiologische Auswirkungen der Versauerung von kalkarmen Oberflächengewässern, Informationsberichte Bayer. Landesamt für Wasserwirtschaft 4/84.

LEUCHS, W., NIESSNER, M., BERK, W. van, SKARK, C., u. P. OBERMANN, 1990: Vorkommen von Pflanzenbehandlungs- und Schädlingsbekämpfungsmitteln in Grundwässern Nordrhein-Westfalens und Folgerungen für Sanierungskonzepte, Wasser und Boden, 3, 131-7.

LIND, A. M., 1977: Nitrate Reduction in the Subsoil. Prog. Wat. Tech. Vol. 8, Nos 4/5, 119-128, Pergamons Press.

LÖSKING, O., WALTHER, W. u. B. JANDEL, 1990: Groundwater Contamination in Water Protection Zones - A Pesticide Residue Studie. 7th International Congress of Pesticide Chemistry, 5.-10.8.

LÖSKING, O., STEINERT, P., JANDEL, B., PESTEMER, W., WALTHER, W. u. J. WOLFF, 1991a: Grundwasserkontamination durch Pflanzenschutzmittel in ausgewählten Trinkwassereinzugsgebieten in Niedersachsen. DVGW-Schriftenreihe, 73, 37-55.

LÖSKING, O., WALTHER, W. u. B. JANDEL, 1991b: Grundwasserkontamination durch Pflanzenschutzmittel an ausgewählten Standorten in Niedersachsen, Teilvorhaben 2: Bewertung potentieller Grundwasserkontaminationen aus wasserwirtschaftlicher Sicht, Projektleitung: W. WALTHER; FE-Vorhaben Wasser, UFOPLAN-Nr. 102 02 213/02, Bericht Umweltbundesamt.

MANIAK, U., 1988: Hydrologie und Wasserwirtschaft. Springer Verlag Berlin.

MATTHEß, G., 1961: Die Herkunft der Sulfat-Ionen im Grundwasser, Abhandlung Hess. Landesamt Bodenforschung, 35, Wiesbaden.

MATTHEß, G. u. K. UBELL, 1983: Lehrbuch der Hydrgeologie, Bd. 1, Allgemeine Hydrologie - Grundwasserhaushalt. Verlag Gebrüder Borntraeger, Berlin.

MATTHEß, G., 1988: Veränderung der Sicker- und Grundwasser-Beschaffenheit durch saure oder säurebildende Schwefel- und Stickstoff-Deposition. Meyniana, 40, 1-20.

MATTHEß, G., 1990: Lehrbuch der Hydrologie, Bd. 2: Die Beschaffenheit des Grundwassers. Verlag Gebrüder Bornträger, Berlin, Stuttgart.

MATTHIAS, U., 1983: Zur Problematik der Gütebeurteilung von sauren Fließgewässern. Z. Wasser/Abw. Forsch. 16, H. 3, 107-110.

MATZNER, E., u. B. ULRICH, 1981: Bilanzierung jährlicher Elementflüsse in Waldökosysstemen im Solling. - Zeitschr. Pflanzenern., Bodenk., 144, 660-681.

MATZNER, E. u. B. ULRICH, 1982: Abiotische Folgewirkungen der weiträumigen Ausbreitung von Luftverunreinigunen, Datenband, Forschungsbericht 10402165 Umweltforschungsplan des BMI, Inst. f. Bodenkunde u. Waldernährung Univ. Göttingen.

MATZNER, E., 1986: Ergebnisse der Messungen im Solling. In; ULRICH, B. (ed.): Raten der Deposition, Akkumulation und des Austrages toxischer Luftverunreinigunen als Maß der Belastung von Waldökosystemen. Berichte des Forschungszentrums Waldökosysteme/Waldsterben, Reihe B, Band 2. Göttingen, Selbstverlag, 1-11.

MATZNER, E., 1988: Der Stoffumsatz zweier Waldökosysteme im Solling. Ber. d. Forschungszentr. Waldökosysteme d. Universität Göttingen, Reihe A, Bd. 40, 1-217.

MATZNER, E. u. K. J. MEIWES, 1990: Deposition von Stoffen, speziell Stickstoff in Waldökosystemen: Wirkung auf Boden und Gewässer, Belastungsschwertpunkte in Niedersachsen. In: WALTHER, W. (Hrsg.) Grundwasserbeschaffenheit in Niedersachsen - Diffuser Nitrateintrag Fallstudien - Veröffentl. Inst. f. Siedlungswasserwirtschaft, H. 48, TU Braunschweig.

MAYER, R., 1981: Natürliche und anthropogene Komponenten des Schwermetallhaushaltes von Waldökosystemen. Göttinger Bodenkundliche Berichte, 70.

MEIWES, K. J., HAUHS, M., GEHRKE, H., ASCHE, N. u. N. LAMMERSDORF, 1984: Die Erfassung des Stoffkreislaufs in Waldökosystemen - Konzept und Methodik. In: Berichte des Forschungszentrums Waldökosysteme/Waldsterben, Bd. 7.

MEIWES, K. J., u. N. KÖNIG, 1986: H-Ionen-Deposition in Waldökosystemen in Norddeutschland. In: HÖFKEN, K. O., BAUER, H. (ed.): IMA-Querschnittsseminar „Deposition, Neuherberg, 25.2.1986: Gesellschaft für Strahlen- und Umweltforschung, München (GSF), BPT-Bericht 8/86, 7-18.

MEIWES, K. J. u. F. BEESE, 1988: Ergebnisse der untersuchungen des Stoffhaushaltes eines Buchenwaldökosystems auf Kalkgestein. - Ber. d. Forschungszentrums Waldökosysteme, Reihe B, 9, 1-142.

MILDE, G. u. U. MÜLLER-WEGNER (Hrsg.), 1989: Grundwasserbeeinflussung durch Pflanzenschutzmittel. Bestandsaufnahme, Verhinderungs- und Sanierungsstrategien. - 6. Fachgespräch „Gewässer und Pflanzenschutzmittel", Schriftenreihe für Wasser-, Boden- und Lufthygiene, Gustav Fischer Verlag, Stuttgart/New York.

MÜLLER, W., 1982: Nährstoffaustrag aus Weinbergböden der Mittelmosel unter besonderer Berücksichtigung der Nitrate. Diss. Uni. Bonn.

NLfB, 1991: Bodenkundliche Bestandsaufnahme für das Grundwassereinzugsgebiet Scheeßel, im Auftrag des Nieders. Landesamtes für Wasser und Abfall. Nieders. Landesamt für Bodenforschung, Bericht, Hannover, unveröffentlicht.

NEUHAUS, H., 1983: Nitratmobilität bei Grünlandnutzung auf gedränten tonreichen Marschböden. - Z. f. Kulturtechnik u. Flurbereinigung, 24, 347-351.

NLWA, 1988: Niedersachsen, Wasserwirtschaft in Zahlen, Hrsg. Nieders. Landesamt für Wasser und Abfall.

NLWA, 1990: Grundwassergütemeßnetz Niedersachsen, Richtlinie für die Auswahl, den Bau und für die Funktionsprüfung von Meßstellen, Nieders. Landesamt für Wasser und Abfall, April 1990.

NOLTE, CH. u. W. WERNER, 1991: Stickstoff- und Phosphoreintrag über diffuse Quellen in Fließgewässer des Elbeeinzugsgebietes im Bereich der ehemaligen DDR. Schriftenreihe agrarsprectrum, Dachverband Agrarforschung, Bd. 19.

NUSCH, E. A., 1975: Vergleichende Untersuchungen über die Belastung von Oberflächengewässern aus landwirtschaftlich und forstwirtschaftlich genutzten Einzugsgebieten. Forschung und Beratung, Landesanstalt f. Immissions- und Bodennutzungsschutz d. Landes Nordrhein-Westfalen 30, 169-189.

OBERMANN, P., 1981: Hydrochemisch/hydromechanische Untersuchungen zum Stoffgehalt von Grundwasser bei landwirtschaflticher Nutzung. Ruhr-Universität Bochum Lehrstuhl Geologie III - Geotechnik.

OHLE, W., 1971: Gewässer und Umgebung als ökologische Einheit in ihrer Bedeutung für die Gewässereutropierung. Gewässerschutz-Wasser-Abwasser, 4, 437-456.

PERKOW, W., 1988: Wirksubstanzen der Pflanzenschutz- und Schädlingsbekämpfungsmittel, Berlin.

PESTEMER, W., 1988: Ausbreitung und Abbau von Herbiziden im Boden. Mitteilungen für die Schweizerische Landwirtschaft 36, 1/2, 2-17.

PESTEMER, W., 1991: Grundwasserkontamination durch Pflanzenschutzmittel an ausgewählten Standorten in Niedersachsen, Teilvorhaben 1: Bewertung potentieller Grundwasserkontamination aus bodenkundlich-landwirtschaftlicher Sicht (PSM-Analytik); Projektleitung: W. PESTEMER, FE-Vorhaben, UFOPLAN-Nr. 10202213/02, Bericht unveröffentlicht, Umweltbundesamt.

PETER, M., 1988: Zum Einfluß der Abflußkomponenten Q_0, Q_1 und Qg auf den Stofftransport von Wasserläufen aus Einzugsgebieten verschiedener Bodennutzung in Mittelgebirgen mit speziellen hydromorphologischen Verhältnissen. Diss. Uni Gießen.

PETERS, B., BORCHERS, U. und H. OVERATH, 1996: Untersuchungen und Berechnungen zur Abschätzung der Grundwassergefährdung durch PSM-Einträge an ausgewählten Standorten. In: WALTHER, W. (Hrsg), Grundwasserschutz, Konzepte 96, Grundwasser-Kolloquium 14./15. Februar 1996, Institut für Grundwasserwirtschaft, TU Dresden, H.1, 203 - 216.

PLEISCH, P., 1970: Die Herkunft eutrophierender Stoffe beim Pfäffiker- und Greifensee. Viertelj.-schrift d. Naturforsch. Ges. in Zürich, 115, 129-229.

PREIßLER, H. u. G. BOLLRICH, 1980: Tehcnische Hydromechanik, Bd. 1, Berlin VEB-Verlag für Bauwesen.

PRESS, H. u. R. SCHRÖDER, 1966: Hydromechanik im Wasserbau. Verlag W. Ernst + Sohn, Berlin, München.

PREUSS, O., 1977: Über den Nährstoffab- und -austrag aus landwirtschaftlich genutzten Flächen - dargestellt an einem definierten Wassereinzugsgebiet eines für die mitteldeutsche Gebirgslandschaft typischen Fließgewässers 3. Ordnung. Diss. Uni Göttingen.

REEMTSMA, J. B., 1986: pH-Werte niedersächsischer Fichtenbestände. Der Forst- und Holzwirt, H. 11, 293-295.

REINHARDT, H.-D., 1987: Untersuchungen zur Aciditätsbelastung der Quellen und des Grundwassers in der Senne. Bericht, Staatliches Amt für Wasser- u. Abfallwirtschaft, Minden.

RENGER, M., STREBEL, O. u. W. GIESEL, 1974a: Beurteilung bodenkundlicher, kulturtechnischer und hydrologischer Fragen mit hilfe von klimatischer Wasserbilanz und bodenphysikalischen Kennwerten. 1. Bericht: Beregnungsbedürftigkeit. Z. f. Kulturtechnik und Flurbereinigung.

RENGER, M., STREBEL, O. u. W. GIESEL, 1974b: Beurteilung bodenkundlicher, kulturtechnischer und hydrologischer Fragen mit Hilfe von klimatischer Wasserbilanz und bodenphysikalischen Kennwerten. 4, Bericht: Grundwasserneubildung. Z. f. Kulturtechnik und Flurbereinigung, 15, 353-366.

RENGER. M. u. O. STREBEL, 1980a: Jährliche Grundwasserneubildung in Abhängigkeit von Bodennutzung und Bodeneigenschaften. Wasser und Boden, 32, 8, 362-366.

RENGER, M. u. O. STREBEL, 1980b: Beregnungsbedarf landwirtschaftlicher Kulturen in Abhängigkeit vom Boden. Wasser und Boden, 32, 12, 572-575.

RENGER, M. u. O. STREBEL, 1983: Einfluß des Grundwasserflurabstandes auf die Grundwasserneubildung. Evopotranspiration und Pflanzenertrag. Zeitschrift dt. geol. Ges. 134, 669-678.

RENNER, I., SCHLEYER, R. u. D. MÜHLHAUSEN, 1990: Gefährdung der Grundwasserqualität durch antropogene organische Luftverunreinigungen. VDI-Berichte Nr. 837, 705-729.

RICHTER, G., 1965: Bodenerosion, Schäden und gefährdete Gebiete in der Bundesrepublik Deutschland. Bundesanstalt für Landeskunde und Raumforschung, Selbstverlag, Bad Godesberg.

RIEHM, H., 1961: Die Bestimmung der Pflanzennährstoffe im Regenwasser und in der Luft unter besonderer Berücksichtigung der Stickstoffverbindungen. Agrochemica, 5, 174-188.

RÖDELSBERGER, M., ROHMANN, u. u. A. WERTZ, 1985: Stickstoffgehalt und Umsetzung unterhalb des Wurzelraumes und in der gesättigten Zone, Literaturstudie. In: MELUF-Baden-Württemberg, Ministerium f. Ernährung, Landw., Umwelt u. Forsten.

ROHMANN, U. u. H. SONTHEIMER, 1985: Nitrat im Grundwasser. Engler-Bunte-Institut der Uni Karlsruhe.

RÖHRER, T., 1933: Über den Nitratgehalt der Tiefenwasser. Geolog. Rundschau, Bd. 23a, 315-331.

SAGER, H., 1996: Wasserwirtschaftliche Konsequenzen aus der Versauerung von Grundwässern in Deutschland. In: WALTHER, W. (Hrsg), Grundwasserschutz, Konzepte 96, Grundwasser-Kolloquium 14./15. Februar 1996, Institut für Grundwasserwirtschaft, TU Dresden, H.1, 159 - 178.

SRU, 1978: Rat von Sachverständigen für Umweltfragen: Umweltprobleme der Landwirtschaft. Verlag Kohlhammer, Stuttgart - Mainz.

SCHEFFER, B., 1977: Stickstoff- und Phosphorverlagerung in nordwestdeutschen Niederungsböden und Gewässerbelastung. Geol. Jb. F4, 203, 243.

SCHEFFER, B., 1996: Stickstoff-Flächenbilanz und Rest-Nitrat-Gehalt als Planungshilfsmittel für die Bodennutzung in Wasserschutzgebieten. In: WALTHER, W. (Hrsg), Grundwasserschutz, Konzepte 96, Grundwasser-Kolloquium 14./15. Februar 1996, Institut für Grundwasserwirtschaft, TU Dresden, H.1, 345 - 355.

SCHEFFER, F. u. P. SCHACHTSCHABEL, 1982: Lehrbuch der Bodenkunde, 11. Auflage, F. Enke Verlag, Stuttgart.

SCHEFFER, B., WALTHER, W., KRETSCHMAR, R., SCHMIDT, W. D. u. H. NEUHAUS, 1984: Zum Einfluß der Bodennutzung auf den Nitrataustrag. Z. f. Kulturtechnik und Flurbereinigung, 25, 227, 235.

SCHEFFER, B. u. W. WALTHER, 1988: Stickstoffumsetzungen im Boden und Folgen für die Nitratauswaschung, GWF, Wasser, Abwasser, 129, 451-456.

SCHEFFER, B. u. H. KUNTZE, 1990: Nährstoffaustrag aus einem grundwassernahen Sandboden bei Mineral- und Gülledüngung: In: Stoffumsatz und Wasserhaushalt landwirtschaftlich genutzter Böden. DVWK-Schriftenreihe, Nr. 93, Verlag Paul Parey.

SCHINDLER, R. u. J. HAMM, 1989: Nmin-Untersuchungen in Wassereinzugsgebieten der Stadtwerke Viersen, Ergebnisse der Jahre 1986-1988. Bericht unveröffentlicht, Stadtwerke Viersen.

SCHINDLER, R., 1991: Nitratprobleme im Kreis Viersen, Auswirkungen und Maßnahmen. In: Deniplant - ein naturnahes Wasseraufbereitungsverfahren. Forschungszentrum Jülich, Berichte aus der Ökologischen Forschung, 5, 143-153.

SCHLEGEL, H. G., 1981: Allgemeine Mikrobiologie. Thieme Verlag Stuttgart.

SCHLEYER, R. u. G. MILDE, 1990: Zur Bewertung luftbürtiger Grundwasserqualitätsbeeinflussung. VDI-Berichte Nr. 837, 663-684.

SCHLEYER, R., 1991: Gefährdung durch Deposition atmosphärischer organischer Schadstoffe. DVGW-Schriftenreihe, Wasser Nr. 73, 75-90.

SCHMIDT, E. u. W. WALTHER, 1992: Erprobung von verschiedenen Meßstellentypen auf der Grundwasser-Versuchsfläche Scheeßel. Mitt. Nieders. Landesamt f. Wasser u. Abfall, Hildesheim, 5, 120-201.

SCHMIDT, K., u. N. ZULLEI-SEIBERT, 1989: Auftreten von Pflanzenbehandlungs- und Schädlingsbekämpfungsmitteln in Gewässern, DVGW-Kolloquium am 7.3.1989 in Karlsruhe.

SCHOEN, R., WRIGHT, R. u. M. KRIETER, 1984: Gewässerversauerung in der Bundesrepublik Deutschland - erster regionaler Überblick. Naturwissenschaften 71, 95-97.

SCHROEDER, M., 1976: Untersuchungen über die Sickerwasserqualität unter Grünland und Wald auf der Großlysimeteranlage St. Arnold. - Forschung und Beratung, Reihe C, H. 30, 55-62.

SCHULTE-WÜLMER-LEIDIG, A., 1985: Der Einfluß unterschiedlicher landwirtschaftlicher Bodennutzung auf die Stofffrachten kleiner Wasserläufe der Wehnbachtalsperrenregion. Diss. Universität Gießen.

SCHWERTMANN, U., 1982: Die Vorausschätzung des Bodenabtrages durch Wasser in Bayern - München (Bayer. Staatsmin. Landwirtsch. Forsten).

SCHWERTMANN, U., VOGL, W. u. M. KAINZ, 1987: Bodenerosion durch Wasser. Vorhersage des Abtrages und Bewertung von Gegenmaßnahmen. Ulmer, Stuttgart.

SCHWERTMANN, U., RICKSON, R. J. u. K. AUERSWALD (Ed.), 1989: Soil erosion protection measures in Europe. Soil Technology Ser. 1, Catena, Cremlingen.

SCHWILLE, F., 1953: Chloride und Nitrate in den Grundwassern Rheinhessens und des Rheingaus. Gas- und Wasserfach, Jg. 94, 410-414.

SCHWILLE, F., 1962: Nitrate im Grundwasser. Dtsch. Gewässerkundl. Mitt., 6. Jg. 25-32.

SEILER, 1983: Bodenwasser- und Nährstoffhaushalt unter Einfluß der rezenten Bodenerosion am Beispiel zweier Einzugsgebiete im Baseler Tafeljura bei Rothenfluh und Anwil. Basler Beiträge zur Physiogeographie 5.

SIEGERT, U., 1978: Oberflächenabfluß von landwirtschaftlichen Nutzflächen infolge Starkregen. Diss. TU Braunschweig.

SNELTING, H., 1974: Mini Screen Sampling Systems - National Institute of Water Supply. The Netherlands. Quarterly Report, Leidschendam.

STAUFER, W. u. O. J. FURRER, 1984: Auswaschung von Pflanzennährstoffen aus ganz und teilweise bewaldeten Gebieten. Schweiz. Landw. Fo., 23 (3) 285-293.

STEINERT, P. u. J. WOLFF, 1991: Grundwasserkontaminationen durch Pflanzenschutzmittel an ausgewählten Standorten in Niedersachsen, Teilvorhaben 3: Bewertung potentieller Grundwasserkontaminationen aus hydrogeologischer Sicht; Projektleitung: J. WOLFF; FE-Vorhaben, UFOPLAN-Nr. 10202213/02, Bericht unveröffentlicht, Umweltbundesamt.

STEINBERG, C., ARZET, K., KRAUSE-DELLIN, D., 1984: Gewässerversauerung in der BRD im Lichte paläolimnischer Studien. Naturwissenschaften 71, 631-633.

STEINHARDT, U., 1973: Input of chemical elements from the atmosphere. A tabular review of literature. Göttinger Bodenkundl. Berichte, 29, 93-132.

STOCK, A., FRIESEL, P., MILDE, G. u. A. AHLSDORF, 1987: Grundwasserqualitätsbeeinflussung durch Pflanzenschutzmittel. In: Einflüsse der Landwirtschaft auf die Wasserresourcen - Folgen und zukünftige Entwicklung, Europäische Konferenz 21. - 23.9.1987, Tagungsband.

STREBEL, O. u. M. RENGER, 1982: Stoffanlieferung an das Grundwasser bei Sandböden unter Acker, Grünland und Wald. Veröffentl. Inst. f. Stadtbauwesen, TU Braunschweig, 34, 131-144.

STREBEL, O., BÖTTCHER, J. u. W. H. M. DUYNISVELD, 1984: Einfluß von Standortbedingungen und Bodennutzung auf Nitratauswaschung und Nitratkonzentration des Grundwassers. Landw. Forschung. Kongreßband. J. D. Sauerländer's Verlag Frankfurt, 34-44.

STUMM, W. u. J. J. MORGAN, !981: Aquatic Chemistry, An Introduction Emphasizing Chemical Equilibria in Natural Waters. John Wiley + Sons, New York, Second Edit.

STUMM, W. u. L. KELLER, 1984: Chemische Prozesse in der Umwelt - Die Bedeutung der Spezifizierung für die chemische Dynamik der Metalle in Gewässern, Böden und Atmosphäre. In: Metalle in der Umwelt, Verteilung, Analytik und biologische Relevanz. Verlag Chemie Weinheim.

SÜCHTIG, H., 1953: Untersuchungen über Nährstoffgehalt einiger Quellwasser in Waldböden. Z. Pflanzenern., Bodenkd. 61, 212-220.

SÜSSMANN, W., 1980: Der Einfluß der Bodennutzung auf die Wasserqualität von Oberflächenwässern im ländlichen Raum, dargestellt am Beispiel von Ederseezuflüssen. Diss. Uni Gießen.

SYMADER, W., 1976: Multivariante Nährstoffuntersuchung zu Vorhersagezwekken in Fließgewässern am Nordrand der Eifel. Kölner Geograph. Arbeiten 34.

THOMAS, E. A., 1988: Phosphattrophierung des Zürichsees und anderer Schweizer Seen. Mitt. Intern. Verein. Limnol., 14, 231-242.

UBA, 1979: Wasserinhaltsstoffe im Grundwasser - Reaktionen, Transportvorgänge und deren Simulation. Umweltbundesamt Bericht 4/79, Erich Schmidt Verlag Berlin.

UBA, 1985: Der Stofftransport im Grundwasser und Wasserschutzgebietsrichtlinie W 101. Umweltbundesamt Bericht 7/85, Erich Schmidt Verlag Berlin.

UBA, 1985a: Deposition von Luftverunreinigungen in der Bundesrepublik Deutschland - Erste Bestandsaufnahme, Stand Mitte 1984, Umweltbundesamt. - Erich Schmidt Verlag Berlin.

UBA, 1987: Untersuchung auf Grundwasserkontamination durch Pflanzenbehandlungsmittel. UBA-Materialien - Band 3/87 - Umweltbundesamt, E. Schmidt Verlag, Berlin, 138 S.

UBA, 1989: Daten zur Umwelt 1988/89, Umweltbundesamt Berlin, Erich Schmidt Verlag Berlin.

UBA, 1990: Luftverschmutzung durch Stickstoffoxide - Ursachen, Wirkungen, Minderungen. Umweltbundesamt. Erich Schmidt Verlag Berlin.

UBA, 1993: Daten zur Umwelt 1992/93, Umweltbundesamt Berlin, Erich Schmidt Verlag Berlin.

ULRICH, B., 1975: Die Umweltbeeinflussung des Nährstoffhaushaltes eines bodensauren Buchenwaldes. - Forstw. Centralblatt, 94, 280-287.

ULRICH, B., 1978: Beitrag zur Frage der Stickstoffdüngebedingungen. Stickstoffzufuhr aus der Luft und Stickstoffumsatz im Boden. Landwirtsch. Forschung, 31, 1.

ULRICH, B., MAYER, R. u. P. K. KHANNA, 1979: Deposition von Stoffverunreinigungen und ihre Auswirkungen in Waldökosystemen im Solling. Schriften aus der Forstlichen Fakultät der Universität Göttingen und der Nieders. Forstl. Versuchsanstalt, J. D. Seuerländer's Verlag, Frankfurt/M., 1. Auflage (1979), 2. Aufl.(1981).

ULRICH, B., 1981: Die Rolle der Wälder für die Wassergüte unter dem Einfluß des sauren Niederschlags. In: Agrarspectrum 1, 212-231.

ULRICH, B. u. G. BÜTTNER, 1985: Waldsterben - Konsequenzen für die forstliche und landwirtschaftliche Ertragskraft. In: Waldsterben und Raumordnung, Informationen zur Raumentwicklung. Bundesforschungsanstalt für Landeskunde und Raumverordnung, H. 10, 879-891.

UMWELTGUTACHTEN, 1978: Rat von Sachverständigen für Umweltfragen, Bundesministerium des Innern, Deutscher Bundestag, 8. Wahlperiode, Drucksache 8/1938. Verlag H. Meyer, Bonn.

VDI-Kommission, 1972: Reinhaltung der Luft. Messung partikelförmiger Niederschläge. VDI-Richtlinie 2119.

VDI-RdL, 1984: VDI-Richtlinie 3870, Messen von Regeninhaltsstoffen.

VERWORN, H.-R., 1977: Analyse und Synthese der Nährstoffbelastung kleiner Wasserläufe. Mitteilgn. Inst. f. Wasserw., Hydrologie, Landw. Wasserbau, TU Hannover, 42, 17-177.

VÖMEL, A., 1974: Der Nährstoffumsatz im Boden und Pflanze aufgrund Lysimeterversuchen. Z. f. Acker- u. Pflanzenbau, Beiheft 3.

VOLLENWEIDER, R. A., 1970: Scientific Fundamentals of the Eutrophication of Lakes and Flowing Waters, with Particular Reference to Nitrogen and Phosphorus as Factors in Eutrophication. OECD-Report, Paris.

WALTHER, W., 1979: Beitrag zur Gewässerbelastung durch rein ackerbaulich genutzte Gebiete mit Lößböden. Veröffentlichung d. Inst. für Stadtbauwesen, TU Braunschweig, 28.

WALTHER, W., 1980a: Prozeß des Stoffabtrages und der Stoffauswaschung während und nach Starkregen in ackerbaulich genutzten Gebieten. - 1. Bericht: Stoffabtrag. Z. f. Kulturtechnik und Flurbereinigung, 21, 65-74.

WALTHER, W., 1980b: Prozeß des Stoffabtrages und der Stoffauswaschung während und nach Starkregen in ackerbaulich genutzten Gebieten, 2. Bericht: Stoffauswaschung. Z. f. Kulturtechnik und Flurbereinigung, 21, 145-153.

WALTHER, W., 1981a: Zuordnung der Frachten erosionsbeeinflußter Stoffgruppen zu Abflußkomponenten und ihre Beziehung zur Niederschlagsaktivität bei ackerbaulich genutzten Lößgebieten. Mitteilungen Dtsch. Bodenkdl. Gesellschaft, 30, 355-360.

WALTHER, W., 1981b: Beitrag von Stoffwellen zur längerfristigen Stoffabgabe bei Ackerbaugebieten, Z. f. Kulturtechnik und Flurbereinigung, 22, 353, 364.

WALTHER, W., 1981c: Stickstoffbelastung von Gewässern bei verschiedenen Einzugsgebieten, Veröffentlichung d. Inst. f. Stadtbauwesen, TU Braunschweig, 29, 370-384.

WALTHER, W., 1982c: Aspekte der diffusen Gewässerbelastung (anorganische, organische Spurenstoffe, Beziehung zwischen Bodennutzung und Stickstoff in Gewässern). Veröffentl. d. Inst. f. Stadtbauwesen, 34, 1-36.

WALTHER, W., 1982d: Veränderung der Beschaffenheit von Trinkwässern aus Acker- und Waldgebieten in Südost-Niedersachsen. Veröffentl. d. Inst. f. Stadtbauwesen, 34, 215-240.

WALTHER, W., 1985: Über die Stickstofführung kleiner, nicht abwasserbelasteter Fließgewässer - Ergebnisse des Fachschriftentums. Wasserwirtschaft, 75, 9, 400-407.

WALTHER, W., 1985a: Einige Einflußgrößen der Stickstofführung bei kleine, nicht abwasserbelasteten Fließgewässern, Wasserwirtschaft, 75, 500-507.

WALTHER, W., 1985b: Auswaschung. In: Bodennutzung und Nährstoffaustrag. DVWK-Schriften, 73, 91-141.

WALTHER, W., 1986: A Survey of the Nitrate Situation in the FRG. Proceedings Workshops of the Working Group on 'The Contamination of Subsurface Water Recources by Nitrate and other Pollutants', Nov. 1985, Budapest/ Hungary.

WALTHER, W., 1987: Möglichkeiten zur Kalkulation des Stickstoffaustrages in Einzugsgebieten. In: DVWK, 4. Fortbildungslehrgang Wasser und Boden: 'Möglichkeiten zur Minderung des Nitrataustrages bei landbaulicher Bodennutzung', 10./11.11.1986 (Mainz) und 27./28.2.1987 (Hildesheim).

WALTHER, W., 1988: Grundwasseruntersuchung im Bereich Panzenberg (Wasserwerk). Bericht Juni 1988, Nieders. Landesamt für Wasser und Abfall, unveröffentlicht.

WALTHER, W., 1989b: The nitrate leaching out of soils and their signifance for groundwater, results of long term tests. Proc. Intern. Seminar 'Nitrogen in organic Wastes applied to soils', University of Aalbourg, Sept. 1988, printed in Academic Press, London.

WALTHER, W., 1989: Wünsche der Wasserwirtschaft an die Landwirtschaft. In: Dokumentation über die Fachtagung 'Gülle und Silagelagerungen'am 2. März in Walsrode, Arbeitsgemeinschaft Landtechnik und Bauwesen in Niedersachsen, Landwirtschaftskammer Hannover.

WALTHER, W., 1990: Jahreszeitliche Veränderung von Stickstoff in Böden, dargestellt an zwei Beispielen und ihre Bedeutung zur Abschätzung des Nitrataustrages in Grundwasser-Einzugsgebieten. In: Stoffumsatz und Wasserhaushalt landwirtschaftlich genutzter Böden, Schriftenreihe des DVWK, 93, 111-130.

WALTHER, W., (Hrsg.) 1990: Grundwasserbeschaffenheit in Niedersachsen - Diffuser Nitrateintrag, Fallstudien. Weiterbildungsseminar, Inst. f. Siedlungswasserwirtschaft, TU Braunschweig, 381 S.

WALTHER, W., 1991: Einfluß von Wirtschaftsdünger auf die chemische Beschaffenheit des Grundwassers. Deutsche Tierärztliche Wochenschrift, 98, 272-277.

WALTHER, W., TEICHGRÄBER, B., DÄHNE, M. u. W. SCHÄFER, 1985: Bestandsaufnahme von Spurenstoffen in einem Ackerbaugebiet der Lößzone des Vorharzes. DFG-Forschungsvorhaben KA 348/12-1, Bericht Inst. für Stadtbauwesen, Abt. Siedlungswasserwirtschaft, TU Braunschweig, unveröffentlicht.

WALTHER, W., TEICHGRÄBER, B., DÄHNE, M. u. W. SCHÄFER, 1985a: Messungen ausgewählter organischer Spurenstoffe in der Bodenzone, eine Bestandsaufnahme an einem Ackerbaugebiet. Z. dt. geol. Ges., 136, 1-13.

WALTHER, W., TEICHGRÄBER, B., DÄHNE, M. u. W. SCHÄFER, 1985b: Polycyclische aromatische und chlorierte Kohlenwasserstoffe in der Bodenzone und im Grabsediment eines Ackerbaugebietes. GWF, Wasser, Abwasser, 4, 184-190.

WALTHER, W., KRETZSCHMAR, R., NEUHAUS, H., SCHEFFER, B., u. W. D. SCHMIDT, 1985c: Bodennutzung und Nitrataustrag, Literaturauswertung über die Situation bis 1984 in der bundesrepublik Deutschland. Schriftenreihe des DVWK, 73, Verlag Paul Parey.

WALTHER, W., SCHEFFER, B. u. B. TEICHGRÄBER, 1985g: Ergebnisse langjähriger Lysimeter-, Drän- und Saugkerzenversuche zur Stickstoffauswaschung bei landbaulich genutzten Böden und Bedeutung für die Belastung des Grundwassers. Veröffentl. d. Inst. f. Stadtbauwesen, 40.

WALTHER, W. u. J. HÖLSCHER, 1987: Belastung von Wasser und Boden durch Schadstoffe in Luft und Niederschlägen, Bestandsaufnahme und Konzept für ein Untersuchungs- und Forschungsprogramm. Texte Nieders. Landesamt f. Wasserwirtschaft, Hildesheim.

WALTHER, W. u. J. HÖLSCHER, 1988: Eine Bestandsaufnahme über die Boden- und Gewässerversauerung in der Bundesrepublik Deutschland. DVWG-SChriftenreihe, 58, 253-268.

WALTHER, W. u. B. SCHEFFER, 1988a: Ergebnisse langjähriger Versuche zur Stickstoffauswaschung landbaulich genutzter Böden und Bedeutung für die Anlieferung an das Grundwasser. GWF, Wasser, Abwasser, 129, 12, 794-799.

WALTHER, W., ROST, J. u. J. HÖLSCHER, 1989: Depositions-Meßplatz Börßum, Vergleich verschiedener Meßverfahren. Mitt. Nieders. Landesamt f. Wasserwirtschaft, Hildesheim, 8, 29-52.

WALTHER, W., SCHMIDT, E., HOFMANN, W. u. W. MEYER, 1990: Studie Schutzgebiet Wasserwerk Scheeßel, langfristige Vorgehensweise zur Verminderung der Grundwasserbelastung. In: W. WALTHER (Hrsg.) Grundwasserbeschaffenheit in Niedersachsen - Diffuser Nitrateintrag, Fallstudien. Weiterbildungsseminar, Inst. f. Siedlungswasserwirtschaft, TU Braunschweig, 48, 365-381.

WALTHER, W., SCHMIDT, E., HOFMANN, W. u. W. MEYER, 1992: Hydrogeologische, hydrochemische und landwirtschaftliche Bestandsaufnahme des Grundwasserschutzgebietes Scheeßel, Entwurf eines Konzeptes zur Verminderung der Grundwasserbelastung, Untersuchungsperiode 1986 bis 1991. Mitt. Nieders. Landesamt f. Wasser u. Abfall, Hildesheim, 5, 21-92.

WALTHER, W., NIEß, R. u. J. HÖLSCHER, 1991: Übersicht über die Grund- und Rohwasserbeschaffenheit in Niedersachsen, Stand Oktober 1991. Bericht, Nieders. Landesamt f. Wasser u. Abfall.

WEGENER, U., 1971: Zur Weidenutzung in Talsperreneinzugsgebieten. Archiv für Bodenfruchtbarkeit und Pflanzenproduktion, Albrecht Thaer Archiv, 15, 3, 225-234.

WERNER, W. u. H. P. WODSAK (Hrsg.), (1994): Stickstoff- und Phosphoreintrag in die Fließgewässer Deutschlands unter besonderer Berücksichtigung des Eintragsgeschehens im Lockergesteinsbereich der ehemaligen DDR. Schriftenreihe agrarspectrum, Dachverband Agrarforschung, Bd. 22.

WERNER, W., OLFS, H.-W. AUERSWALD, K u. K. ISERMANN (1990): Stickstoff- und Phosphoreintrag in Oberflächengewässer über "diffuse Quellen". In: Hamm, A. (1990): Studie über Wirkungen und Qualitätsziele von Nährstoffen in Fließgewässern, Umweltbundesamt - Forschungsvorhaben Wasser 102 04 356/03, 665-764.

WENDLAND, F., ALBERT, H., BACH, M. und R. SCHMIDT, 1993: Atlas zum Nitratstrom in der Bundesrepublik Deutschland, Rasterkarten zu geowissenschaftlichen Grundlagen, Stickstoffbilanzgrößen und Modellergebnissen. Springer-Verlag, Berlin, Heidelberg, New York.

WESSOLEK, G., RENGER, M., STREBEL, O. u. H. SPONAGEL, 1985: Einfluß von Boden und Grundwasserflurabstand auf die jährliche Grundwasserneubildung unter Acker, Grünland und Nadelwald, Z. f. Kulturtechnik und Flurbereinigung 26, 130-137.

WISCHMEIER, W. H., 1956: A rainfall erosion index for a mineral soil loss. Proc. Soil Sc. Soc. Amer., Vol. 23, 322-326.

WISCHMEIER, W. H., 1960: Cropping-Management Factor Evalutions for a Universal Soil-Loss Equation. Proc. Soil Sc. Soc. Amer., Vol. 24, 322-327.

WISCHMEIER, W. H. u. D. D. SMITH, 1978: Predicting rainfall erosion - A guide to conservation planning - U.S. Dept. Agric. Handbook, 537.

WOHLRAB, B., SOKOLLEK, V. u. W. SößMANN, 1983: Einfluß land- und forstwirtschaftlicher Bodennutzung sowie von Sozialbrache auf die Wasserqualität kleiner Wasserläufe im ländlichen Mittelgebirgsraum. DVWK-Schriften 57, 55-176.

WOLF, J., EBELING, J., CORD-LANDWEHR, STOEF, H. u. D. WOHLBERG, 1988: Gutachterliche Untersuchung zur Fortsetzung eines Wasserschutzgebietes für die Wasserwerke Alt- und Baddeckenstedt. Bericht Inst. f. Geologie und Paläonthologie TU Braunschweig, unveröffentlicht.

WORRESCHK, B., 1985: Beitrag zur Berechnung der Abflußbildung in landwirtschafltich genutzten Einzugsgebieten. Diss. TU Braunschweig.

ZULLEI-SEIBERT, H., 1996: Belastung von Gewässern mit Pflanzenschutzmitteln: Ergebnisse einer Bestandsaufnahme in Deutschland und in der Europäischen Union. In: WALTHER, W. (Hrsg), Grundwasserschutz, Konzepte 96, Grundwasser-Kolloquium 14./15. Februar 1996, Institut für Grundwasserwirtschaft, TU Dresden, H.1, 179 - 201.

Sachwortverzeichnis